《环保公益性行业科研专项经费项目系列丛书》

编著委员会

环保公益性行业科研专项经费项目系列丛书

环保公益性行业科研专项“重点防控重金属关键先进监测技术适用性研究”

(项目编号：201309050)

重点防控重金属监测技术方法研究进展

王业耀　滕恩江　张霖琳　许秀艳
朱日龙　李丽和　阴　琨　许人骥　等 编著

中国环境出版社・北京

图书在版编目（CIP）数据

重点防控重金属监测技术方法研究进展 / 王业耀等编著. —北京：中国环境出版社，2017.12

（环保公益性行业科研专项经费项目系列丛书）

ISBN 978-7-5111-3295-6

Ⅰ.①重…　Ⅱ.①王…　Ⅲ. ①重金属污染—污染防治—②重金属污染—污染测定　Ⅳ.①X5

中国版本图书馆 CIP 数据核字（2017）第 189227 号

责任编辑　孟亚莉
责任校对　尹　芳
封面设计　宋　瑞

出版发行　中国环境出版社
（100062　北京市东城区广渠门内大街 16 号）
网　　址：http://www.cesp.com.cn
电子邮箱：bjgl@cesp.com.cn
联系电话：010-67112765（编辑管理部）
010-67113412（第一分社）
发行热线：010-67125803，010-67113405（传真）

印　　刷　北京中献拓方科技发展有限公司
经　　销　各地新华书店
版　　次　2017 年 12 月第 1 版
印　　次　2017 年 12 月第 1 次印刷
开　　本　787×1092　1/16
印　　张　14.25
字　　数　290 千字
定　　价　45.00 元

《重点防控重金属监测技术方法研究进展》

编　写　组

主　　编　王业耀

副 主 编　滕恩江　张霖琳

编写人员　于　磊　刘　沛　朱日龙　朱瑞瑞　许人骥　许园园
许秀艳　阴　琨　张榆霞　李世龙　李丽和　杨晓红
杨跃伟　苏　荣　陈丽琼　林海兰　罗岳平　洪　欣
黄小佳　薛荔栋

编写分工

第一章

负 责 人：张霖琳

编写人员：张霖琳 张榆霞 杨晓红 杨跃伟 陈丽琼 薛荔栋

第二章

负 责 人：朱日龙

编写人员：朱日龙 朱瑞瑞 林海兰 于 磊 刘 沛 罗岳平

第三章

负 责 人：李丽和

编写人员：李丽和 洪 欣 苏 荣 许园园 黄小佳 李世龙

第四章

负 责 人：许人骥

编写人员：许人骥 阴 琨

第五章

负 责 人：许秀艳

编写人员：许秀艳

序 言

目前，全球性和区域性环境问题不断加剧，已经成为限制各国经济社会发展的主要因素，解决环境问题的需求十分迫切。环境问题也是我国经济社会发展面临的困难之一，特别是在我国快速工业化、城镇化进程中，这个问题变得更加突出。党中央、国务院高度重视环境保护工作，积极推动我国生态文明建设进程。党的十八大以来，按照“五位一体”总体布局、“四个全面”战略布局以及“五大发展”理念，党中央、国务院把生态文明建设和环境保护摆在更加重要的战略地位，先后出台了《中华人民共和国环境保护法》《关于加快推进生态文明建设的意见》《生态文明体制改革总体方案》《大气污染防治行动计划》《水污染防治行动计划》《土壤污染防治行动计划》等一批法律法规和政策文件，我国环境治理力度前所未有，环境保护工作和生态文明建设的进程明显加快，环境质量有所改善。

在党中央、国务院的坚强领导下，环境问题全社会共治的局面正在逐步形成，环境管理正在走向系统化、科学化、法治化、精细化和信息化。科技是解决环境问题的利器，科技创新和科技进步是提升环境管理系统化、科学化、法治化、精细化和信息化的基础，必须加快建立持续改善环境质量的科技支撑体系，加快建立科学有效防控人群健康和环境风险的科技基础体系，建立开拓进取、充满活力的环保科技创新体系。

“十一五”以来，中央财政加大对环保科技的投入，先后启动实施水体污染控制与治理科技重大专项、清洁空气研究计划、蓝天科技工程专项等专项，同时设立了环保公益性行业科研专项。根据财政部、科技部的总体部署，环保公益性行业科研专项紧密围绕《国家中长期科学和技术发展规划纲要（2006—2020年）》《国家创新驱动发展战略纲要》《国家科技创新规划》和《国家环境保护科技发展规划》，立足环境管理中的科技需求，积极开展应急性、培育性、基础性科学研究。“十一五”以来，环境保护部组织实施了公益性行业科研专项项目479项，涉及大气、水、生态、土壤、固废、化学品、核与辐射等领域，共有包括中央级科研院所、高等院校、地方环保科研单位和企业等几百家单位参与，逐步形成了优势互补、团结协作、良性竞争、共同发展的环保科技“统一战线”。目前，专项取得了重要研究成果，已验收的项目中，共提交各类标准、技术规范997项，各类政策建议与咨询报告535项，授权专利519项，出版专著300余部，专项研究成果在各级环保部门中得到较好的应用，为解决我国环境问题和提升环境管理水平提供了重要的科技支撑。

为广泛共享环保公益性行业科研专项项目研究成果，及时总结项目组织管理经验，环境保护部科技标准司组织出版环保公益性行业科研专项经费系列丛书。该丛书汇集了一批专项研究的代表性成果，具有较强的学术性和实用性，是环境领域不可多得的资料文献。丛书的组织出版，在科技管理上也是一次很好的尝试，我们希望通过这一尝试，能够进一步活跃环保科技的学术氛围，促进科技成果的转化与应用，不断提高环境治理能力现代化水平，为持续改善我国环境质量提供强有力的科技支撑。

中华人民共和国环境保护部副部长

黄润秋

目　录

第一章
大气颗粒物中重点防控重金属监测技术研究进展

一、概述

伴随着经济社会的快速发展，我国大气环境面临的形势十分严峻，灰霾天气状况的频发，使人们对环境空气质量的敏感性和认知度大幅升高。小到大街小巷、茶余饭后，大至政府工作报告、两会议题，大气细颗粒物的污染防治已经成为社会各界谈论的焦点问题。我国环保事业发展的实践证明，环境监测工作是环保工作的前沿和基础，环保事业的科学发展，离不开环境监测的有力支撑。因而加强对颗粒物监测技术的研究，是开展大气颗粒物污染防治的关键。

在传统煤烟型污染尚未得到控制的情况下，以重金属、VOCs、二噁英等为特征污染因子的颗粒物污染问题日益突出，空气污染导致的区域性环境污染事件频现，严重制约社会经济的可持续发展，威胁人民群众的身心健康。大气颗粒物是指分散在大气中的固态或液态颗粒状物质。颗粒物不仅对环境空气质量有重要的影响，同时也会危害人体健康。大气颗粒物对环境和气候的影响显著，如降低大气能见度、影响成云和降雨过程以及全球辐射平衡等。由于颗粒物的可吸入性和有毒有害性，在通过呼吸作用进入人体后，对人体健康造成潜在威胁。鉴于大气颗粒物如此重要的环境和健康效应，对颗粒物的监测一直是大气环境研究的重要内容。

我国早期颗粒物的监测指标是总悬浮颗粒物（TSP），2000 年以后，监测重点为可吸入颗粒物（PM_{10}），主要城市均开展了 PM_{10} 的监测和上报，但细颗粒物（$PM_{2.5}$）的监测研究仍处于起步阶段。PM_{10} 和 $PM_{2.5}$ 已成为我国大部分城市的首要大气污染物和评价大气环境质量最主要的污染物。

近年来，除颗粒物浓度监测外，针对颗粒物的物理和化学性质的监测研究也逐步开展起来，如颗粒物化学组分分析、粒径谱监测、源解析研究、长距离传输过程以及人体健康风险评价等。颗粒物的成分测定和分析，有助于掌握颗粒物的来源，及时、准确地反映大气环境质量状况，了解固定源、移动源颗粒物及元素组成，明确应重点防控的污染源。

随着《环境空气质量标准》（GB 3095—2012）的颁布和实施，$PM_{2.5}$的监测工作被提上日程，不同粒径颗粒物中重金属含量分析方法有待进一步规范和统一，及时、准确地反映大气中重金属污染状况，建立和完善大气颗粒物中重金属的监测技术方法体系，是控制和治理大气重金属污染的关键技术和重要环节。

目前，我国大气颗粒物中重金属测定技术与方法不完备、质量管理体系亟待提高，尤其表现在各级环境空气质量标准、大气污染物排放标准中包含的重金属项目较少，缺少系统和规范的样品采集技术和测定方法，现有重金属测定方法多为推荐方法和暂行行业标准，有待进一步完善和标准化。

针对我国大气颗粒物中重点防控重金属监测技术与方法的现状以及存在的问题，应进一步深入研究颗粒物中重金属全消解与酸浸提两种前处理技术，对不同需求的重金属含量分析，提出适合的消解体系和消解方法。优化原子吸收分光光度法、原子荧光光谱法、电感耦合等离子体发射光谱法、电感耦合等离子体质谱法等测定方法的测试条件。研究前处理过程和分析方法配套的全程序质量控制技术，验证和进一步丰富完善颗粒物重金属监测技术体系。

二、颗粒物中重金属监测方法

14 种重点防控重金属的理化性质与环境危害如表 1-1 所示。

表 1-1　14 种重金属的理化性质与环境危害

元素名称	原子序数	原子量	理化性质与环境危害
汞（Hg）	80	200.6	常温下唯一呈液态的银白色金属，是地壳中相当稀少的一种元素，极少数的汞在自然中以纯金属的状态存在。朱砂（HgS）、氯硫汞矿、硫锑汞矿和其他一些与朱砂相连的矿物是汞最常见的矿藏。汞化合物中，它的化合价是+1 或+2。无机汞离子在微生物的作用下，会转化为甲基汞，容易在河流和湖泊中发现，被湖中的鱼虾吞食后会累积毒素，经过食物链转化后，很容易被皮肤以及呼吸道和消化道吸收，逐渐累积在人体大脑中，水俣病就是汞中毒的一种
砷（As）	33	75	是一种类金属元素，本身毒性不大，但其化合物、盐类和有机化合物都有毒性。无机砷的毒性较有机砷为强；三价砷毒性较五价砷毒性大，其中三氧化二砷毒性最大（又名砒霜）。长期职业性接触，或从食物、饮水中摄入砷化物可引起慢性中毒

元素名称	原子序数	原子量	理化性质与环境危害
镉（Cd）	48	112	在自然界中常与锌、铜、锰等矿并存，地壳中含量为 5 mg/kg。金属镉毒性极小，主要是其化合物毒性大，尤其是镉的氧化物。镉中毒一般称为“痛痛病”，亦称骨痛病，主要受损于骨骼，痛痛病被日本政府称为第一号公害病，国际癌症研究机构将它定为 3 级致癌危险物质
铬（Cr）	24	52.0	一种铜灰色耐腐蚀的硬金属，其无机化合物以二价、三价、六价铬形式存在。铬是人体必需微量元素之一，三价铬对生物体具有有益的作用，但超量时会给人体健康带来危害，尤其六价铬在体内可引起铬中毒。国际癌症研究机构和美国政府工业卫生专家协会都已确定铬具有致癌性，并将铬定为 1 级致癌性物质
铅（Pb）	82	207	银灰色的软金属，环境污染主要是铅的化合物。铅中毒主要症状为食欲不振、口内有金属味、肾绞痛、失眠、头痛等，由于铅对神经系统的作用，可使大脑兴奋与抑制过程发生紊乱，同时还能引起慢性中毒性肾炎、肾萎缩、心肌损伤、心衰。四乙基铅主要是加入汽油中作为抗爆剂，是汽车尾气排放的重要空气污染源，它可通过汽油的高度挥发经呼吸道到肺内吸收，侵犯中枢神经系统，严重者造成患者精神分裂症、运动失调、肢体震颤、植物神经紊乱、出现“ 三低体征”（血压、体温、脉率降低）乃至心脏功能障碍而虚脱死亡。铅被国际癌症研究机构列为 3 级致癌危险性物质
镍（Ni）	28	58.7	银白色硬金属，其化合物有氧化镍、氢氧化镍、硫酸镍、羰基镍等，其中羰基镍毒性最大。它们以蒸汽形式迅速经呼吸道吸收，主要表现为急性中毒，如头痛头晕、恶心呕吐、胸痛、呼吸困难、紫绀及肺水肿等。国际癌症研究机构把镍的致癌危险性定为 3 级
铜（Cu）	29	63.5	呈紫红色光泽的金属。铜是人体健康不可缺少的微量营养素，对于血液、中枢神经和免疫系统，头发、皮肤和骨骼组织以及大脑和肝、心等内脏的发育和功能有重要影响。但过多的铜进入体内可出现恶心、呕吐、上腹疼痛、急性溶血和肾小管变形等中毒现象
锌（Zn）	30	58.7	一种蓝白色金属。锌的粉尘对眼有刺激性，口服刺激胃肠道，长期反复接触对皮肤有刺激性
银（Ag）	47	108	有良好的柔韧性和延展性，延展性仅次于金，能压成薄片，拉成细丝
钒（V）	23	50.9	一种银灰色的金属。钒是正常生长必需的矿物质，有助于防止胆固醇蓄积、降低过高的血糖、防止龋齿、帮助制造红细胞等作用。钒在体内不易蓄积，因而由食物摄入引起的中毒十分罕见，但每天摄入 10 mg 以上或每克食物中含钒 10～20 μg，可发生中毒。通常可出现生长缓慢、腹泻、摄入量减少和死亡
锰（Mn）	25	54.9	银白色金属，质坚而脆。长期接触锰可引起类似帕金森综合征或 Wilson 病那样的神经症状
钴（Co）	27	58.9	常温下不和水作用，在潮湿的空气中很稳定。高于 300℃时，钴在空气中开始氧化。赤热的钴能分解水放出氢。氢还原法制备的细金属钴粉在空气中能自燃生成氧化钴。含钴高温合金在 900～1000℃下仍有很高的强度和抗蠕变性能
锑（Sb）	51	121	银白色天然金属，会刺激人的眼、鼻、喉咙及皮肤，持续接触可破坏心脏及肝脏功能，吸入高含量的锑会导致锑中毒，症状包括呕吐、头痛、呼吸困难，严重者可能死亡。国际氧化锑工业协会早年运行的试验表明，老鼠若长时间暴露在含高浓度锑的空气中，肺部会产生炎症，近而染上肺癌
铊（Tl）	81	204.4	蓝白色重质金属，质柔软，易熔融。在空气中氧化时表面覆有氧化物的黑色薄膜。铊的毒性高于铅和汞，为强烈的神经毒物，对肝、肾有损害作用。吸入、口服可引起急性中毒；可经皮肤吸收

（一）颗粒物的采样方法

1．原理

通过具有一定切割特性的采样器，以恒速抽取定量体积的空气，空气中粒径小于 100 μm 的悬浮颗粒物，被截留在已经恒重的滤膜上。根据采样前后滤膜重量之差及采气体积，据下面公式计算质量浓度：

$$M=1000\times(W_1-W_2)/V_n$$

式中：M——TSP，或者 PM_{10} 和 $PM_{2.5}$，即三者通用一个公式，mg/m^3；

W_1——采样后尘膜的质量，g；

W_2——空白滤膜的质量，g；

V_n——标准状态下的累积采样体积，m^3。

2．采样器的切割点

TSP、PM_{10}、$PM_{2.5}$ 是按照空气动力学直径这一当量直径定义区分的颗粒物类型，TSP 是将粒径大于 100 μm 的颗粒物切割除去，收集 100 μm 以下所有粒径颗粒物的总和；PM_{10} 是指在以空气动力学直径 10 μm 为切割点，收集率达到 50%，而并非指对粒径 10 μm 以下的颗粒物 100%的收集，也并非完全指粒径 10 μm 的颗粒物或者不大于 10 μm 的颗粒物；同理 $PM_{2.5}$ 是指以空气动力学直径 2.5 μm 为切割点，收集率达到 50%。

3．主要仪器设备

根据采样目的的不同，可分别采用大、中流量 TSP 采样器，或用 PM_{10}、$PM_{2.5}$ 的大、中、小流量采样器采集不同粒径的颗粒物。仪器设备的要求可参见《环境空气质量手工监测技术规范》（HJ/T 194—2005）、《环境空气颗粒物（PM_{10} 和 $PM_{2.5}$）采样器技术要求及检测方法》（HJ 93—2013）等相关技术规范和标准方法。采集器入口一般距地面 1.5 m。

4．滤膜的选择

测定重金属一般不宜用玻璃纤维滤膜采样，普通的玻璃纤维滤膜中，除它的主要成分硅铝酸盐外，还含有其他杂质金属元素，同时在用硝酸湿法浸出时，玻璃纤维滤膜易形成糊状难分离，消解时又极易发生迸溅，其滤料的灰分含量也很高。

建议使用有机滤膜，如聚氯乙烯、聚丙烯、醋酸纤维、聚碳酸酯等材质的滤膜。过氯乙烯滤膜克服了玻璃纤维滤膜的上述缺点，但热稳定性差，受热易发生扭曲变形，最高使用温度为 65℃左右，而且样品处理起来不太方便。由于它在水溶液中不易浸透，加热时又卷曲起来，把颗粒包裹在里面，难以洗脱安全，并且在高氯酸、硝酸湿法消解过程中常会发生猛烈的氧化燃烧，造成样品损失和不安全性，因此不宜采用。选用微孔滤膜为滤料，克服了以上缺点，如特氟隆滤膜有较高的采样效率，并且经实验证明空白值低，加热消解时非常方便、快速、完全，但是价格比较昂贵。

5. 点位布设及样品采集

大气颗粒物的采样主要牵涉两类样品：环境空气样品和无组织排放样品。

（1）环境空气样品

目前，我国对环境空气样品采样点的布设一般遵循《环境空气质量监测规范（试行）》（HJ 664—2013）中相关要求。该技术规范对采样点位的布设提出了“代表性、可比性、整体性、前瞻性、稳定性”几点原则，提出采样点位应包括环境空气质量评价城市点、环境空气质量评价区域点和背景点、污染监控点、路边交通点，并对上述几类采样点布设方法和布设数量做出了详细规定。

采样过程一般按照《环境空气质量手工监测技术规范》（HJ/T 194—2005）中颗粒物采样的要求执行。该技术规范对监测点位、周围环境与采样口设置等进行了规定，对采样系统（切割器、采样器、滤膜）的规格和性能、采样前准备与滤膜处理、三种采样方式（24 h 采样、间断采样、无动力采样）的采样方法、采样气象参数和气体状态参数、采样记录的要求、采样体积的计算、质量保证与质量控制措施做了系统的阐述。

对于颗粒物的质量浓度测定，可参考《环境空气　总悬浮颗粒物的测定　重量法》（GB/T 15432—1995）、《环境空气　PM_{10}和$PM_{2.5}$的测定　重量法》（HJ 618—2011）、《环境空气颗粒物（$PM_{2.5}$）手工监测方法（重量法）技术规范》（HJ 656—2013）等。

（2）无组织排放样品

2001 年实施的《大气污染物无组织排放监测技术导则》（HJ/T 55—2000）对大气污染物无组织排放监测点设置方法、监测气象条件的判定和选择、监测结果的计算等做了规定和指导，现阶段对无组织颗粒物的采样布点一般按该技术导则执行，采样方法与环境空气颗粒物采集方法相同。

根据污染源的风向设置对照点和监控点，找到下风向的 1 h 最高浓度点作为监控点。监控点浓度与对照点浓度之差即为该无组织排放源的浓度。任何 1 h 浓度都不得超过标准限值。采样时间：各点可采 1 h，若浓度偏低可适当延长采样时间，若浓度较高，可在 1 h 内等间隔采样，例如，5 min 采一个样 4 次，取其平均值。另一种布点是取单位周界监控点，当有明显风向和风速时，监控点设在周界外 10 m 范围内，找 1 h 浓度最高点作为监控点。若经预算估算，无组织排放的最大落点地浓度区域超过 10 m，则可将监控点移至此处，采用与环境空气样品相同的 TSP 采样器进行采样。详细操作步骤可以参见《环境空气　总悬浮颗粒物的测定　重量法》（GB/T 15432—1995）。采样时间及采样监控点位的确定可以按照《大气污染物综合排放标准》（GB 16297—1996）附录 C 进行。

（二）颗粒物中重金属分析的前处理

1．消解体系

颗粒物中重金属分析的前处理方法常用的消解体系是酸。综合目前国内外文献，在消解试剂的使用上，颗粒物重金属的全消解和酸浸提绝大多数都使用HNO_3或HNO_3与H_2O_2、HCl、HF、$HClO_4$等其他酸的混合酸体系。

李玉武等选择了HNO_3-H_2O_2、HNO_3-$HClO_4$、HNO_3-HCl-$HClO_4$三种混合酸体系进行了试验，在HNO_3-HCl-$HClO_4$体系中可能是由于$Cr_2Cl_2O_2$挥发造成Cr含量偏低，HNO_3-H_2O_2体系中由于对硅酸盐的溶解性较差造成Ti、Ni、Al含量偏低，综合以上原因选用HNO_3-$HClO_4$消解体系。周有福等以硫酸-灰化法处理样品，选择合适的内标元素，得到样品中多种共存元素的含量。谢华林选用HNO_3-$HClO_4$消解体系处理样品，溶液的最终酸度控制在5%以内，以适宜ICP-AES 法的测定。游宗保等用玻璃纤维滤筒经硝酸-过氧化氢消解，采用热的1+1硝酸-5%过氧化氢浸泡，并在水浴中于温度70～80℃，保温2 h（经常摇动浸泡液）后可去除Fe、Ca、Mg、K、Na和Al等主量元素。王燕萍等针对大气颗粒物滤膜样品现有的消解方法中存在的不足，选用HNO_3消解体系，就空白滤膜样品，对其消解条件（消解用酸的质量分数、样品浸泡时间、消解加热时间）进行了优化研究，选择了砷（As）、钡（Ba）、镉（Cd）、锰（Mn）、铅（Pb）等金属元素进行了详细探讨，最终确定硝酸质量分数为25%，浸泡时间为24 h，加热至近干。付爱瑞等建立了碱熔-电感耦合等离子体发射光谱法测定大气颗粒物样品中Si、Al、Ca、Mg、Fe、Ti、Ba、Sr、Zr等无机元素的分析方法，样品于镍坩埚中530～550℃灰化60 min后用NaOH 融熔、水提取，再用2 mL 50%的HCl 酸化，钠基体匹配消除干扰，解决了大气颗粒物滤膜样品中Si易产生的溶解不完全等问题，提高了Ti、Ba、Sr、Zr 等主、次量元素测定的精密度和准确度。陈德容等选用HNO_3-$HClO_4$消解体系消解。综上所述，大部分选用HNO_3-$HClO_4$消解体系。

（1）酸消解法常用酸的种类和性质

① 硝酸HNO_3[相对密度1.42，70%水溶液（质量分数）] 在常压下的沸点为120℃，在0.5MPa下，温度可达176℃，它的氧化电位显著增大，氧化性增强。能对无机物及有机物进行氧化作用。金属和合金可用硝酸氧化为相应的硝酸盐，这些硝酸盐通常易溶于水。部分金属元素，如Au、Pt、Nb、Ta、Zr不被溶解。Al和Cr不易被溶解。硝酸可溶解大部分的硫化物。

② 盐酸HCl[相对密度1.19，37%水溶液（质量分数），沸点110℃] 盐酸不属于氧化剂，通常不消解有机物。盐酸在高压与较高温度下可与许多硅酸盐及一些难溶氧化物、硫酸盐、氟化物作用，生成可溶性盐。许多碳酸盐、氢氧化物、磷酸盐、硼酸盐和各种硫化物都能被盐酸溶解。

③ 高氯酸 $HClO_4$[相对密度 1.67，72%水溶液（质量分数），沸点 130℃]　$HClO_4$ 是已知最强的无机酸之一。经常使用 $HClO_4$ 来驱赶 HCl、HNO_3 和 HF，而 $HClO_4$ 本身也易于蒸发除去，除一些碱金属（K、Rb、Cs）的高氧酸盐溶解度较小外，其他金属的高氯酸盐类都很稳定且易溶于水。用 $HClO_4$ 分解的样品中，可能会有 10%左右的 Cr 以 $CrOCl_3$ 的形式挥发掉，V 也可能会以 $VOCl_3$ 的形式挥发。$HClO_4$ 是一种强氧化剂，热的浓 $HClO_4$ 氧化性极强，会和有机化合物发生强烈（爆炸）反应，而冷或稀的 $HClO_4$ 则无此情况。因此，通常都与硝酸组合使用，或先加入硝酸反应一段时间后再加入高氯酸（HNO_3 的用量大于 $HClO_4$ 的 4 倍）。高氯酸大多在常压下的预处理时使用，较少用于密闭消解中，要慎重使用。在使用 PTFE 烧杯分解样品时，选用 $HClO_4$ 赶酸可避免过高温度导致 PTFE 材料的不稳定。使用高氯酸可以保证在整个样品消解过程中，维持氧化环境，从而减少 Hg 以及能形成氢化物的元素如 As、Se、Sb、Bi、Te 的损失，并保证有机成分完全氧化分解，避免较高的有机含量增大溶液黏度，从而影响样品引入期间的传输和雾化效率。

④ HF[相对密度 1.15，48%水溶液（质量分数），沸点 112℃]　HF 本身易挥发，处理样品时 HF 一般很少单独使用，常与 HCl、HNO_3、$HClO_4$ 等酸同时使用。HF 是唯一能与硅、二氧化硅及硅酸盐发生反应的酸，少量 HF 与其他酸相结合使用，可有效地防止样品中待测元素形成硅酸盐。HF 是一种弱酸，但由于它具有较强的络合性，所以可以与许多其他的阳离子形成稳定的络合物，生成稳定的 H_2SiF_6，促使阳离子组分从硅酸盐晶格中释放出来。加热时 H_2SiF_6 分解成气态 SiF_4 逸出，得到了不含硅的溶液。许多环境样品，如土壤、水系沉积物、河道底泥、污泥等，用 HF 分析样品可除去样品中大量的 Si，有效地降低样品中的 TDS，但同时 B、As、Sb 和 Ge 等根据不同的价态也将不同程度挥发。氟和氟氧络合离子的生成有助于铌钽钨等化合物的分解，可防止它们在酸性溶液中因水解而生成沉淀，但另一些阳离子会与氟离子反应生成不易溶解的沉淀。例如，在同一条件下稀土元素、Th^{4+}、U^{4+}生成沉淀，而 Ta、Nb、Ti 等生成稳定络合物。生成的某些低含量氟化物可随氟化钙或氟化镧共沉淀。HF 容易分解碱金属、碱土金属和重金属的硅酸盐。硫化物含量高的样品很难被 HF/$HClO_4$ 混合酸有效地溶解，最好事先用王水溶解。测定样品中的硼时，氢氟酸易与硼生成挥发性的 BF_3，磷酸的加入可避免这种挥发损失。许多元素，如 As(Ⅲ)、Sn、Sb 的氟化物在蒸发赶酸时容易挥发损失，但挥发与否以及挥发程度取决于所用酸的种类。

必须注意的是，HF 具有腐蚀性，会腐蚀玻璃、硅酸盐，不能使用玻璃或石英容器，经典的是采用铂器皿，但铂器皿较贵，目前实验室最常用的是聚乙烯、聚丙烯、聚碳酸酯、聚四氟乙烯（特氟隆）等器皿。聚四氟乙烯是最合适的材料，它可以抗强氧化剂侵蚀而且允许加热到 240℃，但温度高于 200℃容器变软易变形。另外，用 HF 处理过的样品中因存在 HF，会腐蚀仪器中的玻璃或石英进样系统和炬管等，因此这类样品在测试之前须先除掉 HF，通常用 $HClO_4$ 赶酸。

⑤ 双氧水 H_2O_2[相对密度 1.13，30%水溶液（质量分数），沸点 107℃] 过氧化氢的氧化能力随介质的酸度增加而增加。H_2O_2 分解产生的高能态活性氧对有机物质的破坏特别有利。使用时通常先加 HNO_3 预处理后再加入 H_2O_2。组成双氧水的元素和水相同，以 H_2O_2 作为氧化剂不会向样品中引入额外的卤素元素，从而减少分析干扰。

⑥ 硫酸 H_2SO_4[相对密度 1.84，98.3%水溶液（质量分数），沸点 338℃] 硫酸是许多有机组织、无机氧化物及金属等的有效溶剂，它几乎可以破坏所有的有机物。但在密闭消解时要严格监控反应温度，因为浓 H_2SO_4 在达到沸点温度时可能熔化聚四氟乙烯容器，浓 H_2SO_4 的沸点是 338℃，而聚四氟乙烯的使用温度不能超过 240℃。所以，一般不单独用 H_2SO_4，而是与 HNO_3 一起组合使用。由于 H_2SO_4 赶酸时间长、易引入硫元素的干扰，因此在环境监测中使用率不如上述几种强酸高。

（2）常见的消解体系

处理样品时，往往不是只用一种酸单一消解，而是用几种酸依次分别加入或几种酸混合后加入以加强处理能力（依次分别加入或混合加入应根据样品的性质而定）。常见的消解体系如下所述。

①王水，HCl∶HNO_3=3∶1（体积分数） 王水是最常用的混合酸，两种酸混合后产生的氯化亚硝酰和游离氯是强氧化剂，王水需现用现配。王水可用来溶解许多金属，包括锑、铬和铂族金属等，植物体与废水也常使用它来进行消化。王水可从硅酸盐基质中酸洗出部分金属，但无法有效地加以完全溶解。除王水外，硝酸和盐酸还常以另外的比例混合在一起使用，所谓的勒福特（Lefort）王水，也叫逆王水，是三份硝酸与一份盐酸的混合物。可用来溶解含有氧化硫或黄铁矿的环境样品。

② HNO_3∶H_2SO_4，常用的比例为 1∶1（体积分数） 这种混酸的最高温度仅比单纯 HNO_3 时的最高温度高 10℃左右。高温条件下，易于形成硫酸盐络合物，还具有脱水和氧化的性质。通常在完成最初的消化后，可加入双氧水以完成消化。但是，只有当溶液减少且冒 SO_2 气体后才能添加双氧水。本方法可以有效消解如聚合物、脂肪等有机物质，但硫酸赶酸非常困难。

③ HNO_3∶HF，常用比例为 5∶1（体积分数） 这种混合酸对于溶解金属钛、铌、钽、锆、铪、钨及其合金特别有效，也可用来溶解铼、锡及锡合金、各种碳化物、氮化物及各种硅酸盐。

④ HNO_3、HCl、HF、$HClO_4$ 混酸 这种混酸是我国土壤中重金属监测分析标准方法中使用的消解方式，也是目前测定环境颗粒物样品金属总量常用的消解体系。

2．消解方式

在消解方式的选择上，酸溶法包括敞口常压消解法和高压密闭消解法。目前应用在颗粒物方面，常用的有电热板消解、高压罐消解、石墨消解、微波消解等。电热板和石墨消解等属于敞口常压消解法，是化学实验室应用最为普遍的一种样品分解方法。利用各种酸的化学能力，可将待测的金属元素从样品中溶解下来转移到液体中。

高压罐消解、微波消解等属于高压密闭消解法，是近年来发展较快的新型快速前处理方法，比常压酸消解法有了显著的改进，具有以下优点：①密封容器内部产生的压力使试剂的沸点升高，因而消解温度较高。形成的高温高压环境保证了大多数难溶元素的完全分解，同时易挥发元素在密封条件下也不会损失。②溶样过程中酸不挥发而在系统内反复回流，仅用很少量的纯化酸即可完成样品分解。不仅节约了成本，而且减少了分解期间所产生的有毒气体的量。③由于减少了试剂用量且采用密封系统，环境污染的可能性也大大降低，从而保证了很低的空白值。

唐姣荣等采用硝酸-盐酸、硝酸-硫酸、硝酸-高氯酸、硝酸-过氧化氢等体系，在上述程序条件下对样品进行消解比较。实验表明：在5∶2的硝酸-过氧化氢体系中，消解效果最佳。邓继等选用HNO_3-HCl-$HClO_4$消解体系消解，对比电热板HNO_3-HCl-$HClO_4$消解体系，结果无显著差异，微波消解法测定值的RSD相对较小，简化了前处理步骤，缩短了消化时间，节约了试剂。王娟等选用HNO_3消解体系消解，消解压力越大，样品分解得越快，但样品损失率也随之增大。实验中对不同压力下消解情况做了对比，得出消化完全的最佳条件，消化后样品回收率为98%～102%。邹本东等考察了用HNO_3、HNO_3-HF、HNO_3-HCl-HF、HNO_3-HCl-H_2O_2-HF体系来分解颗粒物样品膜的效果。结果表明，只用HNO_3不能溶解硅酸盐，造成Si元素和与硅酸盐结合的元素回收率低；HNO_3-HF、HNO_3-HCl-HF、HNO_3-HCl-H_2O_2-HF三种体系中HNO_3-HCl-H_2O_2-HF体系各元素回收率最高，而且该体系的适用性最强，对不同基质的颗粒物样品均能很好溶解，是本方法最终使用的体系。陈笑蓉等对密闭微波消解不推荐使用氢氟酸、高氯酸和硫酸。原因是氢氟酸对分析仪器的管路有较强的腐蚀作用，对后续元素的测定有一定的干扰且存在不安全因素。另外，在密闭微波消解中不使用高氯酸（$HClO_4$），是因为其分解时压力变化大，易发生爆炸。而硫酸的沸点是338℃，是沸点最高的无机酸，不宜用于260℃就变形的聚四氟乙烯消解罐。同时钡、锶、钙、铅的硫酸盐的溶解度很低，很容易沉淀吸附。

密闭高压消解方法有它的缺点：特殊难溶相仍存在分解不完全的问题；由于在加压条件下，聚四氟乙烯将呈现多孔性，酸蒸气会从聚四氟乙烯管壁逸出，钢套会被腐蚀生锈，容易产生污染问题（建议使用质纯的聚四氟乙烯制作内衬，管壁要厚，封口螺纹要长，使用新式的钢套—有聚四氟乙烯涂层的封闭溶样器系统）；分解容器造价偏高；分解有机物时若采用高氯酸时有爆炸危险；不能分解数量大的样品；不能观察试样的分解过程。尽管封闭溶样罐有这些缺点和危险，但这种技术可以快速分解那些用其他方法难以或不能溶解的难溶矿物，而且具有用酸量少、污染小、空白低的显著优势。

常用的封闭压力溶样法主要有两种：一种是在密闭的硬质玻璃管中分解；另一种是将一个聚四氟乙烯容器放在一个不锈钢外套内，样品在管内的容器中分解。

在封闭的玻璃管中溶解：溶剂和样品密封在硬质玻璃管内，玻璃管置于敞口或密封的钢筒内，加热使样品分解。在封闭的玻璃管中将样品加热到300℃可获得高达28.12 kg/cm^2（400psi）的压力，因此，必须采取适当的防爆措施，如可在钢筒内放置某些物质（干冰或水），加热时形成气体，在玻璃管与钢壳之间的空隙产生一定的压强。这个压强可控制到与玻璃管内部物质反应形成的压强近似，这个压强作用到玻璃管外壁上以抵消内壁压力。

应用较多的封闭压力溶样器，是将一个特氟隆内衬溶样器封装在一个耐高压的不锈钢罐中，在PTFE容器和盖之间形成高压气密封，加入样品和酸之后，用特制钳将罐拧紧，然后放到干燥箱中加热数小时甚至数天（放置时间长短依据不同类型样品的需求而定）。注意温度最好不要超过200℃，因为温度高于200℃，特氟隆内衬易变形。

封闭压力溶样器在20世纪50年代被广泛用于分析实践，至今仍在普遍采用和发展的一个主要原因是：①容易达到并保持在较高的温度和一定压力；②聚四氟乙烯材料是最适合酸溶的容器，耐腐蚀，空白低；③现代仪器分析方法的迅速发展要求样品溶液中的盐分不宜过高，所以熔融法一般尽量少采用；④痕量、超痕量元素分析要求增加，而熔融法因试剂空白较高，且熔融产物可能与坩埚壁发生不利的反应不适应要求；⑤有了制备超纯酸的新方法，可用于分解样品；⑥该种溶样方法得到的溶液可测定元素种类多，既可用于测定主量成分，也可用于测定微量、痕量和超痕量元素；⑦有处理大批样品的能力。

试样分解时容器的内部压力很难实际测出，只能靠推测，但至少比水的平衡蒸汽压高。如果样品中有机物质含量高，要预先用硝酸消解一下再密封，以防内部压力急剧上升，引起爆炸。样品和试剂的量不能超过内衬容量的30%，过多的溶液产生的压力可能会超过容器的安全额定压力。待溶样罐冷却至室温后再打开，打开时应放在通风橱内小心操作。外套的铁锈会使特氟隆内衬着色，可置于3～6 mol/L盐酸中加热除色，洗净后浸在热水里除去浸入的盐酸。不锈钢外套的锈迹可用草酸或草酸盐浸泡，用超声波清洗除去。最近，有新研制的商品封闭压力溶样器出售，这种新溶样器的不锈钢外套有聚四氟乙烯涂层，克服了钢套被酸腐蚀的现象，大大减少了分析元素的污染问题。

3．全消解方法

和土壤消解类似，颗粒物中重金属的全消解有酸溶法和碱熔法两类。

（1）碱熔法

常用的体系有NaOH、Na_2O_2-NaOH、Na_2O_2-Na_2CO_3、$KHSO_4$-$K_2S_2O_7$等。常用的NaOH消解方法为：取已采集大气颗粒污染物的滤膜样品部分（1/2或1/4）于镍坩埚中，放入马弗炉，从低温升至300℃，恒温保持约40 min，再逐渐升温至530～550℃进行样品灰化，保持恒温40～60 min至灰化完全（样品颜色与土壤样品相似）。取出已灰化好的样品，冷却至室温，加入几滴无水乙醇润湿样品，加入 0.1～0.2 g 固体氢氧化钠，放入马弗炉中在 500℃下熔融 10 min，取出坩埚，放置片刻，加入 5 mL 热水（约 90℃），在电热板上煮沸提取，移入预先盛有 2 mL（1+1）盐酸溶液的塑料试管中，用少量 0.1 mol/L 的盐酸溶液多次冲洗坩埚，将溶液洗入容量瓶中并稀释至 50.0 mL，摇匀，待测。同时做试剂和滤膜样品空白实验。该方法适用于 Al、Ca、Mg、K、Fe、Na、Ti 等重金属的 ICP-AES 法分析。由于试剂用量较大，空白较高，碱金属元素还可能产生严重的背景干扰，因此碱熔法不适于用 ICP-MS 等仪器分析。

（2）酸溶法

我国 20 世纪 90 年代左右曾对重金属全消解进行过较为广泛的研究。李振声对大气颗粒物中金属元素的四种前处理方法（硫酸-灰化法、常压消解法、高压消解法、索氏提取法）进行了比较，结果认为：高压和常压消解回收率都较为满意，硫酸-灰化法 Cu、Cd 回收率偏低，而索式提取空白值高、Cu 无法测定、Ni 回收率过高，相比于其他方法，高压消解操作简便、空白值低、消解完全、精密度和准确度均较高，适于推广使用。王泽俊等通过中和对比实验，从 6 种颗粒物消解方法（HNO_3-$HClO_4$ 消解、王水- $HClO_4$ 消解、H_2SO_4-400℃灰化、HNO_3-H_2O_2、H_2SO_4-HNO_3 消解、HNO_3-超声提取）中筛选出测定大气颗粒物中重金属含量的 HNO_3-$HClO_4$ 消解法，该法操作简便、金属溶出率高、空白值低，适用于化学法及仪器法测定大气颗粒物中金属含量的样品预处理。陈如君等研究了稀酸热浸法、加压酸浸法、HNO_3-HF 法、HNO_3-$HClO_4$-HF 法消解颗粒物重金属，结果发现，稀酸热浸法对待测元素的回收率为 19%～31%、加压酸浸法在 54%以下，HNO_3-HF 法对某些元素回收率略低，而 HNO_3-$HClO_4$-HF 法对各种元素回收率在 91%～106%，消解完全、重现性好，值得推广。

消解技术发展到现阶段，微波消解已经以其独特的优点成为颗粒物前处理的首选方式。很多对消解方式的研究都表明，微波消解有以下优点：节省时间，与电热板消解相比，总的制样时间可缩短 90%；适用范围宽，样品类型限制少，对于起泡沫样品也不影响样品制备；具有压力和温度控制系统，消解程序由计算机控制，可存储用于日后制样用；改善制样质量（加热方式均匀平稳，提高准确度和精密度）；改善工作环境（烟气排放吸收系统，防止二次污染，有利于准确分析并保障分析人员的健康）。此外，由于是密闭消解，相比于敞口的其他消解方式，不易引起汞、砷、镉等易挥发元素的损失。

朱奕等结合微波消解与 ICP-MS 分析方法，研究了长沙市火车站大气 TSP 中 As、Cd、Co、Cu 等重金属元素的含量，检测结果令人满意，最低检测浓度为 0.0001～0.005 μg/m^3，加标回收率达到 90.9%～106.7%。史庭安等采用密闭微波消解大气颗粒物，ICP-AES 测定了其中的铅和被，加标回收率为 96%～105%，表明在密闭条件下微波消解，钡和铅没有挥发损失。

目前，环境保护部已经将《空气和废气 颗粒物中铅等金属元素的测定 电感耦合等离子体质谱法》（HJ 657—2013）和《空气和废气 颗粒物中金属元素的测定 电感耦合等离子体发射光谱法》（HJ 777—2015）规定为测定颗粒物中金属元素的标准方法。消解方法可以使用微波消解和电热板消解两种方式。其中微波消解方法规定如下：取适量样品（大张滤膜取 1/8，小张圆形滤膜取整张）用陶瓷剪刀剪成小块置于消解罐中，加入 10 mL 硝酸-盐酸混合溶液，使滤膜浸没其中，加盖旋紧进行消解。消解温度为 200℃，时间 15 min。消解结束后，取出消解罐组件，冷却，加入 10.0 mL 纯水，静置 30 min 进行浸提，过滤，定容至 50.0 mL，待测。也可先定容至 50.0 mL，经离心分离后取上清液进行测定。

在标准方法出台之前，多参照美国 EPA IO-3.1 过滤材料的选择、准备、萃取的方法，采用硝酸-盐酸体系，微波消解和电热板热酸萃取两种消解方法对颗粒物滤膜进行前处理。

4．酸浸提方法

酸浸提一般是指用 HCl-HNO_3、HNO_3-H_2SO_4-$HClO_4$ 等酸体系振荡浸提或低温加热消解。和全分解相比，有两点不同之处：一是不使用 HF，二是不加热或低温加热，处理时间较短。这种方法在我国标准方法中并不涉及，而外国土壤背景调查或是颗粒物消解中却经常使用。由于 HF 是唯一能分解硅酸盐或 SiO_2 的酸，因而酸浸提并不能或较难将颗粒物中包藏在矿物晶格中的金属元素溶出。大量研究表明，土壤或颗粒物中 Cd、Cu、Mn、Zn 等元素相对容易溶出，用酸浸提溶出比在 80%以上，而 Pb、Cr 则易包含在矿物晶格中，溶出量仅为全量的 53%～67%。颗粒物不同于土壤，硅等地壳元素含量相对较少，特别对于细粒子，有研究表明地壳元素仅占细粒子总质量的 2.9%。因而，用酸浸提方法能将颗粒物中大部分重金属元素溶出，加之酸浸提操作简便快捷，所以用酸浸提对颗粒物进行前处理，不失为一种快速分析颗粒物中重金属的方法。

高焰等用 5%的硝酸对采样滤膜进行超声浸提，用流动注射火焰原子吸收法测定大气颗粒物中的 Pb 和 Cd，结果表明，Pb、Cd 浸提液浓度分别为 10.98 μg/L 和 3.48 μg/L，与全分解消解液（11.12 μg/L、3.67 μg/L）已经相当接近，标准样品回收率在 97%以上，方法快速准确。目前，这种前处理方法在国内文献中还较少报道，有着较为宽阔的研究空间。

（三）颗粒物中重金属的测定方法

1．常用方法

目前，用于无机测定的各种方法基本都可用于测定颗粒物重金属，主要包括分光光度法、中子活化法（INAA）、X 射线荧光光谱法（XRF）、电子微探针、原子吸收分光光度法（AAS）、原子荧光光谱法（AFS）、电感耦合等离子体发射光谱法（ICP-AES）、电感耦合等离子体质谱法（ICP-MS）等。INAA 分析周期较长，操作技术比较复杂，目前，在我国较少采用此方法。

（1）分光光度法

分光光度法是重金属监测中经常使用的经典方法，其检测原理是：重金属与显色剂发生络合反应，生成有色分子团，吸收入射光（紫外光或可见光）中特定波长的光而产生吸收光谱，在一定浓度范围内吸光度值与金属离子浓度呈线性相关，从而可以对目标离子进行定量测定。

在我国空气和废气的重金属的监测中，有很多相关的标准方法和推荐方法，如二苯碳酰二肼分光光度法测定六价铬、二乙基二硫代氨基甲酸银分光光度法和新银盐分光光度法测定砷、5-Br-PADAP 分光光度法测定锑、对偶氮苯重氮氨基偶氮苯磺酸分光光度法测定镉、丁二酮肟-正丁醇萃取分光光度法测定镍等。

分光光度法测定重金属离子的精密度和准确度较高，含量范围较宽，有一定的灵敏度和选择性，适用于常量和半微量分析。但同时该方法也存在一些不足之处，如谱线重叠引起的光谱干扰比较严重，可能导致选择性变差；使用的某些显色剂需经试验合成；在测定微量和痕量元素时，条件要求较严格，灵敏度相比来讲较低，逐渐被 AAS、ICP-AES、ICP-MS 取代。

（2）X 射线荧光光谱法（XRF）

质子 X 射线荧光分析（PIXE）是 20 世纪 70 年代发展起来的一种高灵敏度、多元素同步分析方法，但很难测定比钾轻的元素，这是因为用 X 射线激发时，轻元素的荧光发射率低，而且其特征 X 射线易被样品中的其他元素吸收。用 X 射线激发时，样品载体的背景 X 射线发射强度较大，也是轻元素不易检出的重要原因。XRF 比 PIXE 优越之处在于设备简单且分析速度高，固体、粉末、液体及晶质、非晶质等物质的状态均可测定，在测定中不会引起化学状态的改变，其缺点在于定量分析需要标样，对轻元素的灵敏度较低，容易受相互元素干扰和叠加峰影响。

XRF 是利用样品对 X 射线的吸收随样品中的成分及其多少变化而变化来定性或定量测定样品中成分的一种方法。当试样受到 X 射线、高能粒子束、紫外光等照射时，由于高能粒子或光子与试样原子碰撞，将原子内层电子逐出形成空穴，使原子处于激发态，这种激发态离子寿命很短，当外层电子向内层空穴跃迁时，多余的能量即以 X 射线的形式放出。特征 X 射线是各种元素固有的，它与元素的原子序数有关。所以只要测出了特征 X 射线的波长λ，就可以求出产生该波长的元素，即可做定性分析。目前除轻元素外，绝大多数元素的特征 X 射线均已精确测定，且已经汇编成册，供实际分析时查对。

X 射线荧光光谱法具有分析迅速、样品前处理简单、可分析元素范围广、谱线简单、光谱干扰少，试样形态多样性及测定时的非破坏性等特点。在样品组成均匀、表面光滑平整，元素间无相互激发的条件下，当用 X 射线（一次 X 射线）作激发源照射试样，使试样中元素产生特征 X 射线（荧光 X 射线）时，若元素和实验条件一样，荧光 X 射线强度与分析元素含量之间存在线性关系，根据谱线的强度可以进行定量分析。该方法能够达到甚至超过经典化学分析方法或其他仪器方法的精密度。不仅用于常量元素的定性和定量分析，而且也可进行微量元素的测定，其检出限多数可达 10^{-6}g，与分离、富集等手段相结合可达 10^{-8} g。测量的元素范围包括周期表中从 F～U 的所有元素。具备多道 X 射线荧光分析仪，在几分钟内可同时测定 20 多种元素的含量。

在环境监测领域，X 射线荧光法在直接测定颗粒物滤膜方面有较多应用，但是 X 射线荧光光谱法也有其不足之处，例如，不能对原子序数为 5 以下的元素进行分析，对标准试样的要求很严格，而且分析的灵敏度还有待进一步提高，检出限多为 10^{-6} 级。

（3）电子微探针

电子微探针技术是电子显微镜与 X 射线荧光分析结合的产物。当电子显微镜的电子束穿过样品时，样品的原子也会被电子轰击而激发，被激发的原子也会发出 X 射线荧光。分析这些荧光的波长和强度就可以得到样品中的元素定性和定量分析。现代电子微探针能直接观测直径约为 1 μm 的单个粒子形状，并能分析其中比钠重的元素的相对含量。

（4）原子吸收分光光度法（AAS）

近年来，我国 AAS 方法研究取得了不少新的进展，主要集中在各种应用技术和方法研究方面，在各类期刊发表的有关原子吸收和原子荧光光谱法的论文已达 500 余篇，并相继出版了《原子吸收光谱分析》《原子吸收光谱分析的原理、技术和应用》《应用原子吸收与原子荧光光谱分析》等专著，详细地阐述了基本理论、实验方法与技术及该领域的最新成果与进展。

原子吸收光谱法是 20 世纪 50 年代创立的一种新型仪器分析方法，它与主要用于无机元素定性分析的原子发射光谱法相辅相成，已成为对无机化合物进行元素定量分析的主要手段。AAS 是基于从光源辐射出待测元素的特征光谱，通过样品的蒸汽时，被蒸汽中待测元素的基态原子所吸收，由辐射光谱强度减弱的程度，可求出样品中待测元素的含量，是最常用的微量和痕量元素的检测技术之一。主要具备以下特点。

①选择性好：由于原子吸收谱线比原子发射谱线少，并采用了空心阴极灯作为锐线光源，因此谱线重叠概率小，光谱干扰比原子发射光谱小得多。

②灵敏度高：采用火焰原子化法，70 多种元素的分析灵敏度可达 mg/L 或 mg/kg 水平；若采用石墨炉原子化法，其绝对灵敏度可达 10^{-14}～10^{-10}g 水平。因此，原子吸收光谱法适用于微量和痕量的金属与类金属元素的定量分析。

③精密度（RSD）高：火焰原子化法的 RSD 为 3%左右；若采用自动进样器进样，石墨炉原子化法 RSD 可以控制在 5%左右。

④操作方便和快速：原子吸收光谱法与紫外-可见分光光度法的分析原理和仪器结构类似，但却省略掉繁琐与复杂的显色反应，分析操作较方便，分析速度也较快。

⑤应用范围广：从不同原子化方式而言，空气-乙炔（氧化亚氮-乙炔）火焰原子化法可以分析 30 多种元素，石墨炉原子化法可以分析 70 多种元素，氢化物发生法可以分析 11 种元素；从分析对象不同含量而言，既可以分析常量元素，又可以分析微量、痕量甚至超痕量元素；从分析不同性质的元素而言，既可分析金属元素和类金属元素，也可间接分析有机物；从试样不同状态而言，可分析液态试样、气态试样，甚至可以直接分析固态试样。

⑥局限性：原子吸收光谱法通常采用单元素空心阴极灯作为锐线光源，分析一种元素就必须选用该元素的空心阴极灯，因此不适用于多元素混合物的定性分析，对于高熔点、形成氧化物、形成复合物或形成碳化物后难以原子化元素的分析灵敏度低。

按原子化不同可分为火焰原子吸收光谱法、石墨炉原子吸收光谱法和低温原子化法。

火焰原子吸收光谱法（FAAS）是通过火焰原子化器将试样转化为基态原子的一种原子化过程。FAAS 经过几十年的研究发展已经相当成熟，优点是操作简便、分析速度快、分析精度好、测定元素范围广和背景干扰较小，我国也颁布了多项火焰原子吸收检测颗粒物中重金属的方法。

近年来，火焰原子吸收法的研究主要在于提高方法的灵敏度或降低检出限。在基础研究方面，多数火焰原子吸收光谱法是提高分析灵敏度的新技术，近年来逐渐引起人们的重视，也出现了利用该技术的一些方法研究，如将微量脉冲进样技术和导数火焰原子吸收法相结合的方法、流动注射-导数火焰原子吸收法等。在样品导入方面，主要的研究工作有悬浮液进样技术，这项技术是火焰原子吸收法直接测定固体样品的一种简便有效的进样方式。FAAS 经过几十年的研究发展已经相当成熟，但也存在一些缺点，如由于雾化效率低及燃气和助燃气的稀释，致使测定灵敏度降低；采用中温、低温火焰原子化时化学干扰大；在使用中应考虑安全问题等。

石墨炉原子吸收光谱法（GFAAS）是利用高温石墨管使样品完全蒸发充分原子化，再测其吸光度的方法，石墨炉原子吸收比火焰原子吸收的绝对灵敏度高 3 个数量级，该法已普遍用于颗粒物、土壤等多种介质中金属元素测定。石墨炉原子化系统主要由石墨炉电源、石墨炉体和石墨管组成，通过分析过程中选择适宜的干燥、灰化、原子化、除残升温速率等条件，配合适当的保护气控制程序，达到分析微量金属元素的目的。

和火焰法不同的是，石墨炉法往往存在较严重的基体干扰，通常需要添加合适的基体改进剂消除干扰。所谓基体改进技术就是向石墨炉或试样中加入某些化合物，一方面改善复杂基体的物理特性，例如，使基体形成易挥发化合物在待测元素原子化前驱除，降低背景吸收，使基体形成难解离的化合物，避免基体与分析元素形成难解离化合物；另一方面使分析元素形成较易解离、热稳定化合物、热稳定的合金和形成强还原性环境等。还有防止分析元素被基体包藏，降低凝聚相干扰和气相干扰等。基体改进剂广泛地应用于石墨炉原子化法分析生物和环境试样中痕量金属和类金属元素及其化学形态，表 1-2 列出了石墨炉原子化法测定 10 种元素常用的基体改进剂。

表 1-2 石墨炉原子化法测定 10 种元素常用的基体改进剂

元素	基体改进剂	元素	基体改进剂
Al	硝酸镁、TritonX-100、氢氧化铁、硫酸铵	Se	硝酸铵、镍、铜、钼、铑
As	镍、镁、钯	Mn	硝酸铵、EDTA、硫脲
Be	钙、硝酸镁	Ag	镍、铂、钯
Bi	镍、钯	Au	TritonX-100+Ni、硝酸铵
Ga	抗坏血酸	Tl	钙、镁、硝酸铵、EDTA

低温原子化法也称为化学原子化法，包括冷原子化法和氢化物发生法，一般适用于熔点较低的 Hg 以及 Se、Sb、Bi 等元素。冷原子化法和氢化物发生法可以使用同一装置。原子吸收分析过程如下：将样品制成溶液（同时做空白），制备一系列已知浓度的分析元素的校正溶液（标样），依次测出空白及标样的相应值，依据上述相应值绘出校正曲线，测出未知样品的相应值，依据校正曲线及未知样品的相应值得出样品的浓度值。现在由于计算机技术、化学计量学的发展和多种新型元器件的出现，使原子吸收光谱仪的精密度、准确度和自动化程度大大提高。用微处理机控制的原子吸收光谱仪，简化了操作程序，节约了分析时间。现在已研制出气相色谱-原子吸收光谱（GC-AAS）的联用仪器，进一步拓展了原子吸收光谱法的应用领域。

目前，在测定大气颗粒物中重金属的方法中，火焰原子吸收分光光度法适用于浓度较高的样品，国外较早也用于大气颗粒物中重金属分析，在国内应用更加广泛，很多金属元素火焰原子吸收方法已被作为国家标准。无火焰原子吸收分光光度法是比较成熟的方法，具有明显优势，已成为一种重要的检测手段。其优势是检出限低，可以具有 ICP-MS 的检出限，是最易普及的一种方法。缺点是标准工作曲线的线性范围窄（一般在一个数量级范围），多为单一元素的测定，这给实际分析工作带来不便。对于某些基体复杂的样品分析，尚存在某些干扰问题需要解决。在高背景低含量样品测定任务中，精密度下降。如何进一步提高灵敏度和降低干扰，仍是当前和今后研究的重要课题。

（5）原子荧光光谱法（AFS）

原子荧光光谱法是 20 世纪 60 年代初期由 Wmefordner 和 Vickers 提出，介于原子发射光谱（AES）和原子吸收光谱（AAS）之间的光谱分析技术，是通过测量待测元素的原子蒸气在辐射能激发下产生的荧光发射强度，来确定待测元素含量的方法。1969 年，Holak 把经典的砷化氢发生反应与火焰原子光谱法结合起来，创立了测定砷的氢化物发生-火焰原子吸收光谱（HG-FAAS）分析联用技术。1974 年，Tsujii 和 Kuga 首次实现了氢化物发生-无色散原子荧光光谱分析，也应用于砷的测定。20 世纪 70 年代，国内在原子荧光的理论研究和应用技术方面也展开了研究，其中郭小伟等研究出的氢化物发生-原子荧光光谱联用技术成就最为突出，为 AFS 在我国的广泛应用打下了基础。1983 年，双道氢化物发生-原子荧光光谱仪研制成功，采用两只空心阴极灯交替脉冲供电方式激发基态原子，实现了两种元素的同时测定。AFS 虽然是一种发射光谱法，但和 AAS 密切相关，兼有原子发射和原子吸收两种分析方法的优点，又克服了两种方法的不足。基本原理是基态原子（一般蒸汽状态）吸收合适的特定频率的辐射被激发至高能态，而后激发过程中以光辐射的形式发出特征波长的荧光。

我国环境监测等部门普遍采用的原子荧光法为氢化物发生原子荧光法。该方法利用铋、锡、硒、碲、铅、锗等元素的氢化物在常温下为气态的特点，以惰性气体作载气，将初生态氢与试样元素形成的气态氢化物以及过量氢气与载气混合后，导入加热的原子化装置，氢气和氩气在特制火焰装置中燃烧加热，待测元素生成的氢化物受热以后迅速分解，以高强度空心阴极灯激发照射气态原子，检测荧光强度。常见氢化物的发生方法有硼氢化钠（钾）-酸还原体系、金属-酸还原体系、碱性模式还原体系和电解还原体系法四种，目前应用最多的是硼氢化钠（钾）-酸还原体系。硼氢化钠（钾）-酸还原体系氢化物形成原理为：

$$NaBH_4+HCl+3H_2O = NaCl+H_3BO_3+8H\cdot$$

$$8H\cdot+E^{m+} \longrightarrow EH_n\uparrow+H_2\uparrow \text{（过量）}$$

式中：E^{m+}——正 m 价的被测元素离子；

EH_n——被测元素的氢化物；

$H\cdot$——初生态的氢。

AFS 起步较晚，相比 AAS 具有发射谱线简单、线性动态范围宽、光谱干扰少、灵敏度高以及多元素检测功能强等优点。氢化物发生-原子荧光光谱法（HG-AFS）因灵敏度高、干扰少、重复性好等特点而广泛应用于分析汞、砷、锑、铋、硒、碲、铅、锡、锗、镉、锌 11 种元素。近年来，HPLC-HG-AFS 等联用技术在国外已有相关报道，如测定颗粒物中汞、锑、硒、锡等金属的形态。

作为实现方法的载体与工具，原子荧光光谱仪伴随着分析方法的发展而不断地推陈出新。早在 1976 年就制作出非色散冷原子荧光测汞仪。随着特制高性能空心阴极灯激发光源和断续流动、顺序注射等进样方式的引入，加之原子化器的改进和计算机技术的发展，原子荧光仪器整机分析性能不断提高，使用越来越方便，在生产中得到不断推广和应用。与国外不同，中国研制和生产的原子荧光分析仪都是非色散式的，由于仪器结构简单、实用方便、价格便宜，广泛用于环境监测领域，氢化物发生-原子荧光仪器已成为国内大多分析实验室的常规测试仪器。《空气和废气监测分析方法》（第四版增补版）中将 AFS 用于汞和砷的测定，该方法也是目前我国环境监测系统最常用测汞方法。

AFS法测定大气颗粒物中As、Hg的原理是：试样在酸性条件下消解，其中的As、Hg分别被氧化为As（Ⅴ）和Hg^{2+}，并被转入到溶液中，As（Ⅴ）与硫脲-抗坏血酸反应生成As（Ⅲ）。As（Ⅲ）与KBH_4在盐酸介质中发生氢化物反应，生成AsH_3，Hg^{2+}与KBH_4反应还原为原子汞。

$$KBH_4+3H_2O+H^+ = H_3BO_3+K^++8H\cdot$$

$$8H\cdot+2As^{3+} = 2AsH_3+H_2\uparrow$$

$$8H\cdot+Hg^{2+} = Hg\uparrow+3H_2\uparrow+2H^+$$

生成的 AsH_3 和汞蒸气迅速与溶液脱离，用氩气导入加热的石英原子化器，氢气和氩气形成氩氢火焰，使待测元素受热分解为原子态。As、Hg 空心阴极灯分别发射出 193.7 nm 和 253.7 nm 的特征谱线激发 As、Hg 原子，使基态原子的外层电子跃迁至较高能态，在由高能态去活化回到基态时，发射出具有特征波长的原子荧光，在一定条件下其荧光强度与溶液中 As、Hg 的含量成正比，用样品与标准系列比较定量即可得到测定结果。

测定条件的选择与优化是原子荧光光谱法的关键，其中包括以下几个方面。

①光电倍增管负高压 PMT 选择　光电倍增管有一定的耐压范围，其负高压的高低与仪器输出的荧光强度、背景信号水平有密切的关系。在一定范围内，负高压越高，灵敏度越高，荧光信号越强，检出限降低，但噪声会增大，稳定性也会相对变差。相反负高压过低时，灵敏度降低，检出限随之升高，往往又达不到实验要求。当采用较高的负高压时，基线漂移严重，还应当注意室内光线对基线的影响，当灵敏度可以满足测定要求时应尽可能采用较低的负高压。实际操作中负高压可根据具体信号强度及元素灯的灵敏度进行选择，一般在 300V 左右，对于灵敏度低的元素灯，需要加大负高压，灵敏度高的元素灯，需要减小负高压。

②空心阴极灯灯电流　灯电流的大小与 As、Hg 检出的荧光强度和背景信号有关，一定范围内灯电流越低时，荧光强度低且不稳定；灯电流越大时，灵敏度越高，荧光信号越强，但灯电流过大会造成工作曲线弯曲，并且会降低空心阴极灯的使用寿命。对于单阴极灯，只需设置总电流即可；对于双阴极灯，总电流为主阴极与辅助阴极灯电流之和，设置好总电流后，辅助阴极电流自动设置为总电流的一半，即主阴极与辅助阴极灯电流的配比为 1∶1，对于不同的元素，主阴极与辅助阴极灯电流的最佳配比不一样，需要通过实验来掌握。

③原子化器高度的选择　原子化器高度是指原子化器顶部距光电倍增管中心的距离，即光轴与原子化顶部的距离。在其他仪器条件确定的情况下，原子化器的高低决定了激发光源照射在氩氢火焰上的位置，调节其高度的主要目的是使元素灯发光照射在原子化效率最高、最稳定的区域。当激发光源照射在氩氢火焰上原子蒸气密度最大的位置时，得到的

荧光强度最大。原子化器高度与待测元素的荧光信号的摄取有关，当原子化器高度过高时，空气中的氧会进入原子化器使金属原子氧化，导致信号强度下降，原子化器高度过低，会导致气相干扰，使空白本底值升高，方法灵敏度下降。原子化器高度的调节还与载气流量大小有关，如载气流量较大时，原子化器的高度应适当降低。经过反复的实验，当高度在8～10 mm 的位置时，荧光强度较强，灵敏度较高。

④载气流量的选择　AFS 法测定 As、Hg 过程中，载气的主要作用是携带被测元素的 AsH_3 及 Hg^{2+}到原子化器进行原子化。实验反应产生的氢化物由氩气带入气液分离器和原子化器，载气流量的大小直接影响荧光信号的强度和氩氢火焰的稳定性。载气流量较小时，氩氢火焰不稳定，重现性差，极小时仪器可能会无法运行或是没有荧光信号；载气流量较大时，原子蒸气会被稀释冲淡，导致原子化效率降低，荧光信号值会降低，过大时还可能导致氩氢火焰被冲断，无法形成氩氢火焰，使测量没有信号。载气流速一般为 300～700 mL/min。

⑤屏蔽气的选择　屏蔽气的主要作用是对原子化环境进行屏蔽，防止氢化物被氧化，同时减少荧光猝灭现象。屏蔽气流量过小会造成屏蔽效果不好，氩氢火焰肥大，信号不稳定；流量过大时，氩氢火焰变得细长，会影响原子化效率，信号也会变得不稳定且灵敏度降低。一般屏蔽气流量采用 800～1000 mL/min。

氢化物发生反应的介质条件主要包括以下几个方面。

①KBH_4浓度的选择　KBH_4作为体系中氢化物发生的还原剂，对方法的灵敏度、准确度和稳定性有非常大的影响，其浓度的大小会影响氢化物的生成过程和氩氢火焰。当 KBH_4浓度较高时，会产生大量的氢气，氩氢焰增强，荧光强度增大，但过量的氢气则会稀释 As、Hg 浓度，使荧光强度值降低，进而降低仪器稳定性和灵敏度，形成的氩氢焰还会引起噪声干扰。此外，能够形成氢化物的其他元素如 Se、Sb、Bi 等还会被还原出来，在原子化器中产生液相、气相干扰，从而影响 As、Hg 测定的灵敏度。随着 KBH_4浓度降低，氩氢焰变小，减小了氩氢火焰对荧光信号的影响，但是 KBH_4浓度过低则会影响氢化物的生成效率。KBH_4溶液不太稳定，须加入适量 KOH 以提高其稳定性，但是不宜过多，否则会降低反应时的酸度。李伟在研究中发现汞测定时不生成氢化物，仅需少量的 KBH_4即可将其还原成气态汞，而砷则在 KBH_4浓度大于 1%时有较高的荧光强度，因此当 KBH_4浓度为 2%时可同时满足砷、汞的测定条件。

②介质酸度及载流的确定　As、Hg 及其化合物的氢化物发生过程需要在一定的酸度下进行，因此要在样品中加入酸以保持一定的介质酸度。酸度的大小会影响方法的准确度和灵敏度，荧光强度开始时随酸度的增加而急剧增强，之后由于氢气的稀释作用而逐渐减弱。样品的介质酸度过低或过高，与 KBH_4反应产生的氢气太少或太多，都会使火焰不稳定，导致测定结果不准确。样品的酸度应当要与标准系列的酸度保持一致，否则过高会导

致基线升高，过低会引起灭火，同时适当增大样品和标准系列酸度有利于消除其他金属离子的干扰。以 HCl 为介质，As 的荧光强度较高、线性好、允许范围较宽，作为载流 HCl 的浓度对 As、Hg 的荧光信号有一定影响，但相差并不明显。以 HCl 作为介质较 HNO_3 作介质灵敏度高，同一浓度的样品测定时产生的荧光值大，并且以 HNO_3 作载流不利于总 As 和总 Hg 的同时测定。文献中研究发现当 HCl 浓度在 2%～20%时，As、Hg 的荧光强度变化不大；但 HCl 浓度低于 2%时，荧光强度显著降低，HCl 浓度为 5%测定效果较好。文献也报道以盐酸溶液作为载流时 As、Hg 的荧光强度比较稳定，以 HNO_3 溶液作为载流时，As 的荧光强度有较明显的变化。

③硫脲-抗坏血酸浓度的选择　硫脲-抗坏血酸浓度对 As、Hg 测定的荧光信号强度有一定的影响，向消解液中加入硫脲-抗坏血酸一方面是为了将 As^{5+} 还原成 As^{3+}，以便测得总 As 量，另一方面是作为掩蔽剂以减少溶液中其他金属离子产生的干扰。Hg 不需要预还原，所以硫脲-抗坏血酸对 Hg 的荧光强度及测定结果影响较小，而对 As 的测定影响较大，需加入足量的硫脲，并保持足够的还原时间，才能得到准确的结果。文献指出在硫脲-抗坏血酸质量浓度为 6 g/L 时，As 的荧光信号较强，且当 Fe、Hg、Mn、Cu、Zn 等离子含量为 As 的 200 倍时，对 As 的测定不会产生干扰。

（6）电感耦合等离子体发射光谱法（ICP-AES）

原子发射光谱法是利用原子或离子在一定条件下受激而发射的特征光谱来研究物质化学组成的分析方法。首先试样在原子化器中被转变成原子或简单离子，其中部分原子或离子在电能或热能激发下处于较高的电子能级，在返回到基态或较低的电子激发态时，以发射紫外或可见光的形式释放能量。原子发射光谱法就是根据这些特征辐射的波长和强度进行元素的定性和定量分析。原子发射光谱过去应用最多的原子化方法有 3 种：火焰、电弧、火花原子化，但是自从 20 世纪 60 年代等离子体的概念出现后，电感耦合等离子体作为重要的激发光源越来越广泛地应用于分析领域。

电感耦合等离子体发射光谱法（ICP-AES）是利用高频等离子体火焰（ICP）为激发源，通过对样品元素的特征谱线的分析，确定样品中各种成分含量的方法，除 ICP 光源外，一台完整的原子发射光谱仪还包括分光仪和检测器。ICP-AES 主要具备如下特点：

①测定元素范围广，从原理上讲，它可用于测定除氩以外的所有元素。

②线性分析范围宽。分析物在温度较低的中间通道内电离和激发，由于外围温度高，这就消除了一般发射光谱法的自吸现象。在一定高浓度（一般元素数百 μg/mL 溶液浓度）范围内，其工作曲线仍能保持直线；而低含量由于检出限低，又可使工作曲线向下延长。因此，工作曲线的直线范围可达 5～6 个数量级，待测元素的质量浓度在 1000 μg/L 以下一般都能呈良好的线性关系。对于 ICP 直读光谱法，主量、低量和痕量元素可同时进行分析。

③大多数元素都有良好的检出限。ICP 炬的高温和环状结构，使分析物在一个直径为

1～3 mm 狭窄的中间通道内充分地预热去溶、挥发、原子化、电离和激发；致使元素周期表内绝大多数元素在水溶液中的检出限达 0.1～100 ng/mL，若用质量表示为 0.01～10 μg/g（当溶质浓度为 10 mg/mL 时），与经典光谱法相近。但对于难熔元素和非金属元素，ICP-AES 比经典光谱法具有较好的检出限。

④可供选择的波长多。每个元素都有几个供测定的、灵敏度不同的波长，因此 ICP-AES 适用于超微量成分到常量成分的测定。

⑤分析精密度高。分析物由载气带入中间通道内，相当于在一个静电屏蔽区中进行原子化、电离和激发，分析物组分的变化不会影响等离子体能量的变化，保证了具有较高的分析精密度。当分析物浓度≥检测限的 100 倍时，测定的相对标准偏差（RSD）一般在 1%～3%。在相同情况下，一般电弧、火花光源的 RSD 为 5%～10%，因而优于经典电弧和火花光谱法，故可用于精密分析和高含量成分的分析。

⑥干扰较少。在 Ar-ICP 光源中，分析物在高温和氩气中进行原子化、激发，基本上没有什么化学干扰和电离干扰，基体效应也较小，因此在许多情况下可用人工配制的校准溶液。在一定条件下，可以减少参比样品严格匹配的麻烦，一般也可不用内标法。Ar-ICP 光源电离干扰小，即使分析样品中存在容易电离的 K 或 Na，参比样品也不用匹配 K 或 Na 的成分。而火焰原子吸收光谱法，在分析 Na 时，需要添加大量的 K 来抑制 Na 的电离干扰。低的干扰水平和高的分析准确度，是 ICP 光谱法最主要的优点之一。

⑦同时或顺序多元素测定能力大。同时多元素分析能力是发射光谱法的共同特点，非 ICP 发射法所特有。但是由于经典光谱法因样品组成影响较严重，欲对样品中多种成分进行同时定量分析，参比样品的匹配，参比元素的选择，都会遇到困难，同时由于分馏效应和预燃效应，造成谱线强度-时间分布曲线的变化，无法进行顺序多元素分析。而 ICP 光谱法由于具有低干扰和时间分布的高度稳定性以及宽的线性分析范围，因而可以方便地进行同时或顺序多元素测定。进行多元素同时测定，如多道光谱仪在短短的 30 s 内就能完成 30～40 种元素的分析，而只消耗 0.5 mL 试液。美国 EPA IO-3.4 是采用 ICP 的方法测定颗粒物中多种重金属元素。我国空气和废气中重金属的测定，2015 年新发布了 HJ 777—2015 的标准，即是 ICP-AES 测定颗粒物重金属的方法。

总体而言，ICP- AES 以其优异的分析性能成为颗粒物中重金属普遍采用的检测手段，还可以通过使用各种分离富集技术测定痕量稀土元素或高纯稀土中非稀土杂质元素。

ICP-AES 的不足之处是设备费用和操作费用较高，样品一般需预先转化为溶液，有的元素（Rb）的灵敏度相当差；基体效应仍然存在，光谱干扰仍然不可避免，氩气消耗量大。无法检测非金属元素：O、S、N、X（处于远紫外）；P、Se、Te 等难激发，常以原子荧光法测定。技术含量高，综合了物理、化学、仪器仪表的知识。样品需要制备，高含量分析的准确度较差；光谱相比于色谱和质谱等复杂，光谱干扰的存在削弱了检出能力。常见的气体元素如氧、硫、氮、卤素等谱线在远紫外区，一般的光谱仪尚无法检测；还有一些非金属元素，如P、Se、Te等，由于其激发电位高，灵敏度较低。具体情况如图1-1所示。

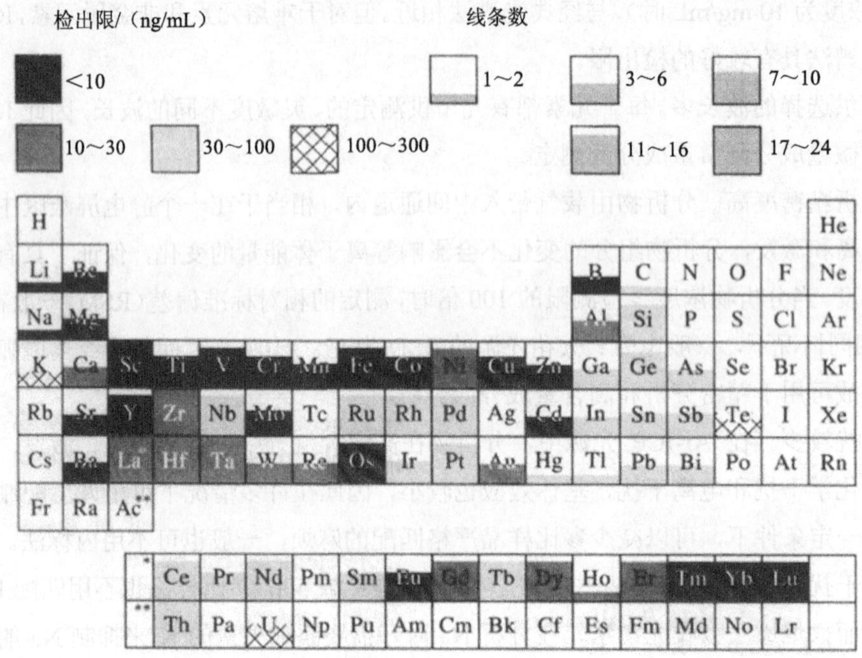

图1-1 ICP-AES所能检测的元素及相应的能力

ICP-AES仪器分为三个部分：进样系统、等离子体系统、光谱仪及检测器。

①进样系统 进样系统主要包括气体控制系统和进样装置系统。目前商品仪器均采用的氩气等离子体，使用纯度在99.9%以上氩气。氩气由高压氩气瓶提供，经过二次减压控制后，一般通过质量、流量控制器分三路供给炬管：第一路是外气流，通常流量为10~18 L/min；第二路是中间气流，通常流量为1 L/min；第三路是中心气流，流速<1 L/min。进样系统的另一个重要组成部分是雾化器和雾室，它将待测样品溶液以气溶胶的形式导入等离子体。雾化器分为气动雾化器和超声波雾化器两种类型。商品仪器以气动雾化器为标准配置，超声波雾化器为选件。气动雾化器又分为同心型雾化器、交叉型雾化器、高盐分雾化器和高压雾化器等几种类型，以直角交叉型雾化器和玻璃同心雾化器应用最为普通的两种类型。

在ICP光谱中，对雾化器的要求一般为具有较低的吸出速率（如<1 mL/min）、具有较高的雾化效率、记忆效应小、稳定性好，适用高盐分溶液的雾化并具有较好的抗腐蚀能力。

②等离子体系统 等离子体装置是由高频发生器和炬管组成，它是ICP光谱仪器的核

心部分，其作用是提供分析物蒸发、原子化、激发和电离。高频发生器是能量的提供者，高频电磁场的能量通过线圈耦合至等离子体，维持 ICP 稳定的放电，使分析物的激发态原子（或离子）产生辐射信号。

a.高频发生器。商品仪器的高频发生器多采用 27.12 MHz 和 40.68 MHz 两种频率，功率在 1.5～2.5 kW。ICP 光谱仪器对高频发生器的要求是功率和频率要稳定。目前商品仪器配备的高频发生器主要是自激式或它激式两种类型，都是很成熟的设计，均能保证 ICP 放电的稳定。

b.炬管。在 ICP 仪器中使用的炬管主要是三层同心石英炬管。石英炬管是 ICP 的关键部件，环状结构的等离子体就是通过炬管形成的，它的作用至关重要。炬管将放电的等离子体与负载线圈隔开以防止短路，通过外气流冷却炬管并限制等离子体的大小。炬管的形状及结构参数对 ICP 放电性能及工作气体的耗量影响极大。中间管外径与外管的内径比值称为“结构因子”，结构因子大的外管可以提高外气流的上升速度，使冷却效果提高并避免产生湍流。中间管采用喇叭形或流线型，结合采用喷嘴式的外气流入口，容易形成稳定的等离子体，内管一般是可卸载的，便于清洗和更换。炬管的尺寸，常规炬管的外管内径是 18 mm，中间管外径为 16～17 mm，内管出口内径 1.5 mm。经过改进的节省氩气的炬管，总的体积缩小近 1/3，但几个主要参数不变。商品仪器中可以选购防止氢氟酸腐蚀的特殊材料的炬管（主要指中心管）。ICP 仪器对炬管的要求主要是易点火、等离子体稳定、耗气少、功耗低和良好的耦合效率。

③光谱仪及检测器　这里所讲的光谱仪是 ICP 仪器装置的组成部分，它是由光学系统和检测器件组成的。光学系统包括外光路和内光路两部分组成，从 ICP 光源辐射出的待测元素的特征光波达到光谱仪的入射狭缝，这一路程称外光路，光由入射狭缝经分光系统光栅分光达到出射狭缝，这一路程为内光路。检测器是测量分析信号的器件。ICP 光谱测量的信号是光信号，通常是采用光电倍增管作为检测器，将光的信号转为放大的电信号进行测量。除光电倍增管之外，还可以采用析像管、光敏二极管阵列、光导摄像管。近年来，电荷耦合检测器（简称 CCD）及电荷注入检测器（简称 CID）已得到普遍应用。

a. CID 固体检测器。CID 检测器的感光面积只有 196 mm^2，却有 264 个、144 个检测像元，可以同时检测所有元素的所有谱线。测量时，谱线选择余地宽，可有效地避开干扰，如 P 的测定，当使用 231.6 nm、214.0 nm 时，Cu、Fe 均会产生干扰，而使用 177.8 nm 线时，Ca 又会产生干扰，由于 Cu、Fe、Ca 均为常见元素，因而当测 P 时，上述谱线均不理想。但此时若选用 178.2 nm 线，则 Cu、Fe、Ca 及其他常见元素均无干扰，无须采用任何校正即可获得准确的测量结果。在进行高含量元素测定时，可以选择弱线测定，在日常分析工作中经常有遇到要测量 ng/mL 级的痕量元素，同时又要测定其中几百μg/mL 甚至上千μg/mL 级的高含量元素，不用稀释样品，同时可有效避开干扰。CID 可拍全谱照片，这一独特的功能可将样品中所有元素的所有谱线全部记录下来，即记录了元素的“指纹”照片，可将其存入硬盘和光盘，待日后再分析。

b. CCD 固体检测器。超过百万个感光点，CCD 固体检测器具有 888×1272=1129536 感光点，每次测定可以得到整个 CCD 的三维立体图像，可直接观察干扰情况，并可以通过图像上谱线的位置与强度进行定性和半定量分析，CCD 检测器具有抗溢流特性，利用表面阱中和过剩电荷，有效防止电子溢流。检测器在−30℃下工作，降低了暗电流。

c. SCD 固体检测器。它是分段式电荷耦合检测器，将 13 mm×19 mm 的 CCD 分成 235 个子阵列，每个子阵列有 70～80 个微元，以控制一条相应的谱线或一区段的谱图。

（7）电感耦合等离子体质谱法

质谱法在痕量分析中是一种重要的检测方法，是将待测物质的原子或分子转变成带电粒子，通过质量分析器，利用稳定的磁场或交变电场使带电粒子按照荷质比大小进行分离，检测其强度后进行物质分析的方法。20 世纪 80 年代中期发展起来的电感耦合等离子体质谱法（ICP-MS）是一种新的痕量或超痕量仪器分析方法。首先利用电感耦合等离子体使样品气化，将待测金属分离出来，从而进入质谱进行测定。ICP-MS 的检出限给人极深刻的印象，其溶液的检出限大部分为 10^{-12}～10^{-9} 级。综合了等离子体极高的离子化能力和质谱的高分辨、高灵敏度及连续检测多元素的优点，质谱图相对简单，容易获取同位素元素比值的信息等。

ICP-MS 由作为离子源 ICP 焰炬、接口装置和作为检测器的质谱仪三部分组成。ICP-MS 所用电离源是电感耦合等离子体，其主体是一个由三层石英套管组成的炬管，炬管上端绕有负载线圈，三层管从里到外分别通载气、辅助气和冷却气，负载线圈由高频电源耦合供电，产生垂直于线圈平面的磁场。如果通过高频装置使氩气电离，则氩离子和电子在电磁场作用下又会与其他氩原子碰撞产生更多的离子和电子，形成涡流。强大的电流产生高温，瞬间使氩气形成温度可达 10000 K 等离子焰炬。被分析样品通常以水溶液的气溶胶形式引入氩气流中，然后进入由射频能量激发的处于大气压下的氩等离子体中心区，等离子体的高温使样品去溶剂化，气化解离和电离。部分等离子体经过不同的压力区进入真空系统，在真空系统内，正离子被拉出并按照其质荷比分离。在负载线圈上面约 10 mm 处，焰炬温度大约为 8000 K，在高温下电离能低于 7 eV 的元素完全电离，电离能低于 10.5 eV 的元素电离度大于 20%。由于大部分重要的元素电离能都低于 10.5 eV，因此都有很高的灵敏度，少数电离能较高的元素，如 C、O、Cl、Br 等也能检测，只是灵敏度较低。

目前 ICP-MS 已经不仅仅是最早起步的普通四级杆质谱仪（ICP-QMS），它包括后来相继推出的其他类型的等离子体质谱技术，如多接收器的高分辨磁扇形等离子体质谱（ICP-MC/MS）、等离子体飞行时间质谱仪（ICP-TOF/MS）以及等离子体离子阱质谱仪等。

四级杆 ICP-MS 仪器也不断升级换代，由于诸如动态碰撞反应池（DRC）等技术的引入，分析性能大大改善。各种联用技术，如液相和气相色谱以及毛细管电泳等分离技术与 ICP-MS 的联用，激光剥蚀 ICP-MS 等联用技术发展迅速。这些 ICP-MS 较新技术除了大量应用于元素分析外，在同位素比值分析、形态分析等方面的研究和应用也非常活跃。每年都有大量关于颗粒物中重金属采用 ICP-MS 的方法文章发表，尤其是应用性文章数量激增，有关 ICP-MS 的评述性文章很难包罗万象，而以某些专题介绍的文章越来越多，如 ICP-MS 测定同位素比值的精密度和准确度评述，LA-ICP-MS 的研究现状和最新发展趋势，ICP-MS 在痕量元素分析和形态分析方面的进展等。

ICP-MS 在实际推广应用中主要的缺点是仪器昂贵，仪器运转维持费用高。但在常规大批水样和多元素分析时，ICP-MS 具有很大的优势。同时由于 ICP-MS 具有很好的准确性和精密度，可作为参照方法来衡量新技术的准确性。必须指出，ICP-MS 的检出限是针对溶液中溶解物质很少的单纯溶液而言的，若涉及固体中浓度的检出限，由于 ICP-MS 的耐盐量较差，ICP-MS 检出限的优点会变差多达 50 倍，一些普通的轻元素（如 S、Ca、Fe、K、Se）在 ICP-MS 中有严重的干扰，也将恶化其检出限。

表 1-3 对 ICP-MS、ICP-AES、FAAS 和 GFAAS 的性能特点进行比较，表 1-4 对上述仪器测定部分重金属的检出限进行了比较。

由表 1-3 和表 1-4 可见，相比于其他方法，ICP-MS 方法具有更高的灵敏度、更低的检出限、更高的准确度和精密度、更宽的线性范围、更快的分析速度、能够实现多元素分析且能测定同位素等优点，被公认为是金属测定的最优秀的方法。ICP-MS 方法也是今后国内各种环境介质标准方法研究的重中之重。

表 1-3 ICP-MS、ICP-AES、GFAAS 的性能特点比较

项目		ICP-MS	ICP-AES	FAAS	GFAAS
检出限		绝大部分元素非常杰出	绝大部分元素很好	部分元素较好	部分元素非常杰出
样品分析能力		每个样品的所有元素 2～6 min	每分钟每个样品 5～30 个元素	每个样品每个元素 15s	每个样品每个元素 4 min
线性动态范围		10^8	10^5	10^3	10^2
精密度	短期	1%～3%	0.3%～2%	0.1%～1%	1%～5%
	长期（4h）	＜5% 使用内标可改善	＜3%		
干扰	光（质）谱	少	多	几乎没有	少
	化学（基体）	中等	几乎没有	多	多
	电离	很少	很少	有一些	很少
	质量效应	高对低的影响	不存在	不存在	不存在
	同位素	有	无	无	无

项目	ICP-MS	ICP-AES	FAAS	GFAAS
固体溶解量（最大可容忍量）	0.1%～0.4%	2%～25%	0.5%～3%	>20%
可测元素数	> 75	>73	> 68	>50
样品用量	少	多	很多	很少
半定量分析	能	能	不能	不能
同位素分析	能	不能	不能	不能
日常操作	容易	容易	容易	容易
方法试验开发	需专业技术	需专业技术	容易	需专业技术
无人控制操作	能	能	不能	能
易燃气体	无	无	有	无
操作费用	高	高	低	中等
基本费用	很高	高	低	中等/高

表 1-4 不同仪器测定元素检出限比较 单位：μg/L

元素	ICP-MS	ICP-AES	FAAS	GFAAS
As	<0.050	<10	<500	<1
AL	<0.010	<4	<50	<0.5
Ba	<0.005	<0.2	<50	<1.5
Be	<0.050	<0.2	<5	<0.05
Bi	<0.005	<10	<100	<1
Cd	<0.010	<1	<5	<0.03
Ce	<0.005	<15	$<2\times10^5$	ND
Co	<0.005	<2	<10	<0.5
Cr	<0.005	<3	<10	<0.15
Cu	<0.010	<2	<5	<0.5
Gd	<0.005	<5	<4000	ND
Ho	<0.005	<2	<80	ND
In	<0.010	<10	<80	<0.5
La	<0.005	<1	<4000	ND
Li	<0.020	<1	<5	<0.5
Mn	<0.005	<0.5	<5	<0.06
Ni	<0.005	<2	<20	<0.5
Pb	<0.005	<10	<20	<0.5
Se	<0.10	<10	<1000	<1.0
Tl	<0.010	<10	<40	<1.5
U	<0.010	<20	$<10^5$	ND
Y	<0.005	<0.5	<500	ND
Zn	<0.02	<0.5	<2	<0.01

注：检出限的定义为空白的三倍标准偏差。

2．标准方法

国外颗粒物中重金属监测起步较早，20 世纪 80 年代有较大发展，1990 年美国新《清洁空气法》得到通过，发展至今其控制标准相对比较完善。国内主要采用传统酸消解及微波消解的前处理方式，测定方法包括原子吸收法（AAS）、X 射线荧光光谱法（XRF）、电感耦合等离子体发射光谱法（ICP-AES）和电感耦合等离子体质谱法（ICP-MS）等。表 1-5 列出了国内外测定颗粒物重金属的相关标准方法。

表 1-5　国内外颗粒物重金属的分析方法

标准名称	标准号	测定方法
Standard Test Method for Determination of Metals and Metalloids in Airborne Particulate Matter by Inductively Coupled Plasma Atomic Emission Spectrometry（ICP-AES）	ASTM D 7035—2004	ICP-AES
Workplace atmospheres-Procedures for measuring metals and metalloids in airborne particles-Requirements and test methods；German version EN 13890：2002	EN 13890—2002	ICP-MS
Workplace air - Determination of metals and metalloids in airborne particulate matter by inductively coupled plasma atomic emission spectrometry - Part 3：Analysis	ISO 15202-3—2004	ICP-AES
Standard Test Method for Determination of Metals and Metalloids in Airborne Particulate Matter by Inductively Coupled Plasma Atomic Emission Spectrometry（ICP-AES）	ASTM D7035—2010	ICP-AES
大气固定污染源　锡的测定　石墨炉原子吸收分光光度法	HJ/T 65—2001	AAS
大气固定污染源　镉的测定　对偶氮苯重氮氨基偶氮苯磺酸分光光度法	HJ/T 64.3—2001	分光光度法
大气固定污染源　镉的测定　石墨炉原子吸收分光光度法	HJ/T 64.2—2001	AAS
大气固定污染源　镉的测定　火焰原子吸收分光光度法	HJ/T 64.1—2001	AAS
大气固定污染源　镍的测定　丁二酮肟-正丁醇萃取分光光度法	HJ/T 63.3—2001	分光光度法
大气固定污染源　镍的测定　石墨炉原子吸收分光光度法	HJ/T 63.2—2001	AAS
固定污染源废气　汞的测定　冷原子吸收分光光度法（暂行）	HJ 543—2009	AAS
环境空气　汞的测定　巯基棉富集-冷原子荧光分光光度法(暂行)	HJ 542—2009	分光光度法
环境空气和废气　砷的测定　二乙基二硫代氨基甲酸银分光光度法（暂行）	HJ 540—2009	分光光度法
环境空气　铅的测定　石墨炉原子吸收分光光度法（暂行）	HJ 539—2009	AAS
固定污染源废气　铍的测定 石墨炉原子吸收分光光度法	HJ 684—2014	AAS
固定污染源废气　铅的测定 火焰原子吸收分光光度法	HJ 685—2014	AAS
空气和废气　颗粒物中铅等金属元素的测定 电感耦合等离子体质谱法	HJ 657—2013	ICP-MS
空气和废气　颗粒物中金属元素的测定 电感耦合等离子体发射光谱法	HJ 777—2015	ICP-AES

随着我国可持续发展战略的逐步深入，人们的环保意识已经得到了空前的提升。人们对居住和生产环境，特别是大气环境也提出了更高的要求。这就对环境监测工作者提出了更为严峻的考验：如何向更加痕量、更加便捷、涉及元素更加广泛、更加具有普适性发展将是大气颗粒物重金属监测方法的发展方向。

相对于美国、日本、欧盟等发达国家，我国对ICP-AES和ICP-MS等多元素同时分析的方法研究起步相对较晚，标准方法的建立相对落后。在不同环境介质中，土壤、固废均无ICP-MS方法，水中的ICP-MS方法也仅仅是在《生活饮用水标准检验方法 金属指标》中以附录的方法给出，环境空气虽然近两年新发布了《空气和废气 颗粒物中铅等金属元素的测定 电感耦合等离子体质谱法》（HJ 657—2013）和《空气和废气 颗粒物中金属元素的测定 电感耦合等离子体发射光谱法》（HJ 777—2015）两个方法，但尚需监测工作者的实践检验。

（四）质量控制与质量保证措施

在颗粒物重金属监测中，从布点采样开始到检测结束需要考虑可能影响分析准确度的因素，建立起与监测方法同步的全程序质量保证和控制措施。一般来讲，这些质控措施主要包括布点、采样、前处理、测定和干扰消除等几个方面。

1．布点

针对不同的颗粒物样品采取不同的布点方式，环境空气依照《环境空气质量监测点位布设技术规范（试行）》（HJ 664—2013），遵循“代表性、可比性、整体性、前瞻性、稳定性”原则，结合实际情况按照相关要求布设好背景点、评价点、污染监控点、路边交通点等各类监测点。无组织排放颗粒物和固定污染源排放颗粒物分别按照《大气污染物无组织排放监测技术导则》（HJ/T 55—2000）和《固定污染源排气中颗粒物测定与气态污染物采样方法》（GB/T 16157）有关规定布点。

2．空白试验和采样

监测方法所用到的空白分三种：校准空白、试剂空白、样品空白。校准空白应与稀释标准品所用空白相同，浓度测定值不得高于检出限；试剂空白平行双样测定值的相对偏差不应大于50%，每批样品至少应有两个试剂空白。

除了严格按照《环境空气质量手工监测技术规范》（HJ/T 194—2005）等规范进行采样外，滤膜材质、采样空白等对后续的前处理和分析测试的影响也不容忽视。实际采样时，每10个样品应有一个空白样品。采样所用玻璃纤维或石英滤膜对粒径大于0.3 μm的颗粒物阻留效率不能低于99%，玻璃纤维或石英滤筒对粒径大于0.3 μm的颗粒物阻留效率不能低于99.9%。在实际测定前应检验滤膜和滤筒的空白本底值，该值不能大于测定下限（即4倍检出限）。

采样器应定期检定校准，采样前应进行流量和气密性检查。在采样时，应尽可能抽取10%～20%的样品进行平行样测定，平行样测定值的差值应小于各元素对应的重复性限值，具体可参考HJ 657—2013。现场及时填写采样记录相关信息并进行样品检查，样品采集后立即送回实验室。样品保存应严格按有关规范要求执行。

3．实验室分析

①分析人员严格按所选环境空气颗粒物中重金属分析方法的规定步骤进行操作并做好分析原始记录和仪器设备使用记录等。

②空白：为扣除样品运送、保存、试剂、实验室用水、计量分析仪器等影响，分析样品时应同时测定现场空白，建议现场全过程空白样每批不少于两个，如遇空白值不稳定可加量测定。前处理所用的酸至少应达到优级纯，混酸体系的空白值应符合空白试验的要求。

③精密度控制：采用平行样来控制分析的精密度，具体要求详见《空气和废气监测分析方法》（第四版增补版）中相关内容。

④准确度控制：在对每批次样品进行分析时，若标准样品测试结果超出保证值范围，或自配标准溶液分析结果相对误差超出10%，应查找原因，予以纠正。具体要求详见《空气和废气监测分析方法》（第四版增补版）中相关内容。

⑤标准曲线控制：按照各方法的技术规范要求，保证足够的标准系列点数，选择好合适显色温度和时间，做好浓度与吸光度标准曲线回归方程。标准溶液配制所用的试剂必须保证高纯度，以降低空白值。

⑥滤膜的称量应在恒温恒湿的天平室中进行，应保持采样前和采样后称量条件一致。

⑦仪器设备要处于正常状态，如微波消解仪的功率、电热板的温控系统应定期进行校正。大型分析测试仪器要保证在检定期内运行，其灵敏度、检出限、定量测定范围应符合要求。

4．干扰及消除

ICP-MS在测定时，应尽量降低或消除各种基体干扰和质谱干扰。对于基体干扰，可采取稀释测定、标准加入法测定、化学分离技术或碰撞反应技术等降低或消除。对于质谱干扰，可采取内标校正、干扰方程等降低或消除。应清楚所测定元素的质谱干扰情况，在测定时，必须对可能受到干扰的元素进行检验，以确认是否有干扰发生。

目前，我国大气颗粒物中重金属的前处理方法依然是分析总量用的全消解，并未涉及酸浸提方法。而美国、英国、日本等国，酸浸提在土壤、颗粒物分析中被广泛地使用，这种方法快速便捷，且对大部分元素的溶出比率并不低。因而，在我国大气颗粒物重金属分析中，除了全消解前处理外，有必要对这种前处理方法加以研究。本研究拟对全消解和酸浸提两种前处理方法分别进行研究，形成与分析方法配套的前处理方法文本。

三、颗粒物中 14 种重点防控重金属监测方法

（一）国外方法

国外环境空气和废气中主要重金属监测项目分析方法汇总如表 1-6 所示。环境空气颗粒物常用的方法是采用盐酸-硝酸体系，将滤膜样品经过微波消解或电热板热酸消解进行前处理（EPA IO-3.1），根据分析目的和实验室条件不同，可采用 AAS（EPA IO-3.2）、XRF（EPA IO-3.3）、ICP-AES（EPA IO-3.4）或 ICP-MS（EPA IO-3.5）等方法进行测定。

表 1-6 国外颗粒物中重金属监测标准方法

标准编号	标准名称	标准内容
EPA method IO-3.1	Selection，Preparation and Extraction of Filter Material	滤膜材质的选择、制备和消解方法
EPA method IO-3.2	Determination of Metals in Ambient Particulate Matter Using Atomic Absorption （AA） Spectroscopy	用原子吸收光谱法测定大气颗粒物中的金属元素
EPA method IO-3.3	Determination of Metals in Ambient Particulate Matter Using X-Ray Fluorescence （XRF） Spectroscopy	用 X 射线荧光光谱法测定大气颗粒物中的金属元素
EPA method IO-3.4	Determination of Metals in Ambient Particulate Matter Using Inductively Coupled Plasma（ICP） Spectroscopy	用电感耦合等离子体光谱法测定大气颗粒物中的金属元素
EPA method IO-3.5	Determination of Metals in Ambient Particulate Matter Using Inductively Coupled Plasma/Mass Spectrometry （ICP/MS）	用电感耦合等离子体质谱法测定大气颗粒物中的金属元素
EPA method IO-3.6	Determination of Metals in Ambient Particulate Matter Using Proton Induced X-Ray Emission （ PIXE ） Spectroscopy	用质子诱导 X 射线发射光谱法测定大气颗粒物中的金属元素
EPA method IO-3.7	Determination of Metals in Ambient Particulate Matter Using Neutron Activation Analysis（NAA） Gamma Spectrometry	用中子活化分析 γ 光谱法测定大气颗粒物中金属元素
ISO/DIS 30011	Workplace air – Determination of metals and metalloids in airborne particulate matter by inductively coupled plasma mass spectrometry	用电感耦合等离子体质谱法测定大气颗粒物中金属和非金属
ISO 15202-2	Workplace air – Determination of metals and metalloids in airborne particulate matter by inductively coupled plasma atomic emission spectrometry –Part 2：Sample preparation	大气颗粒物样品的预处理方法
ISO 15202-3：	Workplace air – Determination of metals and metalloids in airborne particulate matter by inductively coupled plasma atomic emission spectrometry –Part 3：Analysis	用电感耦合等离子体原子发射光谱法测定大气颗粒物中的金属和非金属

标准编号	标准名称	标准内容
METHOD 29	Determination of metals emissions from stationary sources	用电感耦合等离子体原子发射光谱法或原子吸收光谱法（AAS）测定固定污染源中的金属
ASTMD 7035—2010	Standard Test Method for Determination of Metals and Metalloids in Airborne Particulate Matter by Inductively Coupled Plasma Atomic Emission Spectrometry（ICP-AES）	电感耦合等离子体-原子发射光谱法（ICP-AES）测定气载颗粒物中的金属和类金属物质的标准试验方法

按照重金属元素将国外测定方法进行汇总，见表 1-7。美国 EPA method 29 Metals Emission from Stationary Source，适用于测定固定污染源废气中包括汞、铅、镉、铬、砷、锑、铊、锌、镍在内的 17 种重金属元素。颗粒物样品通过滤膜连接热解装置进行收集，气态汞通过酸性高锰酸钾溶液吸收，其他气态金属经过氧化氢的酸性溶液吸收。滤膜采用传统消解方法（HNO_3+H_2O_2）和微波消解方法。其中，滤膜前处理与分析参考 EPA method 5 Determination of particulate matter emissions from Stationary Source。汞用冷原子吸收光谱法（CVAAS）测定，其他金属用原子吸收光谱或电感耦合等离子体发射光谱法测定。若需较高的分析灵敏度和较低的检出限，可选用石墨炉原子吸收光谱法（GFAAS）和电感耦合等离子体质谱法进行测定。

表 1-7 国外环境空气和废气中 14 种重点防控重金属监测分析方法

监测项目	分析方法	方法来源
汞	金-汞收集原子吸收分光光度法或原子荧光光谱法	ISO 20552—2007 Workplace air-Determination of mercury vapour-method using gold–amalgam collection and analysis by atomic absorption spectrometry or atomic fluorescence spectrometry
	原子吸收分光光度法或原子荧光光谱	ISO 17733—2004 workplace air-determination of mercury and inorganic mercury compounds-method by cold-vapour atomic absorption spectrometry or atomic fluorescence spectrometry
	原子吸收分光光度法	EPA method 7470A Mercury in Liquid Waste - Manual Cold Vapor Technique
	原子吸收分光光度法	EPA method 101 Mercury Emissions-Chlor-Alkali Hydrogen Stream
铅	火焰原子吸收分光光度法	EPA method 7420 Lead-AA，Direct Aspiration
	石墨炉原子吸收分光光度法	EPA method 7421 Lead-AA，Furnace Technique
	火焰原子吸收分光光度法	ISO 8518—2001 Workplace air-Determination of particulate lead and lead compounds-Flame or electrothermal atomic absorption spectrometric method
	火焰或石墨炉原子吸收分光光度法	ASTM D6785—2002 Standard Test Method for Determination of Lead in workplace Air Using Flame or Graphite Furnace Atomic Absorption Spectrometry

监测项目	分析方法	方法来源
镉	火焰原子吸收分光光度法	EPA method 7130 Cadmium-AA，Direct Aspiration
	石墨炉原子吸收分光光度法	EPA method 7131A Cadmium -AA，Furnace Technique
铬	火焰原子吸收分光光度法	EPA method 7190 Chromium-AA，Direct Aspiration
	石墨炉原子吸收分光光度法	EPA method 7191 Chromium -AA，Furnace Technique
	比色法	EPA method 7196A Chromium，Hexavalent-Colorimetric Method
砷	石墨炉原子吸收分光光度法	EPA method 7060A Arsenic-AA，Furnace Technique
	原子吸收分光光度法	EPA method 108 Determination of particulate and gaseous arsenic emission
	原子吸收分光光度法	ISO 11041—1996 workplace air-determination of particulate arsenic and arsenic compounds and arsenic trioxide vapour- method by hydride generation and atomic absorption spectrometry
砷、铅、镍、镉	原子吸收分光光度法	EN 14902—2005 Ambient air quality-Standard method for the measurement of Pb，Cd，As and Ni in the PM_{10} fraction of suspended particulate matter
砷、铅、镍、镉	原子吸收分光光度法	DIN EN 15841—2010 Ambient air quality-Standard method for determination of arsenic，Cadmium，Lead and nickel in atmospheric deposition
汞、铅、镉、铬、砷、镍、铜、锌、锰、钴等	电感耦合等离子体发射光谱法	EPA compendium method IO-3.5 Determination of metals in ambient particulate matter using ICP-MS
	电感耦合等离子体质谱法	EPA compendium method IO-3.4 Determination of metals in ambient particulate matter using ICP
	X 射线荧光光谱法	EPA compendium method IO-3.3 Metals in Ambient Particulate Matter Using X-Ray Fluorescence Spectroscopy
	原子吸收分光光度法	EPA compendium method IO-3.2 Determination of metals in ambient particulate matter using atomic absorption spectroscopy

（二）国内方法

近年来，我国新发布了《空气和废气　颗粒物中铅等金属元素的测定　电感耦合等离子体质谱法》（HJ 657—2013），涵盖包括除 Hg 外的 13 种重点防控重金属在内的 20 余种重金属的多元素同时测定。《空气和废气　颗粒物中金属元素的测定　电感耦合等离子体发射光谱法》（HJ 777—2015），涵盖包括除 Hg 和 Tl 外的 12 种重点防控重金属在内的 20 余种重金属的多元素同时测定。

《空气和废气监测分析方法》（第四版增补版）中空气质量监测和污染源监测关于颗粒物中 13 项重金属元素（汞、铅、砷、硒、六价铬、锑、铍、铁、铜、锌、镉、铬、锰）均有对应的监测分析方法，其中包括了 10 种重点防控重金属，即汞、铅、砷、铬、锑、铜、锌、镉、铬、锰，没有银、钒、钴、铊 4 种重金属的分析方法。国内空气和废气中重点防控重金属相关分析方法汇总，见表 1-8。

表 1-8　国内环境空气和废气中重点防控重金属监测分析方法汇总

监测项目	监测分类	监测方法	方法来源
汞	环境空气	巯基棉富集-冷原子荧光分光光度法	空气和废气监测分析方法（第四版增补版）
		金膜富集-冷原子吸收分光光度法	
		巯基棉富集-冷原子荧光分光光度法	HJ 542—2009
铅		火焰原子吸收分光光度法	GB/T 15264—1994
		石墨炉原子吸收分光光度法	HJ 539—2009
		火焰原子吸收分光光度法	空气和废气监测分析方法（第四版增补版）
		石墨炉原子吸收分光光度法	
		电感耦合等离子体质谱法	HJ 657—2013
		电感耦合等离子体发射光谱法	HJ 777—2015
镉		原子吸收分光光度法	空气和废气监测分析方法（第四版增补版）
		电感耦合等离子体质谱法	HJ 657—2013
		电感耦合等离子体发射光谱法	HJ 777—2015
铬		原子吸收分光光度法	空气和废气监测分析方法（第四版增补版）
		电感耦合等离子体质谱法	HJ 657—2013
		电感耦合等离子体发射光谱法	HJ 777—2015
铬（六价）		二苯碳酰二肼分光光度法	空气和废气监测分析方法（第四版增补版）
砷		二乙基二硫代氨基甲酸银分光光度法	空气和废气监测分析方法（第四版增补版）
		新银盐分光光度法	
		原子吸收分光光度法	
		原子荧光光度法	
		电感耦合等离子体质谱法	HJ 657—2013
		电感耦合等离子体发射光谱法	HJ 777—2015
镍		原子吸收分光光度法	空气和废气监测分析方法（第四版增补版）
		电感耦合等离子体质谱法	HJ 657—2013
		电感耦合等离子体发射光谱法	HJ 777—2015
锑		5-Br-PADAP 分光光度法	空气和废气监测分析方法（第四版增补版）
		电感耦合等离子体质谱法	HJ 657—2013
		电感耦合等离子体发射光谱法	HJ 777—2015
铜、锌、锰		原子吸收分光光度法	空气和废气监测分析方法（第四版增补版）
		电感耦合等离子体质谱法	HJ 657—2013
		电感耦合等离子体发射光谱法	HJ 777—2015

监测项目	监测分类	监测方法	方法来源
银、钒、钴	环境空气	电感耦合等离子体质谱法	HJ 657—2013
		电感耦合等离子体发射光谱法	HJ 777—2015
铊		电感耦合等离子体质谱法	HJ 657—2013
汞	污染源废气	冷原子吸收分光光度法	HJ 543—2009
汞及其化合物		冷原子吸收分光光度法	空气和废气监测分析方法（第四版增补版）
		原子荧光光度法	
铅		火焰原子吸收分光光度法	HJ 538—2009
铅及其化合物		火焰原子吸收分光光度法	空气和废气监测分析方法（第四版增补版）
		石墨炉原子吸收分光光度法	
		络合滴定法	
镉		火焰原子吸收分光光度法	HJ/T 64.1—2001
		石墨炉原子吸收分光光度法	HJ/T 64.2—2001
		对偶氮苯重氮氨基偶氮苯磺酸分光光度法	HJ/T 64.3—2001
镉及其化合物		火焰原子吸收分光光度法	空气和废气监测分析方法（第四版增补版）
		石墨炉原子吸收分光光度法	
		对偶氮苯重氮氨基偶氮苯磺酸分光光度法	
铬酸雾		二苯碳酰二肼分光光度法	空气和废气监测分析方法（第四版增补版）
砷		二乙基二硫代氨基甲酸银分光光度法	HJ 540—2009
砷及其化合物		新银盐分光光度法	空气和废气监测分析方法（第四版增补版）
		二乙基二硫代氨基甲酸银分光光度法	
		氢化物发生 原子荧光分光光度法	
气态砷	黄磷生产废气	二乙基二硫代氨基甲酸银分光光度法	HJ 541—2009
镍	污染源废气	火焰原子吸收分光光度法	HJ/T 63.1—2001
		石墨炉原子吸收分光光度法	HJ/T 63.2—2001
		丁二酮肟-正丁醇萃取分光光度法	HJ/T 63.3—2001
镍及其化合物		火焰原子吸收分光光度法	空气和废气监测分析方法（第四版增补版）
		石墨炉原子吸收分光光度法	
		丁二酮肟-正丁醇萃取分光光度法	

目前，分光光度法由于操作繁琐、检出限高，因此在国内应用较少。当样品中元素浓度较高且存在多种标准方法时，可选择火焰原子吸收分光光度法；含量较低可选择石墨炉原子吸收分光光度法或 ICP-MS 法；多元素分析首选 ICP-MS 法，也可选择 ICP-AES 和 XRF。其中 XRF 方法不破坏样品，实现无损分析。如何向更加痕量、更加便捷、涉及元素更加广泛、更加具有普适性发展将是大气颗粒物重金属监测方法的发展方向。

参考文献

[1] 严刚，燕丽．“十二五”我国大气颗粒物污染防治对策[J]．环境与可持续发展，2011，36（5）：20-23.

[2] 孟晓艳，王瑞斌，张欣，等．2006—2010 年环保重点城市主要污染物浓度变化特征[J]．环境科学研究，2012，25（6）：622-627.

[3] HJ 618—2011．环境空气 PM_{10} 和 $PM_{2.5}$ 的测定 重量法[S]. 2011.

[4] HJ/T 93—2013．环境空气颗粒物（PM_{10} 和 $PM_{2.5}$）采样器技术要求及检测方法[S].

[5] GB 3095—2012．环境空气质量标准[S].

[6] 《空气和废气监测分析方法指南》编委会．空气和废气监测分析方法指南（上册）[J]．北京：中国环境科学出版社，2006.

[7] HJ 657—2013．空气和废气 颗粒物中铅等金属元素的测定 电感耦合等离子体质谱法[S].

[8] HJ/T 397—2007.固定源废气监测技术规范[S].

[9] HJ/T 76—2007.固定污染源烟气排放连续监测系统技术要求及检测方法（试行）[S].

[10] HJ/T 55—2000.大气污染物无组织排放监测技术导则[S].

[11] HJ 543—2009.固定污染源废气 汞的测定[S].

[12] HJ 543—2009.固定污染源废气 汞的测定 冷原子吸收分光光度法（暂行）[S].

[13] HJ/T 65—2001.大气固定污染源 锡的测定 石墨炉原子吸收分光光度法[S].

[14] HJ 538—2009.固定污染源废气 铅的测定 火焰原子吸收分光光度法（暂行）[S].

[15] HJ/T 64.1—2001.大气固定污染源 镉的测定 火焰原子吸收分光光度法[S].

[16] GB/T 15432—1995.环境空气 总悬浮颗粒物的测定 重量法[S].

[17] GB 16297—1996.大气污染物综合排放标准[S].

[18] K.E.贾维斯，等．电感耦合等离子体质谱手册[M]．尹明，李冰译．北京：原子能出版社，1997.

[19] 刘虎生，邵宏翔．电感耦合等离子体质谱技术与应用[M]．北京：化学工业出版社，2005.

[20] 邓勃．应用原子吸收与原子荧光光谱分析[M]．北京：化学工业出版社，2003.

[21] 中国环境监测总站．美国 SW-846 环境监测方法选编[M]．北京：中国环境科学出版社，2010.

[22] EPA/625/R-96/010a，Compendium of Methods for the Determination of Inorganic Compounds in Ambient Air，Compendium Method IO-3.1 Selection Preparation and Extraction of Filter Material.

[23] EPA/625/R-96/010a，Compendium of Methods for the Determination of Inorganic Compounds in Ambient Air，Compendium Method IO-3.2 Determination of Metals in Ambient Particulate Matter Using Atomic Absorption（AA） Spectroscopy.

[24] EPA/625/R-96/010a，Compendium of Methods for the Determination of Inorganic Compounds in Ambient Air，Compendium Method IO-3.3 Determination of Metals in Ambient Particulate Matter Using X-ray

Fluorescence（XRF） Spectroscopy.

[25] EPA/625/R-96/010a Compendium of Methods for the Determination of Inorganic Compounds in Ambient Air，Compendium Method IO-3.4 Determination of Metals in Ambient Particulate Matter Using Inductively Coupled Plasma（ICP） Spectroscopy.

[26] EPA/625/R-96/010a Compendium of Methods for the Determination of Inorganic Compounds in Ambient Air，Compendium Method IO-3.5 Determination of Metals in Ambient Particulate Matter Using Inductively Coupled Plasma/Mass Spectrometry（ICP/MS）.

[27] ISO/DIS 30011：Workplace air – Determination of metals and metalloids in airborne particulate matter by inductively coupled plasma mass spectrometry.

[28] ISO 20552—2007 Workplace air-Determination of mercury vapour-method using gold–amalgam collection and analysis by atomic absorption spectrometry or atomic fluorescence spectrometry.

[29] ISO 17733—2004 Workplace air-determination of mercury and inorganic mercury compounds-method by cold-vapour atomic absorption spectrometry or atomic fluorescence spectrometry.

[30] ASTM D6785—2002 Standard Test Method for Determination of Lead in workplace Air Using Flame or Graphite Furnace Atomic Absorption Spectrometry.

[31] ISO 11041—1996 Workplace air-determination of particulate arsenic and arsenic compounds and arsenic trioxide vapour- method by hydride generation and atomic absorption spectrometry.

[32] EPA method 7470A Mercury in Liquid Waste - Manual Cold Vapor Technique.

[33] EPA method 101 Mercury Emissions-Chlor-Alkali Hydrogen Stream.

[34] EPA method 7420 Lead-AA，Direct Aspiration.

[35] EPA method 7421 Lead-AA，Furnace Technique.

[36] EPA method 7130 Cadmium-AA，Direct Aspiration.

[37] EPA method 7131A Cadmium -AA，Furnace Technique.

[38] EPA method 7190 Chromium-AA，Direct Aspiration.

[39] EPA method 7191 Chromium -AA，Furnace Technique.

[40] EPA method 7196A Chromium，Hexavalent- Colorimetric Method.

[41] EPA method 7060A Arsenic-AA，Furnace Technique.

[42] EPA method 108 Determination of particulate and gaseous arsenic emission.

[43] EN 14902—2005 Ambient air quality-Standard method for the measurement of Pb，Cd，As and Ni in the PM_{10} fraction of suspended particulate matter.

[44] DIN EN 15841—2010 Ambient air quality-Standard method for determination of arsenic，Cadmium，Lead and nickel in atmospheric deposition.

[45] 谢华林. ICP-AES 法测定大气颗粒物中的金属[J]. 环境科学与技术，2001，25（2）：25-26.

[46] 王燕萍，陈丰，刘芳，等. 大气颗粒物滤膜样品的消解方法优化[J]. 兰州大学学报（自然科学版），2009，45（z1）：23-25.

[47] 陈德容，康清蓉，幸梅，等. ICP-AES 测定大气颗粒物中金属元素[J]. 光谱实验室，2004，21（4）：749-751.

[48] 邹本东，徐子优，华蕾. 密闭微波消解电感耦合等离子体发射光谱法（ICP- AES）同时测定大气颗粒物 PM_{10} 中的 18 种无机元素[J]. 中国环境监测，2007，23（1）：6-10.

[49] 陈笑蓉，周焱，屠晓峰. 密闭微波消解方法在大气颗粒物样品前处理中的应用[J]. 广东化工，2011，38（7）：138-140.

[50] 李蓉蓉，李佳. 大气中汞分析方法的研究进展[J]. 广州化工，2008，36（2）：60-62.

[51] Cyrys J，Stolzel M，Heinrich J，et al. Elemental composition and sources of fine and ult rafine ambient particles in Er-furt，Germany[J]. Sci Total Environ，2003，305（1-3）：143.

[52] 周卫静. 大气颗粒物中重金属元素的测定研究[D]. 河北大学，2009.

[53] 郭小伟，张锦茂，杨密云，等. 双道氢化物物色散原子荧光光谱仪的研制[J]. 光谱学与光谱分析，1983，3（2）：124-126.

[54] 杨莉丽，李娜，张德强，等. 氢化物发生-双道原子荧光光谱法在我国的应用研究进展[J]. 光谱实验室，2004，21（1）：102-105.

第二章
土壤中重点防控重金属监测技术研究进展

一、土壤布点、采样技术概述

（一）土壤采样布点

1．布点原则

土壤监测点位布设方法和布设数量是根据其目的和要求，并结合现场勘查结果确定该区域内土壤监测点位。同时必须遵循一定的布点原则。

合理的划分采样单元，在进行土壤监测时往往面积比较大，需要划分成若干个采样单元，同时在不受污染源影响的地方选择对照采样单元，同一单元的差别要尽量减少。

对于土壤污染监测坚持哪里有污染就在哪里布点，优先布置在污染严重、影响农业生产活动的地方。

采样点不应设在田边、沟边、路边、肥堆边及水土流失严重和表层土被破坏的地方。

不在多种土类和多种母质母岩交叉分布的边缘地带安排样点，除了特殊的污染纠纷或污染事故调查外，一般的土壤采样应尽量避开污染源特别是工业污染源的影响。

2．布点方法

采样点的布设，可以分为布点和定点两个阶段。在采样点的数量确定之后，按照所规定的布点原则将采样点预先圈定在相应比例尺的地形图上，这一过程称为分布点；布点一般在室内进行。在完成布点的基础上，按照样点布设图，到野外采样现场，选择合适的、具体的样点位置，采集土壤样品，这一过程称为定点。定点工作一般在采样现场进行，样点布设是整个土壤采样过程中非常重要的环节，是贯彻总体思想、实施研究方案的第一个技术行为。土壤样点的布设方法对不同的采样单元有所不同，主要有以下几种布点方法。

对角线布点法。该法适用于污染灌溉的田地。布点时由田地进水口向对角引一直线，将对角线三等分，每等份的中央点作为采样点。采样点可根据具体条件增减。

梅花形布点法。该法适用于面积较小、地势平坦、土壤较为均匀的田地，采样点一般为5～10个。

棋盘式布点法。该法适用于中等面积，地势平坦、地形开阔，但土壤较不均匀的田地。采样点一般在10个以上。此法也适用于被固体废物污染的土壤。

蛇形布点法。该法适用于面积较大、地势不平坦、土壤不均匀的田地，采样点布设数目较多。

3．布点注意事项

不同土壤类型都要布点。

在一定区域面积内，要有一个采样点，污染较重的地区布点要密集。通常要根据土壤污染发生的原因来考虑布点的多少。如果是由于大气污染物而引起的土壤污染，其特点是以大气污染源为中心呈椭圆状或条带状分布，长轴沿主导风向伸长。因此布点就应以污染源为中心并根据当地风向、风速及污染强度等因素来确定。一般是靠近污染源处布点间距要小些，距离污染源较远处可稍大些。如果是由于工业和生活污水引起的土壤污染，其特点是沿河流主干渠呈树枝状或呈片状分布。布点时要根据水流路径和距离来考虑。如果是化肥、农药引起的土壤污染，应均匀布点。

要在非污染区的同类土壤中布设一个或几个对照采样点。

（二）土壤样品的采集

1．土壤样品的类型

根据调查目的、分析项目等的不同，土壤样品可分为多种类型，通常有以下几类。

①为了研究土壤的基本质量和性质　这是最常见的目的，这类研究通常是不定期对土壤肥力性质进行系统测定，包括测定大量和微量养分状况、pH、有机质以及一些土壤物理性质等。这类研究常可提出当前土壤的肥力状况以及应采取的对策措施，这类采样大多限于耕层15 cm左右（根密集区），一般不超过20 cm，当然有时也采深层土壤（如为了了解土壤氮素状况等），这类采样常常并不严格区分土壤的发生层次。

②为了编制土壤图　这类采样必须按土壤类型和剖面的发生层次采取，分析的项目常包括土壤化学性质、土壤矿物性质以及生物的和物理的性状。为了编制土壤图常需要挖出一系列的土坑或用土钻获得心土和某一土层土样，有时需要采集原状土样，这类采样通常是一次性的。

③为了某种法律或法规的仲裁需要　例如，为确定某一地区或地点的土壤是否已经受到人为物质的污染以及污染程度和污染范围等，有时需要确定某一污染物质的确切来源。这类采样需事先确定采样地点及样点密度。它主要采取表土。只分析特定的物质（元素）

或性质。有时由于所涉及的物质在土壤中有较大移动性，这时则需采深层土样或水样。

2．土壤采样准备

土壤采样的准备主要有三个方面：组织准备、技术准备、物质准备。

（1）组织准备

编写详细的工作方案，由具有野外调查经验且掌握土壤采样技术规程的专业技术人员、后勤保障人员、质控人员等组成采样组，明确责任分工，责任到人，采样前需组织培训学习有关技术文件，了解监测技术规范。

（2）技术准备

资料收集：收集包括监测区域的交通图、土壤图、地质图、大比例尺地形图、土地利用图、植被分布图、本区域名胜古迹、重点环境保护目标等方面的资料，制作采样工作图和标注采样点位。收集包括监测区域土类、成土母质等土壤信息资料。收集工程建设或生产过程对土壤造成影响的环境研究资料，造成土壤污染事故的主要污染物的毒性、稳定性以及如何消除等资料，土壤历史资料和相应的法律（法规），监测区域工农业生产及排污、污灌、化肥农药施用情况资料，监测区域气候资料（温度、降水量和蒸发量）、水文资料以及监测区域遥感与土壤利用及其演变过程方面的资料等。

布点设计及现场勘查：在现场勘查之前，根据调查目的进行初步设计，确定调查区域内理论监测点位集，并且编制方案。然后，通过必要的现场勘查最终对理论布点进行检验和优化，形成调查区域内实际进行监测的点位集，并修订方案。现场勘查主要包括对以地图初步布设的监测点利用 GPS 进行校正、进行土样采集可行性勘查、对布点进行优化和调整。

（3）物质准备

土壤样品采集需要准备的采样器具有如下几类。

①工具类　包括镐头、铁锹、铁铲、圆状取土钻、螺旋取土钻、竹片以及适合特殊采样要求的工具等。

②器材类　包括 GPS、罗盘、数码照相机、卷尺、铝盒、样品袋、样品箱等。

③文具类　包括样品标签、采样记录表、点位编号标志、土壤比色卡、剖面标尺、铅笔、资料夹等。

④安全防护用品　包括工作服、工作鞋、安全帽、药品箱等。

⑤采样用车辆及冷藏箱。

3．土壤样品采集方法

（1）土壤采样可分为采表层样品和采集土壤剖面样品

① 采集土壤表层　一般监测只需采集表层土壤，可用采样铲挖取 0～20 cm 的土壤，采集表层可以采集单独样品也可以采集混合样品。农田种植一般农作物采 0～20 cm，种植果林类农作物采 0～60 cm。为了保证样品的代表性，降低监测费用，可以采取采集混合样

的方案。每个土壤单元设 3～7 个采样区，单个采样区可以是自然分割的一个田块，也可以由多个田块所构成，其范围以 200 m×200 m 为宜。每个采样区的样品为农田土壤混合样。混合样的采集主要以下有四种方法。

a．单角线法：适用于污灌农田土壤，对角线分为 5 等份，以等分点为采样分点；

b．双对角线法：适用于面积较小、地势平坦、土壤组成和受污染程度相对比较均匀的地块，设分点 5 个左右；

c．棋盘式法：适宜中等面积、地势平坦、土壤不够均匀的地块，设分点 10 个左右，受污泥、垃圾等固体废物污染的土壤，分点应在 20 个以上；

d．蛇形法：适宜于面积较大、土壤不够均匀且地势不平坦的地块，设分点 15 个左右，多用于农业污染型土壤。

各分点混匀后用四分法取 1 kg 土样装入样品袋，多余部分弃去。如使用土钻，以采样点中心画半径为 1 m 的圆周，在圆周上等距采集 4 个样品，在中心上采集 1 个样品，将 5 个样品等重量混匀为 1 个单独样品，保留 1 kg 左右，其余用四分法弃去。

② 采集土壤剖面　特殊要求的监测（土壤背景、环评、污染事故等）有必要时可选择部分采样点为剖面采样。剖面的规格一般为长 1.5 m、宽 0.8 m、深 1.2 m。挖掘土壤剖面要使观察面向阳，将表土和底土分两侧放置。一般典型的自然土壤剖面分为 A 层（表层，腐殖质淋溶层）、B 层（亚层，淀积层）、C 层（风化母岩层、母质层）和底岩层。地下水位较高时，剖面挖至地下水出露时为止；山地丘陵土层较薄时，剖面挖至风化层。对 B 层发育不完整（不发育）的山地土壤，只采 A、C 两层。水稻土按照 A 层（耕作层）、P 层（犁底层）、C 层（母质层，或 G 潜育层或 W 潴育层）分层采样，对 P 层太薄的剖面，只采 A、C 两层（或 A、G 层或 A、W 层）。干旱地区剖面发育不完善的土壤，在表层 5～20 cm、心土层 50 cm、底土层 100 cm 左右采样。根据土壤剖面颜色、结构、质地、松紧度、温度、植物根系分布等划分土层，并进行仔细观察；将剖面形态、特征自上而下逐一记录。随后在各层最典型的中部自下而上逐层采样，在各层内分别用小土铲切取一片土壤样，每个采样点的取土深度和取样量应一致。用于重金属分析的样品，应将与金属采样器接触部分的土样弃去。新鲜土壤样品的采集：在测定土壤挥发性、半挥发性物质时，需要采集土壤新鲜样品，新鲜样品必须采集单独样品。一般用 250 mL 带有聚四氟乙烯衬垫的采样瓶采样，为防止样品沾污瓶口，可将硬纸板围成漏斗状，将样品装入样品瓶中，样品要装满样品瓶，低温保存。

（2）农田和城市土壤采样

① 农田土壤采样　农田土壤采样首先应确立土壤监测单元，监测单元划分要根据调查目的、调查精度和调查区域环境状况等因素确定监测单元。同时还要参考土壤类型、农作物种类、耕作制度、粮食生产基地、保护区类型、行政区划等要素，同一单元的差别应

尽可能地缩小，部门专项调查按其专项监测要求进行。

土壤环境监测单元按土壤污染途径可划分为：

a. 大气污染型土壤监测单元；

b. 灌溉水污染监测单元；

c. 固体废物堆污染型土壤监测单元；

d. 农用化学物质污染型土壤监测单元；

e. 综合污染型土壤监测单元（污染物来自上述两种以上途径）。

大气污染型土壤监测单元和固体废物堆污染型土壤监测单元以污染源为中心放射状布点，在主导风向和地表水的径流方向适当增加采样点（离污染源的距离远于其他点）；灌溉水污染监测单元采用按水流方向带状布点，采样点自纳污口起由密渐疏；农用化学物质污染型土壤监测单元采用均匀布点；综合污染型土壤监测单元布点采用综合放射状、均匀、带状布点法。

② 城市土壤采样　城区内大部分土壤被道路和建筑物覆盖，只有小部分土壤栽植草木，由于城市土壤的复杂性，要求分两层采样，上层（0～30 cm）可能是回填土或受人为影响大的部分，下层（30～60 cm）为人为影响相对较小的部分。两层分别取样监测。城市土壤监测点以网距 2000 m 的网格布设为主，功能区布点为辅，每个网格设一个采样点。对于专项研究和调查的采样点可适当加密。

③ 污染事故监测土壤采样　污染事故不可预料，接到举报后立即组织采样。首先要现场调查和取证，记录土壤被污染的时间，根据污染物及其对土壤的影响确定监测项目，其中污染事故的特征污染物是监测的重点。如果是固体污染物抛撒污染型，等打扫后采集表层 5 cm 土样，采样点数不少于 3 个。如果是液体倾翻污染型，污染物向低洼处流动的同时向深度方向渗透并向两侧横向方向扩散，每个点分层采样，事故发生点样品点较密，采样深度较深，离事故发生点相对远处样品点较疏，采样深度较浅。采样点不少于 5 个。事故土壤监测要设定 2～3 个背景对照点，各点（层）取 1 kg 土样装入样品袋，有腐蚀性或要测定挥发性化合物，改用广口瓶装样。含易分解有机物的待测定样品，采集后置于低温（冰箱）中，直至运送、移交到分析室。

（3）采样时期

为了解土壤污染状况，可随时采集样品进行测定。如需同时掌握在土壤上生长的作物受污染状况，可依据季节或作物收获时期采样，一般在秋季作物收获后或春季播种施用前采集，果园在果实采摘后的第一次施肥前采集。面积较小的土壤污染调查和突发性土壤污染事故调查可随时直接采样。

样品采集按不同阶段又可分为以下 3 种。

① 前期采样　根据背景资料与现场考察结果，采集一定数量的样品分析测定，用于

初步验证污染物空间分异性和判断土壤污染程度，为制订监测方案（选择布点方式和确定监测项目及样品数量）提供依据，前期采样可与现场调查同时进行。

② 正式采样 按照监测方案，实施现场采样。

③ 补充采样 正式采样测试后，发现布设的样点没有满足总体设计需要，则要进行增设采样点补充采样口。

（4）采样量

土壤样品一般采样量为 1～3 kg，对混合样品需反复按四分法弃取，最后留下所需的土样量，装入采样布袋内。

（5）采样记录

采样时对样品进行编号及填写采样记录、样品标签。现场必须认真填写采样记录表，拍摄数码相片，用 GPS 卫星定位记录样点经纬度。采样记录包括对样品的简单描述（如土壤质地、干湿程度、颜色、植物根系和异物量等），采样点周围情况及土地利用历史等内容。按照方案要求编制 8～12 位土壤样品号码，现场填写标签两张，一张放入样品袋内，一张扎在样品袋外。采样结束，需逐项检查土壤样品和样袋标签、采样记录，如有缺项和错误，及时补齐更正。将现场采样点的具体情况，如土壤剖面形态特征等做详细记录。

（6）土壤样品的流转

土壤样品流转包括采样现场样品检查和多次样品交接保存。在采样现场必须将样品逐件与样品标签和采样记录进行核对，核对后分类装箱。样品在运输中严防样品的损失、混淆或沾污，对光敏感的样品应有避光外包装，及时送至实验室。测定有机物的土壤样品要低温（4℃）暗处冷藏保存，并尽快将样品送达实验室。采样者和实验室样品管理员双方同时清点核实样品，并在样品流转卡上签字确认，样品流转卡一式四份，采样者一份、样品管理员存一份、分析人员一份、剩下一份随数据存档，样品运转过程中需要确保样品标识的唯一性。

（7）采样注意事项

① 采样点不宜设在田边、沟边、路边或肥堆边；采样时要首先清除表层的枯枝落叶，有植物生长的点位要首先除去植物及其根系。采样现场要剔除砾石等异物。要注意及时清洁采样工具，避免交叉污染。

② 每个采样点的取土深度及采样量应均匀一致，土壤上层与下层的比例要相同。取样器应垂直于地面入土，深度相同。用取土铲取样应先铲出一个耕层断面，再平行于断面下铲取土。

③ 测定微量元素的样品必须用不锈钢取土器采样。

④ 测定重金属的样品，尽量用竹铲、竹片直接采取样品，或用铁铲、土钻挖掘后，用竹片刮去与金属采样器接触的部分，再用竹片采取样品。对于污染土壤的样品，要根据

污染物的性质采取相应的防护措施，避免与人身体的直接接触。

⑤ 采集挥发性、半挥发性有机物样品时，要防止待测物质挥发，注意样品满瓶不留空隙，低温运输和保存。

4．土壤样品加工与管理

土壤样品制备要分设风干室和磨样室。风干室向阳（严防阳光直射土样）、通风良好、整洁、无尘、无易挥发性化学物质。制样工具及容器包括风干用白色搪瓷盘及木盘，粗粉碎用木锤、木碾、有机玻璃棒、有机玻璃板、硬质木板、无色聚乙烯薄膜。磨样用玛瑙研磨机（球磨机）或玛瑙研钵、白色瓷研钵。过筛用尼龙筛，规格为 20～100 目。分装用棕色磨口玻璃瓶、无色聚乙烯塑料袋或特制牛皮纸袋或布袋，规格视量而定。

（1）土壤样品风干

除测定游离挥发酚、有机污染物、低价铁等不稳定项目需要新鲜土样外，多数项目需用风干土样。因为风干土样较易混合均匀，重复性、准确性都比较好。从野外采集的土壤样品运到实验室后，为避免受微生物的作用引起发霉变质，应立即将全部样品倒在瓷盘内进行风干。在风干室将土样放置于风干盘中，摊成 2～3 cm 的薄层，趁半干状态，先将土壤中混杂的砖瓦石块、石灰结核、根茎动植物残体等除去，用木棍压碎，经常翻动，置于阴凉处使其慢慢风干，切忌阳光直接暴晒样品。风干处应防止酸、碱等气体及灰尘的污染。

（2）磨碎与过筛

过 2 mm 筛后的样品全部置于无色聚乙烯薄膜上，充分搅拌、混合直至均匀，用四分法弃取、称重，保留大约分析用量 4 倍的土样，过 1 mm 尼龙筛后分成两份。一份装瓶备分析用，另一份继续进行细磨。

（3）细磨并分样

用玛瑙球磨机（或手工）研磨到土样全部通过孔径 0.25 mm（60 目）的尼龙筛，四分法弃取，保留足够量的土样，称重、装瓶备分析用；剩余样品继续研磨至全部通过孔径 0.15 mm（100 目）的尼龙筛，装瓶备分析用。用原子吸收光度法（AAS 法）测 Cd、Cu、Ni 等重金属时，土样必须全部通过 100 目筛（尼龙筛）。

（4）土壤样品保存

一般土壤样品需保存 0.5～1 年，以备必要时查核之用。环境监测中用以进行质量控制的标准土样或对照土样则需长期妥善保存。

样品保存主要包括新鲜样品、预留样品、分析取用后的样品保存以及永久样品保存，应设立样品库进行样品储存，以备必要时查核之用。测试项目需要新鲜样品的土样，采集后用可密封（或扎紧袋口）的聚乙烯或玻璃容器置于 4℃以下冰箱避光保存，样品要充满容器。预留样品在样品库造册保存。分析取用后的剩余样品，待测定全部完成，数据报出后，也移交样品库保存。分析取用后的剩余样品一般保留半年，预留样品一般保留两年。

特殊、珍稀样品一般要永久保存，尤其是用以进行质量控制的标准土样或对照土样则需常期妥善保存。储存样品应尽量避免日光、潮湿、高温和酸碱气体等的影响。

二、土壤重金属监测仪器分析技术

土壤中重金属的监测分析技术多采用化学分析法和仪器分析法。以物质的化学反应为基础的分析方法称为化学分析法，它是传统的分析方法，常被称为“经典分析法”。化学分析法主要包括重量分析法和滴定分析法，以及试样的处理和一些分离、富集、掩蔽等化学手段。化学分析法是分析化学科学重要的分支，随着技术的发展和进步，仪器分析法逐步得到应用和推广。仪器分析就是利用能直接或间接地表征物质的各种特性（如物理性质、化学性质、生理性质等）的实验现象，通过探头或传感器、放大器、分析转化器等转变成人可直接感受的已认识的关于物质成分、含量、分布或结构等信息的分析方法。也就是说，仪器分析是利用各种学科的基本原理，采用电学、光学、精密仪器制造、真空、计算机等先进技术探知物质化学特性的分析方法。因此仪器分析是体现学科交叉、科学与技术高度结合的一个综合性极强的科技分支。这类方法通常是测量光、电、磁、声、热等物理量而得到分析结果，而测量这些物理量，一般要使用比较复杂或特殊的仪器设备，故称为“仪器分析”。仪器分析除了可用于定性和定量分析外，还可用于结构、价态、状态分析，微区和薄层色谱分析，微量及超痕量分析等，是分析化学发展的方向。

由于仪器分析法具有灵敏度高、检出限低、选择性好、操作简单、分析速度快、容易实现自动化等优点，目前土壤中重金属的监测优先选用仪器分析法，包括紫外-可见分光光度法、原子吸收分光光度法、冷原子吸收法、原子荧光光度法、X射线荧光光谱法、电感耦合等离子体光谱法、电感耦合等离子体质谱法等。

（一）紫外-可见分光光度法

1．概述

紫外-可见分子吸收光谱法（ultraviolet-visible molecular absorption spectrometry，UV-Vis），又称紫外-可见分光光度法（ultraviolet-visible spectrophotometry）。它是研究分子吸收 190～750 nm 波长的吸收光谱。紫外-可见吸收光谱主要产生于分子价电子在电子能级间的跃迁，是研究物质电子光谱的分子方法。通过测定分子对紫外-可见光的吸收，可以用于鉴定和定量测定大量的无机化合物和有机化合物。在化学和临床实验室所采用的定量分析技术中，紫外-可见分子吸收光谱法是应用最广泛的方法之一。

2．方法的原理、发展过程

当一束强度为 I_0 的单色光垂直照射某物质的溶液后，由于一部分光被体系吸收，因此

透射光的强度降至 I，则溶液的透光率 T 为：

$$T=I-I_0$$

根据朗伯（Lambert）-比尔（Beer）定律：

$$A=\varepsilon bc$$

式中：A ——吸光度；

b ——溶液层厚度，cm；

c ——溶液的浓度，g/dm^3；

ε ——吸光系数。

其中吸光系数与溶液的本性、温度以及波长等因素有关。溶液中其他组分（如溶剂等）对光的吸收可用空白液扣除。

由上式可知，当固定溶液层厚度 b 和吸光系数 ε 时，吸光度 A 与溶液的浓度成线性关系。在定量分析时，首先需要测定溶液对不同波长光的吸收情况（吸收光谱），从中确定最大吸收波长，然后以此波长的光为光源，测定一系列已知浓度 c 溶液的吸光度 A，做出 A-c 工作曲线。在分析未知溶液时，根据测量的吸光度 A，查工作曲线即可确定出相应的浓度。这便是分光光度法测量浓度的基本原理。

3．前处理要求

土壤样品需进行消解前处理，现行主要的前处理有湿法消解（盐酸-硝酸、高氯酸-氢氟酸、王水/王水回流、反王水）、干灰化法消解与微波消解技术。

大多数无机金属离子本身没有紫外-可见吸收，但不少过渡金属离子与含生色团的试剂反应所生成的络合物以及许多水合无机离子，即可产生电荷迁移跃迁或配位场跃迁，产生紫外-可见吸收。故紫外-可见分光光度法测定无机金属离子需加入显色剂与其络合显色，并消除共存离子的干扰。故主要的问题在于显色剂的选择和共存离子的干扰问题。

4．适用元素

紫外分光光度法一般来讲适用于能与生色团络合反应的过渡金属离子，如铬、汞、铅、砷、镉、锌、铜、铁、锰、银、镍、钒、钴、铍、钛、硼、硒、锡、铝等。但由于土壤体系复杂，消解后经常会有色度和浊度的干扰，所以现有的紫外-分光光度法测定土壤中的金属元素并不多，能查到的只有铬和砷。

5．国内外常见仪器及优缺点

国外的厂家及型号主要有：Perkin Elmer Instruments（PE）的 Lambda 系列；Varian Analytical Instruments（瓦里安）的 Cary 系列；Beckman Coulter Inc（贝克曼）的 DU 系列；Hitachi Instruments Inc（日立）的 U3 系列；Shimadzu Scientific Instruments（岛津）的 UV 系列，MS、PharmaSpec 及 Bio 系列；Jasco Corp Ltd 的 V 系列；Agilent Technologies（安捷伦）的 HP 系列；Ocean Optics（海洋光学）的 S 系列，USB2000 及 PC2000；Amersham

Pharmacia Biotech 的 Ultrospec pro 系列；Spectronic Unicam（即 Thermo Spectronic）的 Genesys 系列；UV 系列及 Nicolet Evolution 系列；Aurora Instruments Ltd 的 UV 系列；GBC Scientific Equipment Ltd 的 Cintra 系列；Bio-Tek 的 PowerWave 系列；Hach 的 DR 系列；Cecil Instruments Ltd.的 1/4000、2/4000、3/4000 系列，7200、9200 及 Aurius、Aquarius 系列；Labomed Inc 的 UVS、UVD 系列；Camspec Scientific Instruments 的 M 系列；Scinco CO. Ltd 的 S 系列；Sherwood Scientific Ltd 的 320；Spectral Instruments Inc 420/440；Jenway Techne Inc 的 6*05 系列；Stellar Net Inc 的 EPP2000。此外，还包括 Turner Designs Inc.、World Precision Inst.、Bestech Instruments、Secomam、Molecular Devices Corp 等。

国内的产品主要有上海分析仪器总厂的 75 和 76 系列、上海棱光的 S51/2/3/4、天美科学仪器有限公司 8500、北京普析通用仪器公司 TU2 系列、北京瑞利分析仪器公司 UV1/9100 系列、天津光学仪器厂的 WFZ 系列等。

我国的紫外-可见分光光度计性能指标总体上接近国外的中等水平，缺少高档产品。目前，我国的紫外-可见分光光度计至少在以下 3 个方面存在比较明显的滞后。一是高档的科学分析型产品。能够满足精密的科学研究和分析的很少，采用双单色器，具有突出性能的国产分光光度计基本是空白。二是阵列探测器的应用。我国的产品仍以扫描光栅型为主，采用阵列探测器的固定光栅型分光光度计虽然已经起步，但进入市场的仍然罕见。三是光纤的使用。市场上以光纤探头取代传统样品室的设计，或可选择外接光纤附件的国产紫外-可见分光光度计十分缺乏。

（二）原子吸收分光光度法

1．概述

原子吸收分光光度计（atomic absorption spectrometry，AAS）是在 20 世纪 50 年代中期出现并逐渐发展起来的一种新型仪器分析方法，是基于蒸气相中被测元素的基态原子对其原子共振辐射的吸收强度来测定试样中被测元素含量的一种方法。

2．原子吸收分光光度计的发展史

早在 1802 年，W.H.Wollaston 在研究太阳连续光谱时，就发现太阳连续光谱中出现暗线。1817 年，J.Fraunhofer 在研究太阳连续光谱时，再次发现这些暗线，由于当时尚不了解产生这些暗线的原因，于是就将这些暗线称为 Fraunhofer 线。1859 年，G.Kirchhoff 与 R.Bunson 在研究碱金属和碱土金属的火焰光谱时，发现钠蒸气发出的光通过温度较低的钠蒸气时，会引起钠光的吸收，并根据钠发射线和暗线在光谱中位置相同这一事实，断定太阳连续光谱的暗线，这是太阳外围的钠原子对太阳光谱的钠辐射吸收的结果。

但是，原子吸收光谱作为一种实用的分析方法是从 20 世纪 50 年代中期开始的，在 1953 年，由澳大利亚的瓦尔西（A. Walsh）博士发明锐性光源（空心阴极灯），1954 年全球第一台原子吸收仪在澳大利亚由 Walsh 的指导下诞生，在 1955 年瓦尔西（A. Walsh）博士的著名论文“原子吸收光谱在化学中的应用”奠定了原子吸收光谱法的基础。50 年代末期一些公司先后推出原子吸收光谱商品仪器，发展了 Walsh 的设计思想。到了 60 年代中期，原子吸收光谱开始进入迅速发展的时期。经历了由旋钮人工操作的仪器，发展为高度自动化的现代水平的 AAS 仪器；由晶体管分离元件到 IC 元件大规模集成电路的演变过程，AAS 仪器分析功能日臻完善。2004 年德国 Analytik jena AG 公司在世界上首次推出了 ContrAA 300 型顺序扫描连续光源火焰原子吸收光谱商品仪器，标志着新型 AAS 仪器时代已经正在向我们走来！常规的 AAS 大多采用能够发射元素分析谱线的空心阴极灯做光源，因此称为线光源 AAS（LS-AAS）。但是，线光源 AAS 不能对多个元素同时进行分析检测，并且，因为无法提供分析谱线的轮廓信息以及其侧翼的光谱背景信息，同时背景都较大，因此，线光源 AAS 必须配置专门的背景校正器。这些缺陷都限制了原子吸收光谱的应用范围。近几年来，随着高光谱分辨能力的中阶梯光栅光谱仪技术和具有多通道检测能力的半导体图像传感器技术的日趋成熟，使用连续光源做原子吸收分光光度计（CS-AAS）的光源已经成为可能；并且它有可能成为未来 AAS 仪器的发展方向。2004 年，德国 Analytik jena AG 公司在世界上首次推出了 ContrAA 300 型顺序扫描连续光源火焰原子吸收光谱商品仪器。

3．原子吸收法测定土壤中重金属的工作原理

原子吸收光谱分析的波长区域在近紫外和可见光区。其分析原理是将光源辐射出的待测元素的特征光谱通过样品的蒸气时，被蒸气中待测元素的基态原子所吸收，由发射光谱被减弱的程度，进而求得样品中待测元素的含量。对于土壤中重金属的分析，首先是先要将土壤样品进行前处理，使其晶格结构破坏，转化成水溶液。

4．前处理要求

利用原子吸收测定土壤中重金属的前处理包括干法和湿法消解，目前一般采用湿法消解。湿法消解包括电热板消解、高压密闭消解、微波消解、水浴消解等方式，其中以电热板消解为主。湿法消解需要用到酸体系，包括氢氟酸、硝酸、盐酸、高氯酸、硫酸等。因为土壤中重金属很多元素都是痕量的，这就要求实验过程中使用到的酸不含重金属或重金属含量忽略不计，一般采用优级纯的酸；实验过程中使用到的消解器皿一般为聚四氟乙烯或玻璃材质，使用前需用 HNO_3（10+90）浸泡 24 h 或用热硝酸荡洗，然后用自来水、蒸馏水冲洗方可使用。对于消解液的要求是要清澈，赶酸完全（特别是氢氟酸等，对进样系统有腐蚀作用）、盐含量低等。

5．适用范围

原子吸收分光光度法分为火焰原子吸收、石墨炉原子吸收、氢化物原子吸收以及冷原子吸收。

原子吸收分光光度法能检测的重金属元素也比较多，包括铜、铅、锌、镉、铬、铁、

锰、镍、钴、铍、钡、钒、锑等。氢化物原子吸收是氢化物发生装置与原子吸收装置联用，可以用于测定砷、锑、硒、汞、锡、铅、镉等易形成氢化物的元素；冷原子吸收主要用于测定汞。

6．国内外常见仪器及优缺点

原子吸收光谱有许多优点：检出限低，火焰原子吸收可达 ng/cm^3 级，石墨炉原子吸收法可达到 10^{-10}～10^{-14} g；准确度高，火焰原子吸收的相对误差＜1%，石墨炉原子吸收法的为 3%～5%；选择性好，大多数情况下共存元素对被测元素不产生干扰；分析速度快，应用范围广，能够测定的元素多达 70 多个。

目前，原子吸收光谱的四大品牌为美国 Varian、PE 公司、德国耶拿和美国热电公司。美国 Varian 公司的 AA280、AA240SF；PE 公司的 AA800 等是全世界成熟商品 AAS 仪器中最高级的仪器；不管是从性能技术指标，还是从功能技术指标来讲，都属于世界之最。德国耶拿的原子吸收的最大亮点是采用了连续光源。

我国目前的 AAS 仪器发展很快，已有重大突破。但在高档 AAS 方面与国外差距还很大，特别在主要的、关键的功能、性能技术指标上，差距更加明显，如可靠性、软件、附件、工艺等。在中、低档 AAS 方面，我国与国外的差距已经很小，特别是在火焰方面，差距更小；我国自己生产的火焰 AAS，基本上都能满足使用要求。我国的中档 AAS，有些技术指标还能优于国外同类产品；如北京普析通用公司的 TAS-986/990、上海精科公司的 4501、北京瑞利公司的 200/210 等 AAS 产品的性能优于国外。在石墨炉 AAS 方面，北京普析通用公司的 TAS-986/990，采用横向加热石墨炉技术。目前，全世界只有 5 家公司能生产横向加热石墨炉 AAS。

（三）冷原子吸收分光光度法

1．冷原子吸收起源与发展

冷原子吸收法主要是用于测定汞的一种方法。1972 年 R.A.卡尔等已将此法用来测定海水中的汞，至此冷原子吸收法开始得到化学界的重视。近年来，冷原子吸收法已经广泛用于环境监测、食品、药物检测、医疗等领域。

2．冷原子吸收测定土壤中汞的工作原理

冷原子吸收法测定汞的工作原理是基于元素汞在室温下、不加热的条件下，就可挥发成汞蒸气，并对波长 253.7nm 的紫外线具有强烈的吸收作用，在一定的范围内，汞的浓度和吸收值成正比，符合朗伯-比尔定律。

目前，采用冷原子吸收法测定土壤中汞主要有两大类方法。

① 土壤消解后用测汞仪测定　土壤经消解处理，使土壤样品中以各种形式存在的汞转化为可溶态汞离子进入溶液，然后用盐酸羟胺还原过剩的氧化剂，用氯化亚锡将汞离子

还原成汞原子，用净化空气作载气将汞原子载入冷原子吸收测汞仪的吸收池进行测定。

② 土壤不需要消解直接进测汞仪进行测定（直接测汞法） 土壤样品通过自动进样器导入仪器中，首先让被测样品在一定温度下与氧气混合加热，通过干燥、分解、氧化被分析样品，使其中各种形态的含汞成分以气态释放出来。接着用载气将上述含汞成分带入恒温于固定温度的催化管，通过催化剂的催化反应把各种形态的含汞成分都转变为气态汞原子。这些气态汞原子随后进入齐化管，与其中的贵金属生成汞齐从而被固定富集在齐化管中。最后通过快速加热齐化管瞬间释放富集的汞原子并用载气快速带入吸收池测定汞含量。

3．前处理要求

（1）土壤消解后用测汞仪测定

土壤中汞的前处理传统方法有水浴浸提、酸溶电热板消解、微波消解等。这些前处理方法中用到的酸体系主要有硝酸-硫酸-五氧化二钒、硫酸-硝酸-高锰酸钾、硝酸、王水、王水-双氧水、硝酸-双氧水、硝酸-氢氟酸等。

水浴浸提土壤中的汞主要采用王水消解法，该法具有操作简单、消化时间短、用酸量少、总汞溶出率高、批量样品同时操作等优点，但王水消解法不能将土壤样品中有机质完全消解，对于有机质含量高的土壤，要考虑有机质对汞测定的干扰。

酸溶电热板消解存在分析时间长、操作繁琐、易导致局部温度高、一次消解样品少等缺点，但能够对有机质含量高的样品消解完全。

微波溶样技术是近年来产生的一种崭新的、具有强大生命力的样品预处理技术。因为具有消解快速、完全、无损失、污染少等特点，而受到重视。微波消解处理土壤来测定汞，具有操作简单、用酸量少、空白值低等优点。

（2）直接测汞法

近年来，随着科技的发展，国内外已经研制出一种直接测定固体样品的测汞仪，该技术不要对土壤等固体样品进行消解处理，样品从干燥分解到分析测定的全过程均在仪器中完成，含汞废气经吸收液无害化处理后排放。该方法具有操作简单、分析速度快、样品无须进行处理、不需要任何化学试剂、对人体无伤害等优点。

4．适用元素

冷原子吸收只能用于测定汞元素。

5．国内外常见仪器及优缺点

目前市面上的测汞仪主流产品包括：Hydra AA（Leeman Labs 公司，美国）、M-6000（Cetac 公司，美国）、Aula 254（Mercury instruments 公司，德国）、DMA-80（Milestone，意大利）、RA3000 系列（NIC，日本）。以上公司的原子吸收光谱仪对汞的检测下限为：1 ng/L 以上。

（四）原子荧光分光光度法

1．起源与发展

原子荧光光谱法（AFS）是一种痕量分析技术，是原子光谱法中的一个重要分支，介于原子吸收光谱法（AAS）和原子发射光谱法（AES）之间的光谱分析技术。它是基态原子（一般为蒸气状态）吸收合适的特定频率的辐射而被激发至高能态，而后，激发态原子在去激发过程中以光辐射形式发射出特征波长的荧光。

1859 年 Kirchhoof 研究太阳光谱时就开始了原子荧光理论的研究，1902 年 Wood 等首先观测到了钠的原子荧光，到 20 世纪 20 年代，研究原子荧光的人日益增多，发现了许多元素的原子荧光。用锂火焰来激发锂原子的荧光由 Bogros 作过介绍，1912 年 Wood 用汞弧灯辐照汞蒸气观测汞的原子荧光。Nighols 和 Howes 用火焰原子化器测到了钠、锂、锶、钡和钙的微弱原子荧光信号，Terenin 研究了镉、铊、铅、铋、砷的原子荧光。1934 年 Mitchll 和 Zemansky 对早期原子荧光研究进行了概括性总结。1962 年在第 10 次国际光谱学会议上，阿克玛德（Alkemade）介绍了原子荧光量子效率的测量方法，并预言这一方法可能用于元素分析。1964 年美国佛罗里达州立大学威博尼尔（Winefodner）明确提出火焰原子荧光光谱法可以作为一种化学分析方法，并且导出了原子荧光的基本方程式，进行了汞、锌和镉的原子荧光分析。1969 年，Holak 研究出氢化物气体分离技术并用于原子吸收光谱法测定砷。1971 年 Larkins 用空心阴极灯作光源，火焰原子化器，采用沪光片分光，光电倍增管检测。测定了 Au、Bi、Co、Hg、Mg、Ni 等 20 多种元素。1974 年，Tsujiu 等将原子荧光光谱和氢化物气体分离技术相结合，提出了气体分-非色散原子荧光光谱测定砷的方法。1976 年 Technicon 公司推出了世界上第一台原子荧光光谱仪 AFS-6。该仪器采用空心阴极灯作光源，同时测定 6 种元素，短脉冲供电，计算机作控制和数据处理。由于仪器造价高，灯寿命短，且多数被测元素的灵敏度不如 AAS 和 ICP-AES，该仪器未能成批投产，被称为短命的 AFS-6。

20 世纪 70 年代，西北大学杜文虎、上海冶金研究所、西北有色地质研究院郭小伟等为首的我国科学工作者致力于原子荧光的理论和应用研究。尤其郭小伟致力于氢化物发生（HG）与原子荧光（AFS）的联用技术研究，取得了杰出成就，成为我国原子荧光商品仪器的奠基人，为原子荧光光谱法首先在我国的普及和推广打下了基础。1983 年，郭小伟等研制了双通道原子荧光光谱仪，后将技术转让给北京地质仪器厂，即现在的海光仪器公司，开创了领先世界水平的有我国自主知识产权分析仪器的先河。

20 世纪 80 年代初，美国 Baird 公司推出了 AFS-2000 型 ICP-AFS 仪器。该仪器采用脉冲空心阴极灯作光源，电感耦合等离子体（ICP）作原子化器，光电倍增管检测，12 道同时测量，计算机控制和数据处理。该产品由于没有突出的特点，多道同时测定的折中条件根本无法满足，性能/价格比差，在激烈的市场竞争中遭到无情的淘汰。90 年代，英国 PSA 公司开始生产 HG-AFS。21 世纪初，加拿大 AURGRA 开始生产 HG-AFS。

无论是原子荧光仪器的研发，还是分析技术方面的研究，我国均处于国际领先水平。目前原子荧光光谱分析技术已广泛用于环保、卫生防疫、地质、冶金、食品、质检等各个领域。

2．AFS 测定土壤中重金属的工作原理

气态自由原子吸收特征光源的辐射后，原子的外层电子跃迁到较高能级，然后又跃迁返回基态或较低能级，同时发射出与原激发波长相同或不同的荧光即为原子荧光。原子荧光是光致发光，也是二次发光。利用这一物理现象发展起来的分析方法被称为原子荧光光谱法。

AFS 法测定土壤中重金属的原理：土壤试样经适当消解，使待测元素从土壤晶格中完全释放出来，形成水溶液；在酸性介质中加入硼氢化钾溶液，待测元素形成相应的氢化物，由载气（氩气）直接导入石英管原子化器中，进而在氩氢火焰中原子化。基态原子受待测元素空心阴极灯光源的激发，产生原子荧光，通过检测原子荧光的相对强度，利用荧光强度与试样中待测元素的含量成正比的关系，计算土壤样品中重金属的含量。

3．前处理要求

目前，主要采用氢化物发生原子荧光法。从分析溶液介质的选择可以分为两种：从酸性介质中发生和从碱性介质中发生。大多数分析方法采用从酸性介质中发生氢化物的方法。从酸性介质中发生的方法是，含有分析元素的酸性溶液与含有一定量氢氧化钠的硼氢化钾溶液反应生成相应的氢化物或其他挥发性物质。从碱性介质中发生的方法是，在含有分析元素的碱性溶液中加入硼氢化钾，所得溶液与酸反应而生成氢化物。在碱性溶液中发生氢化物的方法对样品可以用碱溶液处理而形成氢化物的元素在碱性介质中溶解的情况下有时是有利的，例如，锡、锗等，因为铜、镍等干扰元素可以在此介质中沉淀为氢氧化物而被分离，除此之外，利用碱性方法中某些特点也有可能进行价态分析，如四价碲及六价碲的分别测定。

样品的前处理方法是土壤中重金属含量准确测量的一个重要环节，不同前处理方法对测定的准确性、重复性影响较大。目前常用的前处理方式有水浴消解、电热板消解、高压罐消解和微波消解四种方法。就四种前处理方法的可操作性而言，水浴消解操作简单，易控温，易挥发性元素损失少；电热板消解土壤样品耗时，重现性较差；高压罐消解有一定的危险性，需要人工调节消解时间和温度，转移时酸残留量较大，对人体有危害，定容后也需要离心或静置，方可上机测定。微波消解是一种内加热，样品与试剂接触面大，密闭系统能避免待测元素的损失，保证测试结果的准确性，程序自动升温，消解时间短，消解液澄清，转移定容后试液可直接上机测定。不同的元素应根据各自的理化性质选择合适的前处理方式。

土壤样品前处理过程中酸体系的选择比较重要，主要依据消解方式及样品基体的复杂程度来选择。主要涉及的酸体系包括王水、硝酸-氢氟酸、硝酸-氢氟酸-高氯酸、硝酸-盐酸-氢氟酸等。

AFS 对进样溶液中酸体系的要求比较低，其酸含量可以高达 10%～20%；这是 AFS 分析的一大优势，土壤样品在前处理消解后可以不用进行赶酸处理，具有操作简单、节省时间、降低劳力等优势。

4．适用元素

AFS 能够测量的元素比较多，但目前用于氢化物原子荧光测定的元素主要限于砷、锑、硒、锡、锗、铅、镉、铋、汞等。汞因为易产生记忆效应，一般选择测汞仪（冷原子吸收法）测量。目前利用原子荧光法测定土壤中砷的方法比较成熟，应用最广。

5．国内外常见仪器及优缺点

目前国内 AFS 主流产品以海光和吉天两大厂家生产的为首；国外生产 AFS 产品的厂家主要有英国 PSA 公司和加拿大 AURORA 两家。

按进样方式，原子荧光仪可分为蠕动泵（连续流动、流动注射、断续流动、间歇泵）为进样氢化物反应系统的原子荧光光谱仪及顺序注射泵为进样氢化物反应系统的原子荧光光谱仪。

下面阐述下各进样方式的优缺点。

① 连续流动法 样品及还原剂均以不同的速度在管子中流动并在混合器中混合，产生氢化物。优点：提供的信号是连续信号；缺点：严重浪费样品和还原剂。

② 流动注射法 与连续流动法类似，样品是通过采样阀进行“采样”“注射”切换，由于样品是间隔输送到反应器中，因而所得的信号为峰状信号。优点：定量进样，相对连续流动节省试剂；分析速度快；缺点：结构复杂；国产电磁阀容易漏液；容易产生交叉污染，记忆效应。

③ 断续流动法 是介于前两种方法之间的一种进样模式，利用计算机控制蠕动泵的转速和时间，定时定量采样进行测定。优点：定量进样，节省试剂；记忆效应小；缺点：泵管易老化损坏造成进样精度差，有脉动效应，氢化物会有损失。

④ 间歇泵法 在断续流动法的基础上采用间歇排液的方式减少氢化物的损失。

⑤ 顺序注射法 采用柱塞泵代替蠕动泵。优点：克服蠕动泵的缺陷，消除了气泡对反应的影响，丰富了仪器的功能，提高了仪器的性能；缺点：仪器成本较高，测量速度较慢。

（五）X 射线荧光光谱法

1．X 射线荧光起源与发展

X 射线荧光光谱（XRF）是一种确定各种材料化学组成的分析技术。X 射线荧光光谱分析具有样品前处理简单、分析速度快、重现性好和无损测定的优点，应用范围广泛，包括材料、冶金、地质、生物、环境监测等领域，是样品多元素同时测定的有效途径之一。

自 1895 年伦琴（W.C.Roentgen）发现 X 射线之后不久，莫塞莱（H.G.J.Mbseley）于 1913 年建立了 X 射线光谱分析法，为 X 射线荧光光谱分析奠定了理论基础。20 世纪 50 年代，电子技术、计数技术和高真空技术的进步，X 射线荧光光谱新技术得到发展；60 年代初发明半导体探测器后，对 X 荧光进行能谱分析成为可能，随后，X 射线荧光光谱分析广泛用于生产和许多学科领域；70 年代以来，由于计算机技术突飞猛进的发展，为 X 射线光谱分析提供了强有力的工具，仪器、分析技术和应用软件也得到全面发展。其分析精度、灵敏度和准确度进一步提高，所需标样数也逐渐减少，可分析的元素范围越来越广，检出限越来越低。因此，商品 XRF 的发展相当迅猛，如德国斯派克分析仪器（SPECTRO）公司、美国热电分析仪器集团、中国香港环球分析测试仪器有限公司都相应地开发出不同型号的 X 射线荧光仪。

2．X 射线荧光测定土壤中重金属的工作原理

X 射线荧光光谱仪的工作原理就是用 X 射线照射试样时，试样可以被激发出各种波长的荧光 X 射线，需要把混合的 X 射线按波长（或能量）分开，分别测量不同波长（或能量）的 X 射线的强度，对元素进行定性和定量分析。由于 X 光具有一定波长，同时又有一定能量，因此，X 射线荧光光谱仪有两种基本类型：波长色散型和能量色散型。

当能量高于原子内层电子结合能的高能 X 射线与原子发生碰撞时，驱逐一个内层电子而出现一个空穴，使整个原子体系处于不稳定的激发态，激发态原子寿命为 10^{-12}～10^{-14}s，然后自发地由能量高的状态跃迁到能量低的状态，这个过程称为弛豫过程。弛豫过程既可以是非辐射跃迁，也可以是辐射跃迁。当较外层的电子跃迁到空穴时，所释放的能量随即在原子内部被吸收而逐出较外层的另一个次级光电子，此称为俄歇效应，亦称次级光电效应或无辐射效应，所逐出的次级光电子称为俄歇电子。它的能量是特征的，与入射辐射的能量无关。当较外层的电子跃入内层空穴所释放的能量不在原子内被吸收，而是以辐射形式放出，便产生 X 射线荧光，其能量等于两能级之间的能量差。因此，X 射线荧光的能量或波长是特征性的，与元素有一一对应的关系。图 2-1 给出了 X 射线荧光和俄歇电子产生过程示意图。K 层电子被逐出后，其空穴可以被外层中任一电子所填充，从而可产生一系列的谱线，称为 K 系谱线：由 L 层跃迁到 K 层辐射的 X 射线叫 K_α

射线，由 M 层跃迁到 K 层辐射的 X 射线叫 K_β 射线。同样，L 层电子被逐出可以产生 L 系辐射（见图 2-2）。

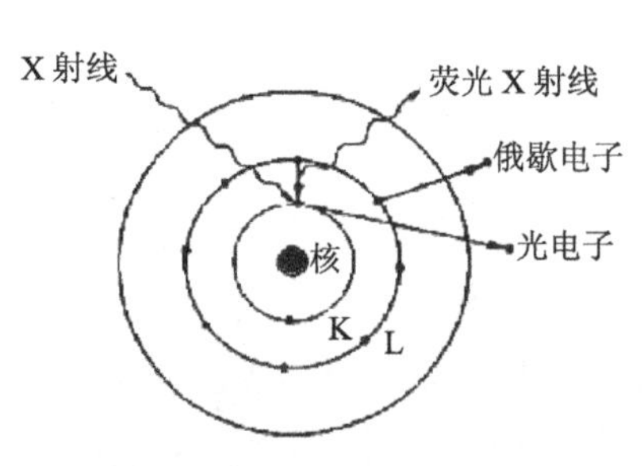

图 2-1　荧光 X 射线及俄歇电子产生过程示意

图 2-2　产生 K 系和 L 系辐射示意

如果入射的 X 射线使某元素的 K 层电子激发成光电子后 L 层电子跃迁到 K 层，此时就有能量 ΔE 释放出来，且 $\Delta E=E_K-E_L$，这个能量是以 X 射线形式释放，产生的就是 K_α 射线，同样还可以产生 K_β 射线，L 系射线等。莫斯莱发现，荧光 X 射线的波长 λ 与元素的原子序数 Z 有关，其数学关系如下：$\lambda=K(Z-s)^{-2}$，这就是莫斯莱定律，式中：K 和 s 是常数。

而根据量子理论，X 射线可以看成由一种量子或光子组成的粒子流，每个光子具有的能量为：

$$E = h\nu = hc/\lambda$$

式中：E —— X 射线光子的能量，keV；

h —— 普朗克常数；

ν —— 光波的频率；

c —— 光速。

因此，只要测出荧光 X 射线的波长或者能量，就可以知道元素的种类，这就是荧光 X 射线定性分析的基础。此外，荧光 X 射线的强度与相应元素的含量有一定的关系，据此，可以进行元素定量分析。

3．前处理要求

X 射线荧光光谱分析法测定土壤样品中的金属元素前处理非常简单。分析土壤样品中的痕量金属元素时，用粗天平称取粒径小于 0.074 mm 的样品 4 g，放入模具中，在 241.59 MPa 下压制成型以供上机测量使用；分析土壤样品中的主量元素时，准确称取样品（1.500±0.003）g，助熔剂（6.500±0.003）g 于铂金坩埚中，搅拌均匀后在熔样机上高温熔融，然后迅速将熔融物倒入铂金模具中，样品冷却后上机即可测定出多种元素的浓度值。

此法操作简单快速，不对环境造成二次污染，准确度、精密度和重复性都很好。

4. 适用元素

X 射线荧光光谱分析法能够进行多元素同时测定，适用于 ^{13}Al～^{92}U（如图 2-3 所示）。

族 周期	IA 1	IIA 2	IIIB 3	IVB 4	VB 5	VIB 6	VIIB 7	VIII 8	9	10	IB 11	IIB 12	IIIA 13	IVA 14	VA 15	VIA 16	VIIA 17	O 18	电子层	0 族 电子数
1	1 H 氢																	2 He 氦	K	2
2	3 Li 锂	4 Be 铍											5 B 硼	6 C 碳	7 N 氮	8 O 氧	9 F 氟	10 Ne 氖	L K	8 2
3	11 Na 钠	12 Mg 镁											13 Al 铝	14 Si 硅	15 P 磷	16 S 硫	17 Cl 氯	18 Ar 氩	M L K	8 8 2
4	19 K 钾	20 Ca 钙	21 Sc 钪	22 Ti 钛	23 V 钒	24 Cr 铬	25 Mn 锰	26 Fe 铁	27 Co 钴	28 Ni 镍	29 Cu 铜	30 Zn 锌	31 Ga 镓	32 Ge 锗	33 As 砷	34 Se 硒	35 Br 溴	36 Kr 氪	N M L K	8 18 8 2
5	37 Rb 铷	38 Sr 锶	39 Y 钇	40 Zr 锆	41 Nb 铌	42 Mo 钼	43 Tc 锝	44 Ru 钌	45 Rh 铑	46 Pd 钯	47 Ag 银	48 Cd 镉	49 In 铟	50 Sn 锡	51 Sb 锑	52 Te 碲	53 I 碘	54 Xe 氙	O N M L K	8 18 18 8 2
6	55 Cs 铯	56 Ba 钡	57-71 镧系	72 Hf 铪	73 Ta 钽	74 W 钨	75 Re 铼	76 Os 锇	77 Ir 铱	78 Pt 铂	79 Au 金	80 Hg 汞	81 Tl 铊	82 Pb 铅	83 Bi 铋	84 Po 钋	85 At 砹	86 Rn 氡	P O N M L K	8 18 32 18 8 2
7	87 Fr 钫	88 Ra 镭	89-103 锕系	104 Rf	105 Db	106 Sg	107 Bh	108 Hs	109 Mt	[illegible]	[illegible]	[illegible]	113 Uut	114 Uuq	115 Uup	116 Uuh	117 Uus	118 Uuo		

镧系	57 La 镧	58 Ce 铈	59 Pr 镨	60 Nd 钕	61 Pm 钷	62 Sm 钐	63 Eu 铕	64 Gd 钆	65 Tb 铽	66 Dy 镝	67 Ho 钬	68 Er 铒	69 Tm 铥	70 Yb 镱	71 Lu 镥
锕系	89 Ac 锕	90 Th 钍	91 Pa 镤	92 U 铀	93 Np 镎	94 Pu 钚	95 Am 镅	96 Cm 锔	97 Bk 锫	98 Cf 锎	99 Es 锿	100 Fm 镄	101 Md 钔	102 No 锘	103 Lr 铹

图 2-3 方框内的元素为 X 射线荧光光谱分析法能分析的元素

5. 国内外常见仪器及优缺点

目前，市面上的 X 射线荧光光谱仪主流产品包括五个品牌：荷兰帕纳科、德国布鲁克、日本理学、美国热电、日本岛津。下面分别对这五个品牌的 X 荧光光谱仪产品进行一个介绍。

（1）荷兰帕纳科公司（PANalytical B.V.）（波长和能量色散）

荷兰帕纳科公司的前身是飞利浦公司分析仪器部。于 2002 年 9 月 18 日根据英国思百吉集团（Spectris plc）和荷兰飞利浦电子集团之间的飞利浦分析仪器业务转让协议而成为思百吉集团旗下的专业分析仪器公司。自 20 世纪 40 年代公司推出了世界上第一台 X 射线分析仪器，现已成为全球最大的 X 射线分析仪器生产厂家。半个多世纪以来，公司一直领导着全球 X 射线分析仪器技术的发展，为其贡献了大量的创新和发明。

（2）德国布鲁克（波长和能量色散）

布鲁克 AXS 有限公司（BRUKER AXS GMBH）是专业研制生产 X 射线分析仪器的跨国企业，主要产品有：X 射线荧光光谱仪、多晶 X 射线衍射仪、单晶 X 射线衍射仪、能谱仪、原子力显微镜等。仪器主要用于各种材料的元素成分分析、晶体结构分析、物相定性定量分析，用于电子显微镜的元素定性定量分析以及物质表面特性研究等。布鲁克 AXS 有限公司是全球领先的跨国企业，已有 80 多年历史，前身为西门子公司 X 射线仪器部。

总部位于德国卡尔斯鲁厄市，在欧洲、北美洲、亚洲设有多个研发基地和制造厂。

（3）日本理学（rigaku）（波长色散）

日本理学株式会社（Rigaku Corporation）前身是理学电机制作所，创立于 1923 年，是世界上研制和生产X射线科学分析仪器的开拓者之一。在元素分析方面，理学公司生产的各种型号的X射线荧光光谱仪已遍布世界各地，广泛用于钢铁、有色冶金、半导体工业、水泥工业、陶瓷工业、化学工业、石油工业、食品工业、环境保护等。

（4）美国热电（波长和能量色散）

美国热电是世界上数一数二的大仪器制造商，历史最长，水平较高。自 1956 年成立以来，它不仅继承了美国优质光学仪器制造的传统，而且凭借其独特的先进技术和稳定可靠的质量及周到的售后服务，始终处于世界仪器的领先地位。目前，已经向全世界用户提供了数万台的各类仪器。

（5）日本岛津（能量色散）

岛津制作所自 1875 年创业以来，始终继承创始人岛津源藏的创业宗旨“以科学技术向社会做贡献”，并以此为公司宗旨，不断钻研领先时代、满足社会需求的科学技术，为社会开发生产具有高附加值的产品。早在 20 世纪 50 年代岛津公司就先后研制出光电式分光光度计、气相色谱仪、X 射线分析仪等仪器。特别是在分析测试仪器、医疗仪器、航空产业机械等领域，以光技术、X 射线技术、图像处理技术这三大核心技术为基础不断推陈出新，满足更加广泛的市场需求，使岛津的高科技产品在全世界都享有很高的评价。

（六）电感耦合电离子体发射光谱法（ICP-AES）

1. 概述

电感耦合等离子体（inductively coupled plasma，ICP）是 20 世纪 70 年代出现的一种新型激发光源。电感耦合等离子体是指高频电流通过感应线圈耦合到等离子体上得到的类似于火焰的高频放电光源。以电感耦合等离子体为光源的原子发射光谱法称为 ICP-AES。从第一台电感耦合等离子体原子发射光谱仪问世以来，经过 40 多年的迅速发展，从程序扫描单色仪装置适合顺序扫描多元素的测定，到检测器的发展适合多元素的测定。多种厂家的产品使得 ICP-AES 的分析方法进入成熟阶段。ICP-AES 分析方法的主要优点：① 检出限低，许多元素可以达到 1 g/L 的检出限；②测量的动态范围宽，可达 5～6 个数量级；③准确度好；④基体效应小；⑤精密度高；⑥多元素同时测定。已使得 ICP-AES 成为实验室分析应用的常规分析手段。同时 ICP 的研究和应用得到快速发展，应用范围非常广泛，有钢铁及其合金、有色金属、地质样品和矿石、无机非金属材料、食品和饮料、生物样品的分析。特别是在环境样品中的应用，如水质、煤灰、固废、土壤、水系沉积物等，国内外已经将 ICP-AES 方法作为标准方法进行推荐。ICP-AES 是原子发射光谱的一大发展，也将越来越发挥其无可替代的重要作用。

2．方法的原理、发展过程

本部分主要分为ICP光源的产生、原子发射光谱的产生，以及整个技术产生所经历的发展过程。

（1）ICP的形成过程是气体电离的过程（图2-4）

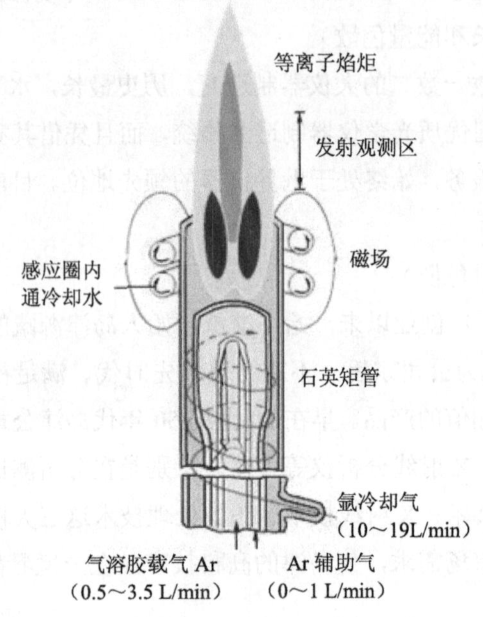

图2-4 ICP产生过程及结构示意

为了形成稳定的ICP放电必须具备3个条件：高频电磁场、工作气体和能维持气体稳定放电的三层同心石英炬管。在高频感应线圈里安装一个等离子体炬管，外管于切线方向通入外气流，也称为冷却气或等离子气。中间管由切线或轴线通入中间气流，称为辅助气流。接通高频电源，并用Tesla线圈火花放电“引燃”等离子体；等离子体是个环状结构。由内管导入内气流，也称为载气或中心气流。

载气可在等离子体轴部“钻出”一条通道，也称分析通道。分析样品溶液将由此通道被载气携带以气溶胶的形式进入等离子体中。

外气流的作用是将等离子体与炬管隔离开，冷却保护炬管，维持和稳定等离子体，并防止等离子体到达外管，由于它的冷却作用使等离子体的扩大受到抑制而被“箍紧”在外管内，而切向进气所产生的涡流使等离子体稳定，外气流是主要气流，占三股气流总流量的80%～90%，一般在10～20 L/min。中间气流是用来点燃等离子体及保护中心注入管，一般流量约为 1 L/min，内气流的作用是形成分析通道、携带和输送样品进入等离子体，其流量一般为 0.5～1.5 L/min。

（2）原子发射光谱的产生

通常情况下，原子处于基态，在激发光作用下，原子获得足够的能量，外层电子由基态跃迁到较高的能级状态即激发态。处于激发态的原子是不稳定的，其寿命小于 10^{-8} s，外层电子就从高能级向较低能级或基态跃迁多余能量以电磁辐射的形式发射出去，这样就得到了发射光谱。原子发射光谱是线状光谱。

由原子被激发发射的谱线称为原子线。原子在获得足够能量后，可使外层电子脱离原子体系，分别称为离子和自由电子，原子失去一个电子形成离子的过程，称为一级电离。离子受激发射的谱线称为离子线。原子线在元素符号后加注罗马数字 I 表示，一次电离的离子发射谱线加注罗马数字 II。

谱线波长与能量的关系如下：

$$\Delta E = E_2 - E_1 = h\upsilon = h\frac{c}{\lambda}$$

$$\lambda = h\frac{c}{\Delta E} = \frac{hc}{E_2 - E_1}$$

式中：E_2，E_1 —— 高能级与低能级的能量；

λ —— 波长；

h —— 普朗克常数；

c —— 光速。

处于高能级的电子经过几个中间能级跃迁回到原能级，可产生几种不同波长的光，光谱中形成几条谱线。一种元素可以产生不同波长的谱线，它们组成该元素的原子光谱。同时，不同元素的电子结构不同，其原子光谱也不同，具有明显的特征。

（3）ICP-AES 的发展过程

电感耦合等离子体是 20 世纪 70 年代出现的一种新型激发光源。电感耦合等离子体，是指高频电流通过感应线圈耦合到等离子体所得到的外观上类似火焰的高频放电光源。以 ICP 为光源的原子发射光谱法简称为 ICP-AES。

从 1975 年 ICP-AES 第一台商品仪器问世至今已近 40 年的发展历史。仪器发展异常迅速，自 ICP-AES 多道仪器问世之后很快就出现了程序扫描单色仪装置，既适用于顺序多元素分析，又适用于灵活的单元素分析。现在 ICP-AES 的各类商品仪器已达到高度的成熟阶段，基本上具备了仪器小型化、性能自动化、操作简单化、功能多样化的特点，已成为分析实验室的常规分析手段。ICP-AES 分析方法的研究和应用得到快速发展，应用范围极为广泛，在水质、环境及生物物种（包括食品及临床分析）、地质物种、金属合金材料、各种化学试剂（包括无机盐、有机化合物、油脂和石油制品等）都得到了应用，在国外的一些行业中已将 ICP-AES 定为标准方法。目前，在国内外分析实验室 ICP-AES 已成为主要的无机分析手段，形容 ICP-AES 在原子发射光谱分析的发展史上是一座新的里程碑是当之无愧的。在各类分析化学的发展史上，ICP-AES 的发展速度也是其他各类方法所无法比拟的。

3．前处理要求

应用 ICP-AES 方法测试土壤试样进行测试之前必须进行前处理，前处理分为密闭消解（微波消解）和敞开消解（电热板消解）。也可以按照使用酸的不同分为不同的酸消解体系。

（七）ICP-MS 测定土壤中重金属

1．ICP-MS 起源与发展

电感耦合等离子体质谱（ICP-MS），是 20 世纪 80 年代发展起来的新的分析测试技术。它以独特的接口技术将 ICP 的高温（7 000 K）电离特性与四极杆质谱计的灵敏快速扫描的优点相结合而形成一种新型的元素和同位素分析技术，可分析几乎地球上的所有元素。

1975—1983 年，美国、英国、加拿大科学家的联手合作，共同解决一系列关键技术问题：①ICP 高温与射频场问题；②高温等离子体与质谱接口时问题；③如何降低等离子体对地电位问题。于 1983 年加拿大 Sciex 公司和英国 VG 公司，同时推出商品仪器 ELAN250 和 VD PlasmaQuad。随后，1988—1989 年，英国 VG、NU Instrument 公司、Micromass 公司，德国 Finnigan MAT 公司和日本 JEOL 公司，相继开发出元素分析的高分辨等离子体质谱（HR-ICP-MS）和同位素分析的多接收器等离子体质谱（MC-ICP-MS）。1990 年年初 Sciex 公司和英国 VG 公司都推出，涡流分子泵的高真空室的新一代仪器。1993 年德国 Finnigan MAT 公司推出 ELEMENT，以后改进为 ELEMENT2。2000 年冬季等离子体光谱化学会议上（Winter Conference on Plasma Spectra-chemistry），预言 21 世纪将是 ICP-MS 仪器急剧增长的时代。

2．ICP-MS 测定土壤中重金属的工作原理

ICP-MS 是以电感耦合等离子体为离子源，以质谱计进行检测的无机多元素分析技术。土壤样品经消解处理后，以水溶液的气溶胶形式引入氩气流中，然后进入由射频能量激发的处于大气压下的氩等离子体中心区，等离子体的高温使样品去溶剂化、汽化解离和电离。部分等离子体经过不同的压力区进入真空系统，在真空系统内，正离子被拉出并按照其质荷比分离。检测器将离子转换成电子脉冲，然后由积分测量线路计数。电子脉冲的大小与样品中分析离子的浓度有关。通过与已知的标准或参考物质比较，实现未知样品的痕量元素定量分析。自然界出现的每种元素都有一个简单的或几个同位素，每个特定同位素离子给出的信号与该元素在样品中的浓度成线性关系。

3．前处理要求

利用 ICP-MS 监测土壤中重金属，需要对土壤样品进行前处理，将其通过一定方式进行消解处理成水溶液，再经 0.45 μm 滤膜过滤后，上机测试。

样品的前处理方法是土壤中重金属含量准确测量的一个重要环节，不同前处理方法对测定的准确性、重复性影响较大。目前，常用的前处理方式有电热板消解、高压罐消解和微波消解 3 种方法。就 3 种前处理方法的可操作性而言，电热板消解土壤样品耗时，重现性较差；高压罐消解有一定危险性，需要人工调节消解时间和温度，转移时酸残留量较大，对人体有危害，定容后也需要离心或静置，方可上机测定。微波消解是一种内加热，样品与试剂接触面大，密闭系统能避免待测元素的损失，保证测试结果的准确性，程序自动升温，消解时间短，消解液澄清，转移定容后试液可直接上机测定。不同的元素因根据各自的理化性质选择合适的前处理方式。

土壤样品前处理过程中应该注意的是：①选择合适的无机酸。对于 ICP-MS 而言，无机酸干扰从小到大的顺序为：H_2O_2＜HNO_3＜HF，$HClO_4$＜H_3PO_4＜H_2SO_4。另外，硫酸、磷酸、氢氟酸相对来说对锥口腐蚀较大。②控制合适的进样酸度。一般来说，总酸度控制在 5%以下，2%以下为最佳，少量样品可以超过 10%，磷酸不能超过 1%。③进样溶液中可溶性固体＜0.2%。因此针对不同类型的样品，选择合理的稀释倍数。土壤样品一般稀释 500～1 000 倍。

土壤消解过程中常用的无机酸及其利弊见表 2-1。

表 2-1 土壤消解过程中常用的无机酸

序号	无机酸	沸点/℃	用途
1	H_2O	100	往往并不是最佳选择，因为样品容易残留在容器壁上
2	HNO_3	120	消解样品的首选酸，高纯度、低黏度，能消解大多数常见样品
3	HCl	120	常用于贵金属分析，可以通过蒸发驱赶或 HNO_3 吸收来去除 Cl 的干扰，但一些挥发性元素（As、Sb、Sn、Se、Ge、Hg）在驱氯过程中容易以挥发性氯化物形式损失
4	H_2SO_4	330	在 ICP-MS 样品制备过程中很少使用，因为其沸点高、黏度大，很难蒸干去除，且容易形成硫酸盐而使待测元素发生沉降
5	HF	130	尽量避免使用（HF 有毒），消解含硅材料时需要用到，若使用 HF 消解，应使用配套的惰性进样系统
6	H_3PO_4	210	用于沸石、铁氧体、石英等的消解。高黏度、高沸点，容易形成磷酸盐沉降
7	H_2O_2	110	在 HNO_3 消解后，用作有机物的氧化剂
8	$HClO_4$	200	由于其氧化能力过强，所以很少使用，一般用于溶解钢铁

4．适用元素

ICP-MS 可以分析大部分元素，并可以进行多元素同时测定。

由于 ICP-MS 能够进行多元素同时测定，因此涉及混合标样的配制。配制混合标样时应该遵循元素与元素之间的匹配性及干扰性、各元素的灵敏度及测量范围等原则。对于 ICP-MS 来讲，大多数元素都能一起配制，可以参照国家环境标样所或其他有资质的单位出售的混标溶液来进行配制。

5．国内外常见仪器及优缺点

目前市面上的 ICP-MS 主流产品包括四个品牌：Aglient、PE、Thermo 和 Varian。下面分别对这四个品牌的 ICP-MS 产品的进行一个比较。

（1）Aglient 公司

Aglient 公司的 ICP-MS 产品在实验室的使用率为 44.59%，主要代表产品有 Aglient7500CX、7500CS。

产品优点：7500 进样量低，进样器设计紧凑。雾化装置设计独特，ORS 通常只用一路氩气，在去除干扰的同时不会增加新的干扰，使用简单，去干扰能力不错。Aglient 的技术应用开发能力强。

产品缺点：Aglient 一直觉得 7500 进高盐能力强，实际不能达到所宣传的能力。ORS 模式下，与标准模式相比，灵敏度下降很多。

（2）PE 公司

PE 公司的 ICP-MS 产品在实验室的使用率为 29.94%，主要代表产品有 PE Elan DRC-e、Elan DRC Ⅱ、Elan 9000。

产品优点：买 PE 就是买 DRC，因为 DRC 技术确实不同于其他厂家的碰撞反应技术，对于已知的多原子干扰，可以通过反应气的选择和质量带通的设置，几乎完全去除；对于同位素干扰，也可以设计反应来将干扰物质分离开。由于专利的设计，其他厂家无法采用该技术。同时 PE 提供了一系列特有设计，如 DRC-e 标配雾化装置、40MHz 的射频发生器、大锥孔和无负压提取等，使得仪器能耐受各种样品，提高了稳定性、通用性和耐受性。PE 公司的技术支持实力也是领先的。

产品缺点：仪器设计更新不快。炬室、炬管拆卸、炬的 X-Y 调节不是很方便。虽然 QRC 能提供很低的 BEC，但如果能提高一些绝对灵敏度就更好了。

DRC 方面，DRC 设置针对性较强，对用气种类和参数要设置恰当。如果有多个元素同时用到 DRC 模式测量，而且这些 DRC 用气各异的话，切换比较慢，一次测量效率就会降低。

（3）Thermo 公司

Thermo 公司的 ICP-MS 产品在实验室的使用率为 22.29%，主要代表产品有 Thermo X-Ⅱ。

产品优点：比较平衡的设计，提供高灵敏度的同时保持低的背景。不同的锥口设计有独到之处。六极杆碰撞反应池 CCT 采用了氦氢混合气来降低干扰，能同时进行碰撞和反应，用一路气兼顾了不同的需要。

Thermo 为一家仪器大公司，能提供丰富的配件和较完善的售后服务。

产品缺点：CCT 去除干扰的能力还有待改善。如在“碰撞反应池里讲到的，用氦气有时不能很有效地去除干扰，而氢气会发生反应生成新干扰。在 CCT 里，氢气的副作用有时候就会很明显。用户可以在 X-Ⅱ上测量一下只含有 5×10^{-6} 的 Br 溶液，在标准模式下，^{78}Se 应该未检出，^{82}Se 应该有检出（^{81}Br^{1}H 的干扰）；CCT 模式下，^{78}Se 依旧应该是未检出，而 ^{80}Se 会有检出（^{79}Br^{1}H 干扰），^{82}Se 的检出要比标准模式下大很多，氢气的引入增大了 ^{81}Br^{1}H 的干扰。所以虽然只用一路气很方便，但氢气的干扰必须考虑的。

（4）Varian 公司

Varian 公司的 ICP-MS 产品在实验室的使用率为 7.01%，主要代表产品有 Varian 820、810。

产品优点：提供了很高的灵敏度，采用了全数字检测器。无须检测器校正。CRI 提供氢气和氦气来进行碰撞反应消除干扰，有气和停气之间切换快速。

产品缺点：进入领域晚，软硬件技术支持相对较弱。CRI 模式下，灵敏度下降太多。

三、土壤重金属的测定

（一）土壤中铅的测定

1．铅的理化性质

铅元素是自然界常见的元素之一，元素符号为 Pb，是一种软的灰色金属，在常温下为固态，铅属于亲硫元素，也具有亲氧性。在自然界中：当铅以无机化合物形式存在时，其化合价一般为二价；当以共价化合物存在时，铅也可以四价铅的形式存在。铅蒸气遇空气将会迅速氧化成氧化亚铅，凝集为烟尘或形成气溶胶污染环境。铅在空气中易形成一层氢氧化铅薄膜，导致铅不能进一步氧化；铅在水中可在表面形成一层铅盐，防止其溶解。在铅盐中除乙酸铅、氯酸铅、亚硝酸铅和氯化铅外，一般铅盐都难溶于水。自然界中，铅通常以痕量存在。

铅是一种有毒元素，在岩石风化、人类生产活动等的作用下，致使 Pb 不断向环境和生物转移。Pb 污染环境介质后随各种途径进入农产品中，动物体内的铅有 90%来自农产品或食物。由于 Pb 有蓄积作用，进入人畜体内后主要分布于肝、肾、脾、胆、脑中，其中以肝、肾中的浓度最高，随后 Pb 就会从以上组织转移到骨骼，以不溶性磷酸铅形式沉积下来，人体内90%～95%的铅积存在骨骼中，只有少量积存在肝、脾等器官中。因为铅是一种慢性和积累性毒物，难以被发现，一旦表现出就比较严重，因此许多儿童体内血铅水平虽然偏高，但却未表现出特别不适和轻度智力及行为上的改变，所以铅被称为"隐形杀手"。致癌：铅的无机化合物的动物试验表明可能引发癌症。另据文献记载，铅是一种慢性和积累性毒物，不同的个体敏感性很不相同，对人来说铅是一种潜在性泌尿系统致癌物质。致畸：没有足够的动物试验能够提供证据表明铅及其化合物有致畸作用。用含 1%的乙酸铅饲料喂小鼠，白细胞培养的染色体裂隙-断裂型畸变的数目增加，这些改变涉及单个染色体，表明 DNA 复制受到损伤致突变。铅及其化合物对人体有毒，摄取后主要储存在骨骼内，部分取代磷酸钙中的钙，不易排出。中毒较深时引起神经系统损害，严重时会引起铅毒性脑病，多见于四乙基铅的中毒。维生素 B_1 和维生素 C、芸香苷可改进铅中毒患者的新陈代谢，并加速铅的排出。乙二胺四乙酸二钠钙等有驱铅作用。中草药金钱草煎剂等也能治疗铅中毒。

2．土壤中铅的来源及危害

地壳中铅的平均丰度为 12.5 μg/g，土壤中铅的平均背景值为 15～20 μg/g。岩石和矿物的风化作用和火山喷发是地壳中铅移动的主要过程，岩石风化成土过程中，大部分铅仍保留在土壤中，无污染土壤中的铅来自成土母质。人类活动是当今引起土壤中铅含量升高，以至于铅污染事件发生的主要原因。人类活动对铅的区域性及全球性生物地球化学循环的影响比其他任何一种元素都明显得多。土壤中铅的污染来源广泛，主要来自汽车废气和冶炼、制造以及使用铅制品的企业、农田污水灌溉、农药和化肥的施用等。土壤中无论是原生和外源铅，均参与生物地球化学循环。人为来源主要有汽车尾气、矿山及冶炼烟尘等。在无铅锌矿区和冶炼区域，汽油和废油燃烧排放在人为来源中几乎占到一半。公路（特别是高速公路）两旁的土壤铅含量明显高于其他区域，这是由于汽油中常加入四乙基铅作为防爆剂，在汽油燃烧中四乙基铅绝大部分分解成无机铅盐及铅的氧化物，随汽车尾气排出，随大气沉降进入土壤；对于冶炼厂区，烟尘、粉尘、矿石等的堆积是大气和土壤中铅污染的罪魁祸首，铅锌冶炼厂高烟囱排放高浓度的铅尘进入大气，经过沉降可形成区域性土壤严重铅污染。另外室内涂料、吸烟、燃煤也是铅进入大气和土壤的原因之一，由于一些油漆和涂料含有铅，所以对房屋进行不适当的装修翻新会增加铅暴露的危险，尤其是用砂纸打磨、刮或用热喷枪清除含铅油漆，这样会污染空气，使房屋中充满含铅油漆灰尘，将会随大气沉降进入土壤。

土壤中铅多在无机化合物中，以二价存在，极少数为四价。除无机铅外，土壤中含有少量（最多可多至 4 个）Pb—C 链的有机铅，土壤有机铅以外源铅为主。

土壤中铅的化合物溶解度均较低，且在迁移过程中会受多因素影响，使铅在土壤中的迁移能力很弱，铅在不同发生层间的含量变化不是很显著，仅在有机质或黏粒含量较高的土层中铅的含量稍高。沉积在土壤中的外源铅大都停留在土壤表层 0～15 cm 耕层中。铅在污染土壤表层的水平分布随污染方式而异，如在公路两侧，由于受汽车尾气影响，沿公路两侧呈带形分布，铅含量由高到低，而在污水灌溉区域，入水口处土壤铅含量最高，随水流方向含量逐渐降低。

3．环境质量标准与排放（控制）标准的要求

我国 4 个质量标准、1 个卫生标准和 2 个排放、控制标准规定了铅浓度限值，见表 2-2。

表 2-2　铅的环境质量标准与排放标准

序号	标准代号	标准名称	排放限值
1	HJ 350—2007	展览会用地土壤环境质量评价标准（暂行）	A 级：140 mg/kg；B 级：600 mg/kg
2	GB 3838—2002	地表水环境质量标准	0.05 mg/L
3	CJ/T 206—2005	城市供水水质标准	0.01 mg/L
4	GB 5749—2006	生活饮用水卫生标准	0.01 mg/L
5	GB 8978—1996	污水综合排放标准	1.0 mg/L
6	GB 18918—2002	城镇污水处理厂污染物排放标准	日均值 0.1 mg/L
7	GB/T 14848—1993	地下水质量标准	0.05 mg/L

4．国内外相关标准方法研究

（1）国内相关标准方法研究

国内标准中测定土壤中铅的主要有 KI-MIBK 萃取-FLAA 和石墨炉原子吸收分光光度法、原子荧光光度法、王水回流消解原子吸收法、电感耦合等离子体发射光谱法（ICP-AES 法）、电感耦合等离子体质谱法（ICP-MS 法）以及波长色散 X 射线荧光光谱法。

表 2-3 汇总了土壤中铅测定的国内标准，从表中可以查看到各标准所涉及的仪器方法，采用的消解方式及酸体系的选择，部分标准还列出了其检出限。

表 2-3　土壤中铅测定的国内标准汇总

<table>
<tr><th>序号</th><th>标准号</th><th>来源</th><th>仪器方法</th><th>消解方式</th><th>消解体系</th><th>检出限</th></tr>
<tr><td>1</td><td>GB/T 17140—1997</td><td rowspan="5">国内环保行业标准</td><td>KI-MIBK 萃取-FLAA</td><td>电热板</td><td>盐酸-硝酸-氢氟酸-高氯酸</td><td>0.2 mg/kg</td></tr>
<tr><td>2</td><td>GB/T 17141—1997</td><td>GFAA</td><td>电热板</td><td>盐酸-硝酸-氢氟酸-高氯酸</td><td>0.1 mg/kg</td></tr>
<tr><td>3</td><td>GB/T 22105.3 2008</td><td>AFS</td><td>电热板</td><td>盐酸-硝酸-氢氟酸-高氯酸</td><td>0.06 mg/kg</td></tr>
<tr><td rowspan="2">4</td><td rowspan="2">HJ/T 350—2007</td><td>ICP-AES</td><td>电热板</td><td>硝酸-双氧水-盐酸-水</td><td rowspan="2">1.00 mg/kg</td></tr>
<tr><td>ICP-AES</td><td>密闭加压</td><td>硝酸-盐酸</td></tr>
</table>

序号	标准号	来源	仪器方法	消解方式	消解体系	检出限
5	NY/T 1613—2008	国内其他行业标准	FAAS GFAAS	电热板	王水	5 mg/kg 0.1 mg/kg
6	GB/T 14506.30—2010	国内岩矿行业	ICP-MS	烘箱[(185±5)]℃	氢氟酸-硝酸	7.6 μg/g
7	HJ 780—2015	国内环保行业	波长色散 X 射线荧光光谱法	压片	—	2.0 mg/kg

（2）主要国家、地区及国际组织相关标准方法研究

国外标准中测定土壤铅的方法比较多，主要以 EPA 标准为主（表 2-4）。ISO 标准中测定土壤铅的标准有采用王水萃取土壤中铅，应用火焰和电热原子吸收光谱法测定；英国、德国等国主要引进 ISO 标准方法制定本国的相关土壤铅标准。日本采用能量色散 X 射线荧光光谱法对土壤中的铅进行了相关研究；EPA 标准中涉及的土壤铅的方法很多，主要有火焰原子吸收、石墨炉原子吸收、电感耦合等离子体光谱、电感耦合等离子体质谱、X 射线荧光光谱法等，土壤消解方式涉及酸消解、微波消解等。

表 2-4　土壤中铅测定的国外标准汇总

序号	标准号	来源	消解方式	消解体系	仪器方法	检出限	备注
1	ISO 11047—1998	ISO 标准	萃取	王水	火焰和电热 AAS		
2	BS 7755-3-13—1998	英国标准	萃取	王水			
3	DIN ISO 11047—2003	德国标准	萃取	王水			
4	JIS K0170—2008	日本标准	萃取	王水	能量色散 X 射线荧光光谱法		
5	EPA method 6010B/6010C	EPA 标准	参照标准 EPA method 3051A/3051、3052 或 3050B		ICP-AES		仪器方法标准
6	EPA method 6020A/6020				ICP-MS		
7	EPA method 7000A				AAS		
8	EPA method 7000B				FLAA		
9	EPA method 7010				GFAA		

序号	标准号	来源	消解方式	消解体系	仪器方法	检出限	备注
10	EPA method 3051A/3051	EPA 标准	微波	硝酸	FLAA/GFAA/ ICP-AES/ ICP-MS		消解方法标准
11	EPA method 3052	EPA 标准	微波	硝酸-氢氟酸（含硅基体）；硝酸-氢氟酸-双氧水（含有机物基体）	CVAA/FLAA/GFAA/ICP-AES/ICP-MS		消解方法标准
12	EPA method 3050B		蒸气浴	硝酸（1∶1）-水-30%双氧水（10+2+3）	GFAA/ICP-MS		
				硝酸（1∶1）-水-30%双氧水+盐酸 10+2+3+10）	FLAA/ICP-AES		
13	EPA method 6200		固体压片	—	X 射线荧光	20 mg/kg	

5．国内外相关分析方法研究报道

于波等用 X 射线荧光光谱法测定土壤和水系沉积物中碳、氮、砷等 36 种主次痕量元素，重点研究了痕量元素的测定条件和痕量元素的背景选择和谱线重叠校正问题。徐婷婷等采用粉末压片，使用 X 射线荧光光谱仪测定海洋沉积物和陆地地球化学样品中砷、铅、铬、镍、铜、锌、锰、铁、钒、钴等 29 种主次痕量元素。

除了 X 荧光光谱法，利用 ICP-MS 测定土壤中铅的研究报道也比较多，包括土壤中总铅、有效态铅以及铅的形态分析。土壤中铅的形态分析主要是采用 ICP-MS 跟其他仪器如 HPLC 等的联用来实现的。

从消解方式来看，目前采用 ICP-MS 测定土壤中总铅的前处理方式主要有电热板消解、高压罐消解和微波消解 3 种方法。每种消解方式因无机酸的选择不同，有不同的灵敏度和检出限。国内外文献中采用最多的一种消解方式是电热板消解；高压罐消解土壤因为操作麻烦很少被用到；微波消解作为一种新的消解技术，正广泛被用于土壤重金属消解中。

刘传娟等采用电热板消解法、高压罐消解法和微波消解法同时消解环境土样标准物质 ESS-1、ESS-2、ESS-3 和 ESS-4，用四级杆电感耦合等离子体质谱法（ICP-MS）分别测定铅等重金属的含量，对 3 种方法的消解效果进行对比。结果表明，检出限方面，3 种方法检出限均达到 μg/L 或更低，对于元素铅，这 3 种方法检出限分别为 0.136 μg/L、0.149 μg/L 和 0.236 μg/L；在测定重复性上，其相对标准偏差均小于 10%，但电热板消解的重复性不如其他两种方法；田娟娟等也比较了电热板消解和密闭罐消解法对土壤中 49 种矿质元素 ICP-MS 检测的影响。根据加标回收实验和国家标准物质（GBW07403）验证实验表明，对于土壤中元素铅采用电热板消解处理方式可以获得更好的准确度和精密度，其方法检出限为 1.33 ng/L，相对标准偏差为 2.32%。王艳泽等采用王水和双氧水电热板加热回流法消解土壤样品，以 Bi 作内标，ICP-MS 直接测定土壤消解液中的 Pb 元素，文章中着重对仪器工作条件优化、内标选择和干扰消除进行了讨论。田媛等采用盐酸/硝酸/氢氟酸/高氯酸全消解（参照 HJ 491—2009 标准方法），建立了 ICP-MS 测定土壤中 Pb 等的方法。主要研究了北京市 3 个再生水灌溉区 Pb 在内的 8 种重金属的污染状况。万飞等采用硝酸-双氧水消解样品，^{115}In 作内标，H_2/He 碰撞池技术消除质谱干扰，建立了 ICP-MS 同时测定了不同地区土壤中的 Pb 等元素的含量的方法。结果表明，该方法测定 Pb 的检出限为 0.002 ng/mL，相对标准偏差为 2.36%，加标回收率为 103.2%。刘亚轩等采用 HF-HNO_3 混酸/电热板消解，建立了测定地球化学样品中包括铅等 18 种微量、痕量元素的 ICP-MS 方法，获得了较高的准确度。黄冬根等报道了用 ICP-MS 法直接测定水稻田表层土壤中的重金属元素 Pb 等六种重金属含量的方法。土壤样品经 HNO_3/HF/$HClO_4$ 酸溶电热板彻底消化后，加入内标元素“Sc、In、T1”，采用内标法进行测定，有效地克服了基体效应、接口效应及仪器波动所产生的影响；通过优化仪器的工作参数，选择待测元素适当地测定同位素，有效克服了因质谱干扰所带来的影响。该方法的加标回收率是 98.0%～102.0%，相对标准偏差是 2.2%～3.5%，具有线性范围宽、简单、快速、准确等特点。齐剑英等采用盐酸/硝酸/高氯酸体系低温电热板消解土壤，建立了 ICP-MS 测定土壤中铅等 24 种重金属的方法。本方法测定 Pb 的检出限为 0.01 μg/L，相对标准偏差为 3.1%，加标回收率 101.3%。黄丽娟等采用 ICP-MS 等离子体质谱法同时测定土壤中 Pd 等元素含量，方法采用硝酸密封微波消解技术溶样，冷却后加入氢氟酸和高氯酸，电热板赶酸至氢氟酸和高氯酸蒸发完，消解液定容至 50 mL（8%的硝酸），以 Y（5%硝酸）为内标校正系统，进行 ICP-MS 扫描测定 Pb 等的含量。文中还对分析元素同位素及干扰进行了相关讨论。在最优仪器工作条件下获得了较低的方法检出限（0.2 g 土壤样定容至 50 mL，检出限为 0.022 mg/kg），并通过对土壤标准样品考察了方法的精密度和准确度，结果表明，该实验方法测定土壤标准样品的相对标准偏差<4%，加标回收率在 90.5%～108%。张晓静等建立了硝酸/双氧水/氢氟酸体系微波消解前处理样品，利用 ICP-MS 同时测定土壤中 Pb 等 6 种重金属含量的方法。作者采用 Li、Sc、Ge、Y、In、Bi 混合内标校正干扰方法，研究了 7 个省 45 个烟叶产区土壤中 Pb 等 6 种重金属含量，该方法测定 Pb 的检出限为 161 ng/L，相对标准偏差为 2.18%，加标回收率为 95.1%。

（二）土壤中汞的测定

1．汞的理化性质

汞，俗称水银，为银白色液体金属，它的化学符号是 Hg，原子序数是 80。凝固点-38.8℃，沸点 356.7℃，密度 13.6 g/cm^3。汞是唯一在常温下呈液态并易流动的金属，质感犹如果冻。一般汞化合物的化合价是+1、+2。内聚力很强，在空气中稳定，汞蒸气有剧毒。溶于硝酸和热浓硫酸，但与稀硫酸、盐酸、碱都不起作用。能溶解许多金属，与其形成合金，包括金和银，但不包括铁，这些合金统称汞合金（或汞齐）。具有强烈的亲硫性和亲汞性，即在常态下，很容易与硫和汞的单质化合并生成稳定化合物，因此在实验室通常会用硫单质去处理撒漏的水银。汞以及化合物都是具有强毒、强致癌性的。

2．土壤中汞的来源及危害

土壤中汞来源有天然释放和人为两个方面。自然原因：火山活动、自然风化、土壤排放和植被释放等。汞污染的人为来源主要有：①采矿、运输和加工含汞的矿石；②实验室及工业废水的排放；③燃料、纸和固体废弃物的燃烧。④农业耕作中不合理地施用含汞肥料和农药及污水灌溉；⑤熔炉的排放。

因其具有污染持久性、生物富集性和剧毒性等特点，对环境及人体健康产生巨大的危害。微量的汞在人体内不致引起危害，可经尿、粪和汗液等途径排出体外。如数量过多，即可损害人体健康。汞和汞盐都是危险的有毒物质，严重的汞盐中毒可以破坏人体内脏的机能，常常表现为呕吐现象，牙床肿胀，发生齿龈炎症、心脏机能衰退（脉搏减弱，体温降低，昏厥），$HgCl_2$ 的致死剂量为 0.3 g。当前汞已被各国政府及 UNEP、WHO 及 FAO 等国际组织列为优先控制且最具毒性的环境污染物之一。

3．环境质量标准与排放（控制）标准的要求

我国 4 个质量标准、2 个卫生标准和 3 个排放、控制标准规定了汞浓度限值，见表 2-5。

表 2-5 汞的环境质量标准与排放标准

序号	标准代号	标准名称	排放限值
1	GB 3838—2002	地表水环境质量标准	0.1 μg/L
2	GB /T 14848—1993	地下水环境质量标准	1.0 μg/L
3	GB 3095—2012	环境空气质量标准	0.05 μg/m^3
4	GB 15618—1995	土壤环境质量标准	一级 0.15 mg/kg；二级 0.30～1.0 mg/kg；三级 1.5 mg/kg
5	CJ/T 206—2005	城市供水水质标准	0.001 mg/L
6	GB 5749—2006	生活饮用水卫生标准	0.001 mg/L
7	GB 8978—1996	污水综合排放标准	0.05 mg/L
8	GB 16297—1996	大气污染物综合排放标准	0.015 mg/m^3
9	HJ 350—2007	展览会用地土壤环境质量评价标准（暂行）	A 级：1.5 mg/kg；B 级：50 mg/kg

4．国内外相关标准方法研究

（1）国外相关标准方法研究

主要国家、地区及国际组织相关标准方法研究如下：

① DIN CEN/TS 16175-2—2013 Sludge，treated biowaste and soil - Determination of mercury-Part 2：Cold-vapour atomic fluorescence spectrometry（CV-AFS）；German version CEN/TS 16175-2：2013。

② DIN CEN/TS 16175-1—2013 Sludge，treated biowaste and soil - Determination of mercury - Part 1：Cold-vapour atomic absorption spectrometry（CV-AAS）；German version CEN/TS 16175-1：2013。

③ ISO 16772—2004 Soil quality - Determination of mercury in aqua regia soil extracts with cold-vapour atomic spectrometry or cold-vapour atomic fluorescence spectrometry。

④ DIN ISO 16772—2005 Soil quality - Determination of mercury in aqua regia soil extracts with cold-vapour atomic spectrometry or cold-vapour atomic fluorescence spectrometry（ISO 16772：2004）。

⑤ BS ISO 16772—2004 Soil quality - Determination of mercury in aqua regia soil extracts with cold-vapour atomic spectrometry or cold-vapour atomic fluorescence spectrometry。

⑥ NF X31-432—2004 Soil quality - Determination of mercury in aqua regia soil extracts with cold-vapour atomic spectrometry or cold-vapour atomic fluorescence spectrometry。

⑦ EPA method 7470A Mercury in Liquid Waste（Manual Cold-Vapor Technique）。

⑧ EPA method 7471A/B Mercury in Solid or Semisolid Waste（Manual Cold-Vapor Technique）。

⑨ EPA method 245.1 Mercury by CVAA。

⑩ EPA method 245.2 Mercury（Automated Cold Vapor Technique）。

表 2-6 列出国外用于测定土壤、沉积物中汞相关标准及标准中涉及的仪器方法、消解方式、酸体系、检出限等。

表 2-6 国外测定土壤、沉积物中汞的相关标准

序号	标准号	来源	介质	仪器方法	消解方式	酸体系	检出限	备注
1	DIN CEN/TS 16175-2—2013	德国	污泥、处理的生物废物、土壤	电热 AAS	萃取	硝酸-双氧水	0.05 mg/kg	
2	ISO/TS 17073—2013	ISO	土壤	GFAAS	萃取	王水和硝酸	0.01 mg/kg	

序号	标准号	来源	介质	仪器方法	消解方式	酸体系	检出限	备注
3	DIN ISO 20279—2006	德国	土壤	电热 AAS	萃取	硝酸-双氧水	0.05 mg/kg	
4	DIN CEN/TS 16172—2013	德国	污泥、土壤	GFAA	电热板	硝酸	0.01 mg/kg	
5	EPA method 3050B	美国	土壤、沉积物	酸消解 GFAA/ICP-MS	蒸气浴	硝酸（1∶1）+水+30%双氧水（10+2+3）		前处理方法标准
6	EPA method 3051A/3051	美国	土壤、沉积物	GFAA、ICP-AES、ICP-MS	微波[(175±5)℃]	硝酸或硝酸-盐酸		
7	EPA method 3052	美国	土壤、沉积物	CVAA、FLAA、GFAA、ICP-AES 和 ICP-MS	微波[(180±5)℃]	硝酸+氢氟酸（消解含硅基体）+双氧水（消解有机物）		
8	EPA method 3015 A/3015 A	美国	土壤及固废浸出液	FLAA、GFAA、ICP-AES 和 ICP-MS	微波[(170±5)℃]	硝酸或硝酸-盐酸		
9	EPA method 6010B；6010C	美国	土壤、沉积物	ICP-AES	参照标准 EPA method 3050、3052、3050B 或 3015/3015 A			仪器方法标准
10	EPA method6020	美国	土壤、沉积物	ICP-MS				
11	EPA method 7000A	美国	土壤、沉积物	AAS			0.1 μg/L	
12	EPA method 7000B	美国	土壤、沉积物	GFAA			0.5 mg/L	
13	EPA method 7010	美国	土壤、沉积物	GFAA			1.0 μg/L	
14	DIN CEN/TS 16175-2—2013	德国	土壤、沉积物	CVAFS	电热板 萃取	硝酸 王水	0.03 mg/kg	
15	DIN CEN/TS 16175-1—2013	德国	土壤、沉积物	CVAAS	电热板 萃取	硝酸 王水	0.03 mg/kg	

（2）国内相关标准方法研究

国内标准中测定土壤汞的方法主要有王水水浴-原子荧光分光光度法、冷原子吸收分光光度法、ICP-AES 法和 ICP-MS 法（表 2-7）。

表 2-7 国内测定土壤、沉积物中汞的相关标准

序号	标准号	来源	介质	仪器方法	消解方式	酸体系	检出限
1	HJ 350—2007 展览会用地土壤环境质量评价标准（暂行）	环保行业	土壤	ICP-AES	电热板 加压容器	硝酸-双氧水-盐酸 硝酸-盐酸	0.80mg/kg
2	GB/T 2060—2006	海洋行业	沉积物	ICP-MS	电热板	硝酸-氢氟酸-高氯酸-盐酸	0.06ng/mL
3	HG/T 4549—2013	化工行业	土壤或污泥	ICP-MS			0.1mg/kg
4	GB/T 14506.30—2010	国土行业	土壤、沉积物	ICP-MS	烘箱 [(180±5)℃]	氢氟酸-硝酸（1+0.5）	
5	GB/T 17136—1997	环保行业	土壤、沉积物	CVAA	电热板	硫酸-硝酸-高锰酸钾/硝酸-硫酸-五氧化二钒	0.005mg/kg
6	GB/T 22105.1—2008	环保行业	土壤、沉积物	AFS	水浴消解	王水（1+1）	0.002mg/kg
7	HJ 680—2013	环保行业	土壤、沉积物	AFS	微波	王水	0.002mg/kg
8	EJ/T 194.4—1982	其他行业	土壤、沉积物	CVAA	200～240℃电砂浴	硫酸-硝酸-亚硝酸钠/硝酸-硫酸-五氧化二钒	0.006mg/kg
9	NY/T 1121.10—2006	其他行业	土壤、沉积物	AFS	沸水浴	王水（1+1）	0.002mg/kg

下面列举了国内采用冷原子吸收法测定土壤中汞的标准。

① GB/T 17136—1997 土壤质量 总汞的测定 冷原子吸收分光光度法

前处理：硫酸-硝酸-高锰酸钾消解法或硝酸-硫酸-五氧化二钒消解法；本方法的最低检出限为 0.005 mg/kg（按称取 2 g 试样计算），室内相对标准偏差 3.4%～6.2%；室间相对标准偏差 20.0%～32.5%；干扰及消除：易挥发的有机物和水蒸气在 253.7 nm 处有吸收而产生干扰，易挥发有机物在样品消解时可除去，水蒸气用无水氯化钙、过氯酸镁除去。

② EJ 194.4—2008 环境样品 土壤中微量总汞的分析方法

前处理：五氧 化二钒-硝酸-硫酸法（简称五氧化二钒法）和亚硝酸钠-硝酸-硫酸法（简

称亚硝酸钠法）；测定下限为 0.006 μg/g（取样量 1 g 时）；回收率：97%～103%；变异系数：同一实验室小于 5%。

5．国内外相关分析方法研究报道

目前，利用冷原子吸收法测定土壤中汞的研究报道比较多，包括土壤中总汞、有效态汞以及汞的形态分析。土壤中汞的形态分析主要是采用联用技术来实现。这里主要侧重于考察土壤中汞的全量（总汞）及汞浸出的分析研究。

从消解方式来看，土壤中汞的前处理传统方法有水浴浸提、酸溶电热板消解、微波消解等。这些前处理方法中用到的酸体系主要有硝酸-硫酸-五氧化二钒、硫酸-硝酸-高锰酸钾、硝酸、王水、王水-双氧水、硝酸-双氧水、硝酸-氢氟酸等。

梁延鹏等采用五氧化二钒-硝酸-硫酸体系，在 80℃水浴中消解土壤、植物样品，再用流动注射一氢化物发生石英管冷原子吸收系统测定样品中的汞，并优化了实验条件。实验表明，该方法的分析结果可靠，回收率达 93.8%～100.3%，检出限为 0.039 μg/L，相对标准偏差为（n=5）1.1%～5.3%，线性范围为 0.5～50 μg/L。于瑞莲等以一定浓度的硝酸为提取剂，在超声波辅助作用下对土壤/沉积物中的汞进行提取，并用冷原子吸收光谱法进行了分析。通过正交实验，优化了提取条件：硝酸浓度为 90 mol/L，超声频率为 15 kHz，超声时间为 10 min。Hg 在 0.1～10 μg/L 范围内线性关系良好。在优化的工作条件下，方法的检出限为 0.009 μg/L。与传统的水浴消解法进行了比较，发现超声辅助硝酸提取法提取效率为 98.2%，相对误差（RE，n= 4）为 1.8%，都优于传统的水浴消解法。方法用于标准土壤和沉积物样品中汞的分析，结果与标准值相符，回收率分别为 103%和 99%，相对标准偏差（RSD，n= 5）分别为 0.55%和 0.40%。黄卓尔等应用敞开体系王水（硝酸/盐酸）消化法处理样品，采用外标法-冷原子吸收法测定煤、土壤和底质样品中总汞。文章比较了硝酸/盐酸、硝酸/硫酸/高氯酸和硝酸/硫酸/五氧化二钒 3 种消化体系处理固体样品测定总汞的效果。王水消化法用于处理煤样有总汞溶出率高、酸耗量少、消化时间短、干扰少等优点，方法检出限为 0.5 μg/kg。刘宏等应用硝酸微波消解土壤样品-冷原子吸收法测定土壤中的汞。通过正交试验，优化了土壤中汞的微波消解条件。实验表明，在 0～10 μg/L 范围内线性关系良好，方法测定下限为 0.2 μg/L，土壤中汞的检出限为 0.005 μg/g。该方法对汞含量为 0.02～0.46 μg/g 的土壤样品，汞提取完全，对高、中、低 3 种标准物质进行精密度和准确度试验，RSD 为 3.0%～6.7%；实际土壤样品汞加标回收率为 92%～108%，精密度和准确度较好。洪茵等提出以硝酸/氢氟酸混合酸溶解-微波消解样品、冷原子吸收光谱法测定环境土壤中的微量汞。对冷原子吸收测定汞的光度条件及微波消解条件进行了优化，并对共存离子的干扰和方法的精密度进行了试验。汞含量在 0～30 ng/mL 范围内服从朗伯-比耳定律，方法的检出限为 0.14 μg/L，相对标准偏差为 2.1%，加标回收率为 98.5%～105.2%。

近年来，随着科技的发展，国内外已经研制出一种直接测定固体样品的测汞仪，该技术不要对土壤等固体样品进行消解处理，样品从干燥分解到分析测定的全过程均在仪器中完成，含汞废气经吸收液无害化处理后排放。该方法具有操作简单、分析速度快、样品无须进行处理、不需要任何化学试剂、对人体无伤害、干扰少等优点。对于直接测汞仪，可以对样品预处理温度、氧气流量、燃烧时间、吸收效率等工作条件进行优化。

（三）土壤中镉的测定

1．镉的理化性质

镉，化学符号 Cd，原子序数 48，银白色有光泽的金属，毒性较大。镉是ⅥB 族元素，密度 8650kg/m^3，熔点 320.9℃，沸点 765℃。具有韧性和延展性。可溶于酸，不溶于碱。在潮湿空气中发生缓慢氧化后失去金属光泽，加热时表面形成棕色的氧化物层，若加热至沸点以上，则会产生氧化镉烟雾。氧化态化合价通常为+1、+2。氧化镉和氢氧化镉的溶解度都很小，它们溶于酸，但不溶于碱。在高温条件下，镉能与卤素发生激烈反应，形成卤化镉。也可与硫直接化合生成硫化镉。镉可形成多种配离子，如 $Cd(NH_3)$、Cd(CN)、CdCl 等。

2．土壤中镉的来源及危害

镉（Cd），在自然界中常与锌、铅共生，地壳中镉丰度为 0.20 mg/kg，世界储量估计为 900 万吨。镉是一种稀有元素，且分布分散，未经污染的土壤中镉主要来源于成土的母质，一般土壤中镉的含量为 0.01～2.00 mg/ kg，中值含量为 0.135 mg/ kg。镉的主要化合价为 0 价和+2 价，土壤中镉主要是两价的镉及其化合物，常见形态有 Cd^{2+}、$CdCl^+$、$CdSO_4$、$CdHCO_3^+$、$CdCO_3$、$Cd_3(PO_4)_2$、$Cd(OH)_2$、CdS 等。土壤中镉来自于自然因素（岩石和土壤的本底值）和人为因素。人为因素主要是由于镉在电镀、颜料、塑料稳定剂、镍镉电池、电视显像管制造中的日益广泛应用。镉在土壤中的化学形态多以交换态镉、专性吸附态镉、铁锰氧化物结合态和残余态镉为主。土壤中镉的形态可分为可溶性和非水溶性，二者随环境条件的变化相互转化。在酸性条件下，镉的溶解度增加，比其他重金属更易被植物吸收。在还原性条件下，镉易形成难容化合物，相反，在氧化性条件下，镉易形成可溶态物质。除此之外，镉在土壤中的形态还与土壤的类型、理化性质等有关。

镉是人体、动植物生长的非必需元素，对人体有强烈的致癌性，主要危害人体呼吸系统、神经系统、骨骼组织等，引起人体中毒的剂量为 100 mg。镉的毒性高且蓄积作用较强，被镉污染的空气、水和食物对人体危害严重，且在人体内代谢较慢，引起人体器官损坏病变，引发多种疾病。日本因镉中毒曾出现“痛痛病”。镉的蓄积对植物的生长发育、光合作用、酶活性、可溶性蛋白和可溶性糖的含量、植物产品的产量和品质均产生不良影响。

3．环境质量标准与排放（控制）标准的要求

我国规定了镉的浓度限值和分级限值的标准很多，其中主要标准包含 7 个质量标准、1 个卫生标准和 5 个排放与控制标准，见表 2-8。

表 2-8 镉的环境质量标准与排放标准

序号	标准代号	标准名称	最低限值/排放限值
1	HJ350—2007	展览会用地土壤环境质量评价标准（暂行）	A 级：1 mg/kg；B 级：22 mg/kg
2	GB 3838—2002	地表水环境质量标准	0.01 mg/L
3	CJ/T 206—2005	城市供水水质标准	0.003 mg/L
4	GB 5749—2006	生活饮用水卫生标准	0.005 mg/L
5	GB 18918—2002	城镇污水处理厂污染物排放标准	0.01 mg/L
6	GB 18486—2001	污水海洋处置工程污染控制标准	0.1 mg/L
7	GB 8978—1996	污水综合排放标准	0.1 mg/L
8	GB 3095—2012	环境空气质量标准	0.005 μg/m^3
9	GB 18485—2014	生活垃圾焚烧污染控制标准	0.1 mg/m^3
10	GB 16889—2008	生活垃圾填埋场污染控制标准	0.01 mg/L
11	GB 15618—1995	土壤环境质量标准	1.0 mg/kg
12	GB/T 14848—1993	地下水质量标准	0.01 mg/L
13	GB 5084—2005	农田灌溉水质标准	0.01 mg/L

4．国内外相关标准方法研究

（1）主要国家、地区及国际组织相关标准方法研究

土壤中待测物质的测定一般包括样品消解、仪器选择及条件优化、试样的测定。土壤前处理方法对测定结果的影响很大，不同的酸体系使试样的测定值有显著差异。样品消解各国均对应不同的方法标准。国外标准中测定土壤镉的方法比较多，主要以 EPA 标准为主。ISO 标准中测定土壤镉的标准有采用王水萃取、应用火焰和电热原子吸收光谱法测定。英国、德国等国主要引进 ISO 标准方法制定本国的相关土壤镉标准。EPA 标准中涉及的土壤镉的方法很多，主要有火焰原子吸收、石墨炉原子吸收、电感耦合等离子体光谱、电感耦合等离子体质谱等，土壤消解方式涉及酸消解、微波消解等。X 射线荧光光谱法现在应用的范围还不太普遍，目前查到的只有 EPA 的标准。

①ISO 11047—1998 标准中采用王水萃取土壤样品，火焰和电热原子吸收光谱法测定镉、铬、钴、铜、铅、锰、镍和锌八种元素。

②BS 7755-3.13—1998 标准采用王水萃取土壤样品，火焰和电热原子吸收光谱法测定镉、铬、钴、铜、铅、锰、镍及锌八种元素。

③BS 7755-3.13—1998 标准采用王水萃取土壤样品，火焰和电热原子吸收光谱法测定镉、铬、钴、铜、铅、锰、镍和锌八种元素。

④DINISO11047—2003 标准采用王水萃取土壤样品，火焰和电热原子吸收光谱法测定镉、铬、钴、铜、铅、锰、镍和锌八种元素。

⑤EPA method 7000 采用微波辅助酸消解土壤样品，适用于镉全量分析。

⑥EPA 6200　提出了便携式 X 荧光光谱仪测定土壤、沉积物中锑、砷、钡、镉、钙、铬、钴、铜、铁、铅、锰、汞、钼、镍、钾、铷、硒、银、锶、铊、钍、锡、钛、锌、钒、锆计 26 种元素的标准方法，所检测仪器元素检测限高于波长色散型仪器。

⑦EPA method 3052　Microwave assisted acid digestion of siliceous and organically based matrices；前处理方式：微波辅助酸消解；适用于全量分析；1994。

⑧EPA method 6020　Inductively coupled plasma-mass spectrometry；前处理方式：酸消解；适用于全量分析；干扰及消除：常见离子对其不干扰；检出限：0.02 μg/L；精密度：12～23%；1994。

⑨EPA method 3051/3051A　Microwave assisted acid digestion of sediments，sludges，soils，and oils；前处理方式：微波辅助酸消解；适用于全量分析；1998。

⑩EPA method 3015/3015A　Microwave assisted acid digestion of aqueous samples and extracts；前处理方式：微波辅助酸消解；适用于浸出毒理分析；1994。

⑪EPA method 3050B　Acid Digestion of Sediments，Sludges，and Soils；前处理方式：酸消解；适用于全量分析；1996。

表 2-9 列出国外用于测定土壤中镉相关标准及标准中涉及的仪器方法、消解方式、酸体系等。

表 2-9　国外测定土壤中镉的相关标准

<table>
<tr><th>序号</th><th>标准号</th><th>来源</th><th>仪器方法</th><th>消解方式</th><th>酸体系</th><th>备注</th></tr>
<tr><td>1</td><td>ISO 11047—1998</td><td>ISO</td><td>火焰和电热 AAS</td><td></td><td></td><td></td></tr>
<tr><td>2</td><td>BS 7755-3-13—1998</td><td>英国</td><td>火焰和电热 AAS</td><td></td><td></td><td></td></tr>
<tr><td>3</td><td>DIN ISO 11047—2003</td><td>德国</td><td>火焰和电热 AAS</td><td></td><td></td><td></td></tr>
<tr><td>4</td><td>EPA method 6010B/6010C</td><td>美国</td><td>ICP-AES</td><td colspan="2" rowspan="5">参照标准 EPA method 3051A/3051、3052 或 3050B</td><td rowspan="5">仪器方法标准</td></tr>
<tr><td>5</td><td>EPA method 6020A/6020</td><td>美国</td><td>ICP-MS</td></tr>
<tr><td>6</td><td>EPA method 7000A</td><td>美国</td><td>AAS</td></tr>
<tr><td>7</td><td>EPA method 7000B</td><td>美国</td><td>FLAA</td></tr>
<tr><td>8</td><td>EPA method 7010</td><td>美国</td><td>GFAA</td></tr>
<tr><td>9</td><td>EPA method 3051A/3051</td><td>美国</td><td>FLAA/GFAA/ICP-AES/ ICP-MS</td><td>微波</td><td>硝酸</td><td rowspan="5">消解方法标准</td></tr>
<tr><td>10</td><td>EPA method　3052</td><td>美国</td><td>CVAA/FLAA/GFAA/ICP-AES/ICP-MS</td><td>微波</td><td>硝酸-氢氟酸（含硅基体）；硝酸-氢氟酸-双氧水（含有机物基体）</td></tr>
<tr><td rowspan="2">11</td><td rowspan="2">EPA method 3050B</td><td rowspan="2">美国</td><td>GFAA/ICP-MS</td><td rowspan="2">蒸汽浴</td><td>硝酸-水-30%双氧水</td></tr>
<tr><td>FLAA/ICP-AES</td><td>硝酸-水-30%双氧水+盐酸</td></tr>
<tr><td>12</td><td>EPA method 6200</td><td>美国</td><td>X 射线荧光</td><td>固定压片</td><td>—</td></tr>
</table>

（2）国内相关标准方法研究

国内标准中测定土壤镉的方法主要是石墨炉原子吸收法、KI-MIBK 萃取火焰原子吸收法及王水回流消解原子吸收法，目前暂未涉及 ICP-MS 法。

国内有关土壤中镉的标准主要有：

①GB/T 17141—1997　标准采用全消解，石墨炉原子吸收分光光度法测定土壤铅和镉。

②GB/T 17140—1997　标准采用全消解，KI-MIBK 萃取火焰原子吸收分光光度法测定土壤铅和镉。

③NY/T 1613—2008　方法采用王水回流消解，火焰法和石墨炉法测定土壤重金属。

④《展览会用地土壤环境质量评价标准（暂行）》（HJ/T 350—2007）附录 A　电感耦合等离子体发射光谱法，土壤、沉积物全分析，测定波长 226.502 nm，测定范围 0.01～1 mg/L，检出限 0.100 mg/kg。

⑤《水和废水监测分析方法》（第四版）　中国环境监测总站（2002），电感耦合等离子体发射光谱法，前处理参照第六章（四）底质样品的分解与浸提，浸出毒性和全消解方法。

⑥《土壤和固体废弃物监测分析及技术》　土壤，全消解方式。测定波长为 214.44 nm，226.50 nm。

⑦SNT 2046—2008　塑料及其制品中铅、汞、铬、镉、钡、砷的测定　电感耦合等离子体原子发射光谱法，塑料及其制品，测定波长 214.438 nm，检出限为 5 mg/kg。

⑧SN/T 2056—2008　进出口茶叶中铅、砷、镉、铜、铁含量的测定　电感耦合等离子体原子发射光谱法，茶叶，测定波长 214.43 nm，检出限 0.02 mg/kg。

⑨纺织品重金属的测定第 2 部分　电感耦合等离子体原子发射光谱法 GB/T 17593.2—2007，纺织品测定波长 214.4 nm，226.5 nm，检出限 0.01 mg/kg。

⑩煤中微量元素的测定　电感耦合等离子体原子发射光谱法 SN/T1600—2005。

⑪生活饮用水标准检验方法金属指标 GB 5750.6—2006。

⑫DZ/T0064.22—1993　地下水质检验方法　电感耦合等离子体原子发射光谱法 测定铜、铅、锌、镉、锰、铬、镍、钴、钒、锡、铍及钛。

表 2-10 列出了国内有关土壤中镉的相关标准及标准中涉及的仪器方法、消解方式、酸体系、检出限等。

表 2-10　国内测定土壤中镉的相关标准

序号	标准号	来源	仪器方法	消解方式	酸体系	检出限
1	GB/T 17140—1997	环保行业	KI-MIBK 萃取-FLAA	电热板	盐酸-硝酸-氢氟酸-高氯酸	0.05 mg/kg
2	GB/T 17141—1997	环保行业	GFAA	电热板	盐酸-硝酸-氢氟酸-高氯酸	0.01 mg/kg

序号	标准号	来源	仪器方法	消解方式	酸体系	检出限
3	GB/T 23739—2009	环保行业	FAAS/GAAS	有效态	DTPA 浸提	0.5 mg/kg 以下用 FAAS
4	HJ/T 350—2007	环保行业	ICP-AES	电热板	硝酸-双氧水-盐酸-水	0.100 mg/kg
			ICP-AES	密闭加压	硝酸-盐酸	
5	NY/T 1613—2008	其他行业	FAAS	电热板	王水	0.2 mg/kg
			GFAAS			0.01 mg/kg

5．国内外相关分析方法研究报道

（1）原子吸收法测定土壤中镉

土壤样品组成复杂。应用原子吸收方法对元素进行测定是最为常见的方法。测定一般采用火焰或石墨炉原子吸收分光光度法。吕跃明研究了火焰原子吸收光谱法测定土壤中镉，将土壤样品经盐酸、硝酸、氢氟酸、高氯酸消解后的试液直接用火焰原子吸收光谱法测定镉，灵敏度偏低，无法达到土壤环境质量标准的要求。文中采用二乙基二硫代氨基甲酸钠（铜试剂 DDTC）作络合剂，四氯化碳作萃取剂萃取，用硝酸-过氧化氢反萃取至水相，用火焰原子吸收光谱法测定水相中镉。方法简单、准确、结果满意。刘仙娜等应用石墨炉原子吸收分光光度法测定土壤中的镉。采用硝酸、高氯酸、氢氟酸消解土壤样品，用石墨炉原子吸收分光光度法测定土壤中镉的含量。线性回归方程为 $A=0.01733c-1.03\times10^{-5}$，相关系数 $r=0.9992$，回收率为 95%～105%，相对标准偏差 RSD 为 7.5%～8.1%，方法检出限为 0.019 mg/kg。试验结果表明，该方法能满足环境土壤样品监测要求。

（2）电感耦合等离子体发射光谱法（ICP-AES）测定土壤中镉

ICP-AES 方法由于可以同时测定多种元素，则将铜、铅、锌、镉四种元素的文献报道集中汇总。ICP-AES 方法测定其中某些被测元素含量很低，测定时受共存元素和其他种种干扰较严重，给分析造成一定困难。1988 年陈治江等发表了 ICP-AES 法对土壤的测定。20 世纪，世界上许多国家都建立了土壤和作物分析专门机构。仅 1978 年，美国政府部门及有关商业实验室就为农户分析 3034520 个土壤样品。以后几年都有增无减。过去 20 年中，原子发射光谱法在促进土壤化学和植物营养学的发展方面起过重要作用。ICP 兼备电弧原子发射光谱法的多元素同时测定能力以及原子吸收法的高灵敏度、高精密度等优点，是土壤分析较理想的方法之一。我们用 ICP-AES 法测定了土壤中 Cu、Ni、Zn、Mn、Pb、Cd 和 Ti 等元素，并用全国农业环境保护系统提供的土壤标样进行校核，结果较为满意。田晓娅等研究了用 ICP-AES 法同时测定土壤、岩石和水系沉积物样品中的多元素时，样品中基体元素对微量元素测定的光谱干扰问题。采用了人工基体匹配与光谱干扰校正因子相结合的校正方法。对标准的制备，校正因子的选择以及校正因子的长期稳定性等进行了探讨，确定了最佳测定条件，常量元素的分析精度和准确度在很大程度上取决于样品的化学前处理。我们采用硝酸-高氯酸-氢氟酸消解样品，几种常量元素测定的相对标准偏差均小于 2%。黄本立等在 1984 年发表的文章中应用计算机控制扫描单色仪 ICP-AES 法测定地质和环境样品中的元素。其在一套 ICP 多道光电直读光谱仪上研究了正向功率、观察高度、载气流量等因素对谱线强度、背景强度及检出限的影响，并为设立我国环境分析标准参考物质的任务拟定了 81101 号河流沉积物样品中多元素同时测定的方法，结果令人满意。付翠轻研究了土壤中包括钒在内的 24 种元素的分析方法。用硝酸-氢氟酸-高氯酸消解土壤样品，样品中的难溶组分被有效浸取，以 ICP-AES 测定土壤样品中的 24 种元素。方法可测组分多，试剂用量少，简便快速，劳动强度低，能够满足土壤样品多组分分析的要求。赵庆令等研究了用高氯酸-氢氟酸-硝酸消解样品，样品中的难溶组分被有效浸取，电感耦合等离子体发射光谱法测定土壤样品中稀土元素及稀散元素等 54 种组分。通过筛选分析谱线、合理设置背景扣除位置及干扰元素校正系数，改善了光谱干扰。方法经国家一级土壤标准物质分析验证，结果与标准值吻合，相对标准偏差低 6.0%。方法可测组分多，试剂用量少，简便快速，劳动强度低，能够满足基体组成复杂的区域土壤地球化学调查样品分析的要求，也为其他地球化学样品中相关组分的分析提供借鉴。李芳等研究了 ICP-AES 直接测定土壤、沉积物中常、微量元素的光谱干扰和校正方法研究，文章指出，铜、铅、锌、镉四种元素的观测方向均为轴向，镉的干扰主要来自于 As、Fe 的谱线重叠和线翼重叠，受干扰程度严重。铜的干扰主要来自于 Fe 的线翼重叠，受干扰程度轻微。铅的干扰主要来自 Al、Fe、Ca 的背景位移，受干扰程度严重。锌的干扰主要来自 V、Cu 的谱线重叠，受干扰程度轻。文章指出，对于受影响严重的镉和铅，可以采用多元光谱拟合校正法分析过程中的未知光谱图模型，再用最小二乘法求解模型方程，从而自动校正光谱干扰和扣除背景值，得到较好的结果。徐爱列应用 ICP-AES 方法测定了海娜植物及土壤中的铜、铅、锌、镉。采用微波消解海娜样品，用全谱直读 ICP-AES 同时测定海娜植物及土壤中的镉、铜、铅、锌的含量。结果表明：海娜植物和土壤中 4 种元素的含量不高，样品回收率在 95.8%～101.3%，RSD 均小于 2%。结论：实验方法快速、准确可靠，是测定植物及土壤中重金属等微量元素含量的有效方法。王素燕等采用 ICP-AES 测定茶叶及土壤中的铜和铅，经微波消解处理样品，以电感耦合等离子发射光谱法测定湖南省株洲县、宁乡县两地的农家茶叶和茶产地土壤中 Cu、Pb 元素的含量。全部茶产地土壤均符合国家无公害茶及有机茶产地环境条件标准；春茶中 Pb 含量与对应的土壤中 Pb 含量之间呈现出显著正相关关系（$P<0.05$），而其中 Cu 含量与土壤中 Cu 含量之间关系不显著（$P>0.05$）。耿广善等将样品经加热酸消解，以 ICP-AES 测定其中的铜、锌、镍、铅、镉、铬。采用该方法测定土壤样品中的铜、锌、镍、铅、镉、铬，前处理操作过程简便，设备简单，成本低廉。实验结果表明，采用该法测定土壤中的重金属时，测定结果准确可靠，重复性好。范维刚等测定了某蔬菜地中的重金属。通过几种不同的消解方法，选择出适合于蔬菜地土壤消解的高效、安全、经济的前处理方法，并用 ICP-AES 快速测定法测定。文中采用 HNO_3+H_2O_2 常压消解法、HNO_3+H_2O_2 密闭容器消解法、王水+ H_2O_2 消解法与国标四酸消解法（盐酸+硝酸+氢氟酸+高氯酸）比较。王水+ H_2O_2 消解法的回收率为 91.95%～110.2%，达到了微量元素测定和回收的要求，方法简单安全。周小春等研究了 ICP-AES 法测定农田土壤中重金属铜锌的含量。土壤样品经预处理后，采用微波溶样消解法提取农田土壤中的有效态铜、锌元素，利用 ICP-AES，完成对土壤中有效态铜、锌元素的测定。该方法操作简便、线性范围大，结果精密度高、准确度好，可以满足农田土壤样品中有效铜、锌元素的测定需要。邵莹等应用 0.05mol/L DTPA 浸取液在 pH=7.30 时可浸取土壤中 Cu、Zn、Pb、Cd、Fe、Mn、Mo、Ni、Cr、Mg 元素的有效态。用 ICP-AES 测试技术，对 DTPA 浸取液中上述元素进行测定，还考察了能同时被浸取的其他元素：K、Na、Sr、Co 等，对 DTPA 浸取液的浓度、放置时间及土样量与浸取液量的比例等浸出条件进行了实验验证，并对部分元素的测定结果和原子吸收方法进行比对，两种方法测定结果基本一致。李清昌研究了连续测定土壤样品中的铜、铅、锌、铁、锰的分析方法。采用混酸溶解土壤样品，用 ICP-AES 法连续测定铜、铅、锌、铁、锰五种元素，对比了三种消解体系，优化了盐酸复溶体系，优化了仪器的使用条件，方法检出限为 Cu 3.31 μg/g、Pb 8.95 μg/g、Zn 4.22 μg/g。在加标回收实验中，相对标准偏差为 2.81%～3.92%（n=10），方法回收率为 96.2%～104.0%。用于分析矿石样品，分析结果与推荐值相符，可用于地质实验室对大量矿石样品的检测。姚佳等研究了锦州某铁合金厂附近水、土壤、玉米中重金属含量，采用全谱直读 ICP-AES 法对锦州某铁合金厂附近地下水、土壤、玉米、居民饮用自来水中的七种金属元素含量同时进行分析。Cu、Cr、Pb、Mn、Ni、Cd、Zn 七种元素的检出限在 0.02 mg/L 以下，线性关系良好，精密度高，回收率均在 95%～105%。李娜等研究了超声消解 ICP-AES 法测定土壤中 Co、Cu、Mn、Pb、Zn，本方法采用正交试验对超声波消解土壤中的重金属的影响因素进行研究，并与微波消解试验结果进行比对分析，结果表明，影响超声波消解土壤样品的影响因素依次为：超声功率＞固液比＞超声时间＞反应温度，实验结果与微波消解比较，铜为 60.75%，铅为 91.26%，锌为 79.29%，超声波可以显著提高金属消解溶出率。文章也指出，这可能与金属形态及结合方式有关。超声波消解作为一种反应条件温和、高效省时、低耗环保的样品前处理技术，在环境生态样品的分析测试中具有广阔的应用前景。杨锐明等应用微波消解及 ICP-AES 同时测定土壤中多种元素含量，主要应用在盐碱土壤改良等项目进行过程中，需要进行大量的土壤采样和测试工作，采用微波消解仪将土壤样品全消解，ICP-AES 同时测定其中多种元素。对微波消解条件，酸体系进行优化，确定了最佳条件。刘波等测定城市污泥中农用控制微量元素的铜、铅、锌、镉、铬、镍、锰和磷，采用硝酸-盐酸-氢氟酸-过氧化氢无机混合酸的微波消解体系，方法快速简便，准确度高，精密度好，用于标准样品的实际分析，结果令人满意，方法也可以同时用于土壤和底质的测定。刘雷等采用微波消解法进行前处理，测定了赣南钨矿区尾砂库的土壤和植物中重金属的 Cu、Pb、Zn、Cd、Mo、W、As、Ni 和 Cr。结果表明：土壤和植物分别经 HNO_3∶HF∶$HClO_4$（4∶5∶2）和 HNO_3∶$HClO_4$（8∶2）消解后完全分解，适当增加 RF 功率和雾化速率有利于提高重金属的信噪比，采用内标法有效地改善了检测结果的准确度和精密度。

（3）电感耦合等离子体质谱（ICP-MS）测定土壤中的镉

目前，利用 ICP-MS 测定土壤中镉的研究报道比较多，包括土壤中总镉、有效态镉以及镉的形态分析。土壤中镉的形态分析主要是采用 ICP-MS 跟其他仪器如 HPLC 等的联用来实现的。这里主要侧重于考察土壤中镉的全量（总镉）及有效态镉浸出的分析研究。由于 ICP-MS 仪器的特殊性，其对进样样品的要求比较高，进样溶液中可溶性固体＜0.2%，对酸度也有一定的要求，一般样品中的酸度为 2%以下。因此，土壤的前处理环节很重要，包括消解方式及无机酸的选择。

从消解方式来看，目前采用 ICP-MS 测定土壤中总镉的前处理方式主要有电热板消解、高压罐消解和微波消解 3 种方法。每种消解方式因无机酸的选择不同，有不同的灵敏度和检出限。林立等选用 HNO_3/HF/H_2SO_4 混酸，采用电热板消解方式测定土壤中的镉，获得 0.027×10^{-6} ng/mL 的检出限，具有高的准确度和精确度，测定土壤标准物质的标准偏差范围为 1.69%～6.80%；文章中对于 ICP-MS 测定镉的干扰消除采用的是公式消除法；黄丽娟等同样采用电热板消解方式，选用 HNO_3-$HClO_4$-HF 混酸体系对土壤中镉进行前处理，其检出限为 0.0218 mg/kg（称样 0.2 g，消解后定容至 50 mL），测定土壤标准样品的重复性在4%以下，加标回收率在90.5%～108%；田媛等则依据HJ 491—2009 标准中的盐酸/硝酸/氢氟酸/高氯酸消解方法，结合 ICP-MS 测定土壤中的铍，同样获得不错的效果；姚众等采用 HNO_3-$HClO_4$-HF 消解体系，ICP-MS 测定土壤中的镉，获得 0.02 μg/L 的检出限，样品加标回收为 96.7%；齐剑英等选用 HCl/HNO_3/$HClO_4$ 酸溶/电热板消解方式，利用 ICP-MS 测定土壤中 24 种元素，其中测定镉的检出限为 0.02 μg/L，相对标准偏差为 2.1%；陈婷等采用 ICP-MS 同位素稀释法测定菜园土壤中微量镉，即土壤样品中加入一定量的 ^{112}Cd 富集同位素试剂后，用 HNO_3-$HClO_4$-HF 混合酸预消解后再经微波消解，处理得到的消解用 ICP-MS 测定溶液中同位素比值 R（^{112}Cd/^{111}Cd），用同位素稀释法计算出样品中镉的含量，获得较好的准确度；胡林凯等采用高压密封罐 HNO_3-$HClO_4$-HF 混酸消解 ICP-MS 法测定底泥中的重金属，测定镉的检出限达到 0.0025 μg/L。

（4）土壤中镉的有效态测定

测定土壤中镉的有效态，即土壤浸出液中镉的含量，用来评价土壤中镉的毒理分析。目前测定土壤浸出液中镉的方法主要有原子吸收分光光度法，也是国标中测定土壤有效态镉的常规方法。该方法的缺点是只能单独的测定某一个元素，具有耗时长、操作繁琐等缺点。而 ICP-MS 因为可以多元素同时进行分析，具有低检出限、线性范围好、精密度好、谱线干扰可在线校正等优点，越来越受到研究者们的喜好，而被受到重视和广泛应用。这方面的文献报道不多，目前还在研究阶段，有效态镉的研究在于浸提过程中浸提溶液及浸提比等的选择。季海冰等按固液比 1∶2.5 的比例，用 0.1 mol/L $NaNO_3$ 溶液作为浸提剂，对土壤中有效态镉进行研究，其检出限为＜0.006 μg/L，土壤加标平均回收率为 81%～121%，相对标准偏差为 0.03%～1.2%，准确度和精密度良好。

（四）土壤中铬的测定

1. 铬的理化性质

铬是 1797 年法国化学家沃克兰从当时称为红色西伯利亚矿石中发现的。早在 1766 年，在俄罗斯圣彼得堡任化学教授的德国的列曼曾经分析了它，确定其中含有铅。1798 年沃克兰给他找到的这种灰色针状金属命名为 chrom，来自希腊文 chroma（颜色）。由此得到铬的名称 chromium 和元素符号 Cr。差不多在同一个时期里，克拉普罗特也从铬铅矿中独立发现了铬。随着电镀行业的发展，铬的污染越来越严重，严重危害环境和人类的健康。

铬是银白色带有光泽的金属，含杂质的铬坚硬而且脆，高纯度铬软而有延展性，铬的相对原子质量为 52.01，沸点 2672℃，铬在潮湿的空气中是稳定的，加热时与氧化合而形成 Cr_2O_3，铬不溶于水，金属铬在酸中一般以表面钝化为其特征。一旦去钝化后，即易溶解于几乎所有的无机酸中（除硝酸）。在高温下，铬与氮起反应并为熔融的碱金属所侵蚀。可溶于强碱溶液。常见的铬化合物有：二价铬，一般为紫色，如氧化亚铬，不稳定，易氧化；三价铬，为绿色，其是自然界中常见的存在形式；六价铬，呈浅蓝色，毒性最大，主要为铬酐、铬酸钾和重铬酸钾等，具有较强的氧化作用，可被还原成三价铬。低价铬在碱性环境中可被氧化成高价铬。所有铬的化合物都有毒性：六价铬的毒性最大，三价次之，二价毒性最小，在日常的环境监测过程中，六价铬作为一种重要的指标。

铬是自然界中分布较广的元素之一，主要以铬铁矿（$FeCr_2O_4$）形式存在，铬在土壤中的含量一般为 10～150 mg/kg，但在某些蛇纹岩发育的土壤中，铬含量可高达 12.5%。工业上主要用于制造各种优质合金，也广泛用于皮革、印染、电镀、制药、油漆和涂料制造业等工业，受腐蚀后以各种排放液进入环境，使土壤环境受到不同程度的污染。铬有 6 种不同的化合价态，在自然界主要以三价铬 Cr（Ⅲ）和六价铬 Cr（Ⅵ）的形式存在，两者的毒性和化学行为相差甚大，Cr（Ⅵ）以阴离子的形态存在，一般不易被土壤所吸附，具有较高的活性，对植物易产生毒害，Cr（Ⅵ）被认为具有致癌作用；而 Cr（Ⅲ）极易被土壤胶体吸附和形成沉淀，其活动性差，产生的危害相对较轻，对动植物和微生物的毒性一般 Cr（Ⅵ）比 Cr（Ⅲ）大得多。但单从价态来区分并不能反映土壤环境中铬的真实存在形态。在碱性环境中，六价铬主要以 CrO_4^{2-}的形态存在，极易在土壤中迁移扩散，是我国多发六价铬污染地下水事故的主要原因。我国土壤环境质量标准明确规定了土壤中铬的限量。

铬广泛存在于地球中，其自然来源主要是岩石风化。地壳中所有岩石中均有铬的存在，铬矿分为氧化物、氢氧化物、硫化物和硅酸盐四大类。在未受铬污染的土壤中，铬含量与地壳中铬的含量基本一致，在不同母质岩上发育的土壤，其铬含量有较大差异。各类母质岩是土壤铬的主要来源。因此，影响土壤中铬含量高低差异的主要原因是母质的不同。

2．土壤中铬的来源及危害

人为污染来源主要是工业含铬废气和废水的排放。工业废水中主要是六价铬的化合物，常以铬酸根离子（CrO_4^{2-}）存在。煤和石油燃烧的废气中含有颗粒态铬，煤中含铬量平均约为 10 mg/kg。铬主要用于制不锈钢、汽车零件、工具、磁带和录像带、电镀、制革、制药、研磨剂、防腐剂、染料、媒染剂以及催化剂合成等工业。为了防止工业生产过程中循环水对设备的腐蚀，常须加入铬酸盐。工业部门排放的废水和废气，是环境中铬的人为来源。土壤中高于背景含量的异常含铬量主要是由于以上工业“三废”污染所致。除以上来源外，化肥的施用也是土壤中铬的直接来源之一，化肥中铬的含量较高，施用后大部分铬就会进入土壤。

铬是人和动物的微量营养元素之一，它是人畜体内分泌腺组成的成分之一，三价铬协助胰岛素发挥生物作用，为糖和胆固醇代谢所必需，铬缺乏将导致糖、脂肪或者蛋白质代谢系统的紊乱。但摄入铬过多，对人和动物都是有害的。三价铬和六价铬对人体健康都有害，被怀疑有致癌作用。一般认为六价铬的毒性强，更易为人体吸收，而且可在体内蓄积。环境中的铬及其化合物可通过呼吸道、消化道、皮肤及黏膜等途径，随空气和食物等介质进入体内。铬在消化道的吸收率可因其来源和化合物种类不同而异，无机铬化合物在消化道的吸收率很低，有机铬的吸收率高于无机铬。铬主要在动物小肠中部分被吸收，六价铬可穿过红细胞膜与血红蛋白结合，而三价铬不能透过红细胞膜。血液中一般含铬占体内总铬量的 1%～10%，且多以三价铬的形式转移并蓄积在组织中。经食道摄入的铬主要分布在肝、肾、脾和骨骼内，吸入的铬主要沉积在肺内，其次分布在脾脏等。正常人体内总铬量低于 6 mg。

3．环境质量标准与排放（控制）标准的要求

表 2-11 列出了我国关于铬的相关环境质量标准与排放标准。

表 2-11 铬的环境质量标准与排放标准

序号	标准代号	标准名称	排放限值
1	HJ 350—2007	展览会用地土壤环境质量评价标准（暂行）	A 级：190 mg/kg；B 级：610 mg/kg
2	HJ 332—2006	食用农产品产地环境质量评价标准	旱作蔬菜果树等 pH＜6.5：150 mg/kg，pH=6.5～7.5：200 mg/kg，pH＞7.5：250 mg/kg 水作 pH＜6.5：250 mg/kg，pH=6.5～7.5：300 mg/kg，pH＞7.5：350 mg/kg
3	HJ 333—2006	温室蔬菜产地环境质量评价标准	pH＜6.5：150 mg/kg，pH=6.5～7.5：200 mg/kg，pH＞7.5：250 mg/kg.
4	GB 15618—1995	土壤环境质量标准值	水田：一级（自然背景）90 mg/kg；二级 pH＜6.5：250 mg/kg，pH=6.5～7.5：300 mg/kg，pH＞7.5：350 mg/kg；三级 pH＞6.5：400 mg/kg 旱地：一级（自然背景）90 mg/kg；二级 pH＜6.5：150 mg/kg，pH=6.5～7.5：200 mg/kg，pH＞7.5：250 mg/kg；三级 pH＞6.5：300 mg/kg
5	GB 3838—2002	地表水环境质量标准（六价铬）	Ⅰ类≤0.01 mg/L；Ⅱ类≤0.05 mg/L；Ⅲ类≤0.05 mg/L；Ⅳ类≤0.05 mg/L；Ⅴ类＞0.1 mg/L
6	GB/T 14848—1993	地下水质量标准（六价铬）	Ⅰ类≤0.005 mg/L；Ⅱ类≤0.01 mg/L；Ⅲ类≤0.05 mg/L；Ⅳ类≤0.1 mg/L；Ⅴ类＞0.1 mg/L
7	CJ/T 206—2005	城市供水水质标准（六价铬）	0.05 mg/L
8	GB 5749—2006	生活饮用水卫生标准（六价铬）	0.05 mg/L
9	GB 5084—2005	农田灌溉水质标准（六价铬）	0.1 mg/L
10	GB 8978—2002	污水综合排放标准	1.5 mg/L
11	GB 16889—2008	生活垃圾填埋场污染控制标准	浸出液：总铬 4.5 mg/kg，六价铬 1.5 mg/kg
12	GB 25464—2010	陶瓷工业污染物排放标准	1.0 mg/L
13	GB 18485—2014	生活垃圾焚烧污染控制标准	1.0 mg/m^3 排放烟气中以 Sb+As+Pb+Cr+Co+Cu+Mn+Ni 计
14	GB 30485—2013	水泥窑协同处置固体废物污染控制标准	0.5 mg/m^3 排放烟气中以 Be+Cr+Sn+Cu+Co+ Mn+Ni+V 计

4．国内外相关标准方法研究

国内标准中测定土壤总铬的方法主要有分光光度法、火焰原子吸收分光光度法和王水回流消解原子吸收法，目前暂未涉及 ICP-MS 法；国外标准中测定土壤总铬的方法比较多，主要以 EPA 标准为主。ISO 标准中测定土壤镉的标准有采用王水萃取土壤中总铬，应用火焰和电热原子吸收光谱法测定；英国、德国等国主要引进 ISO 标准方法制定本国的相关土壤总铬标准。EPA 标准中涉及的土壤铬的方法很多，主要有火焰原子吸收、石墨炉原子吸收、电感耦合等离子体光谱、电感耦合等离子体质谱等，土壤消解方式涉及酸消解、微波消解等。土壤中铬测定的国内外标准汇总见表 2-12。

表 2-12　土壤中铬测定的国内外标准汇总

序号	标准号	来源	消解方式	消解体系	监测方法	检出限/备注
1	EPA method 6010B/6010C	美国 EPA 标准	参照标准 EPA method 3051A/3051、3052 或 3050B		ICP-AES	仪器方法标准
2	EPA method 6020A/6020				ICP-MS	
3	EPA method 7000A				AAS	
4	EPA method 7000B				FLAA	
5	EPA method 7010				GFAA	
6	EPA method 3051A/3051		微波	硝酸	FLAA/GFAA/ICP-AES/ ICP-MS	前处理方法标准
7	EPA method　3052		微波	硝酸-氢氟酸（含硅基体）；硝酸-氢氟酸-双氧水（含有机物基体）	CVAA/FLAA/GFAA/ICP-AES/ICP-MS	
8	EPA method 3050B		蒸气浴	硝酸（1∶1）-水-30%双氧水	GFAA/ICP-MS	
				硝酸（1∶1）-水-30%双氧水+盐酸	FLAA/ICP-AES	
9	HJ 780—2015	国内环保行业标准	固体压片	—	X 射线荧光光谱法	3.0 mg/kg
10	HJ 491—2009		全消解法	盐酸-硝酸-高氯酸-氢氟酸	FAAS	5 mg/kg
			微波消解法	硝酸-氢氟酸-高氯酸-盐酸+氯化铵	FAAS	5 mg/kg
11	HJ/T 350—2007		电热板	硝酸-双氧水-盐酸-水	ICP-AES	0.400 mg/kg
			密闭加压	硝酸-盐酸	ICP-AES	
12	土壤元素的近代分析方法		氧化	高锰酸钾氧化-二苯碳酰二肼	分光光度法	0.2 μg/25 mL
13	NY/T 1613—2008	国内其他行业标准	电热板	王水	FAAS	5 mg/kg
14	NY/T 1121.12—2006		电热板	硫酸-磷酸-硝酸	分光光度法	
15	ISO 11047—1998	ISO 标准			火焰和电热 AAS	
16	BS 7755-3-13—1998	英国标准				
17	DIN ISO 11047—2003	德国标准				

5．国内外相关分析方法研究报道

由于土壤铬的特殊性质，即铬存在于矿物的晶格之中，消解不完全或消解过程中酸雾等产物的夹带挥发及可能形成的氯化铬酰而逸失，消解过程中温度的控制、蒸干的程度都会引起总铬结果的不正确，很多文献对其消解方式进行探讨。周敏等研究了原子吸收测定土壤中总铬的湿法消解，文中共讨论了不同情况酸的影响，以王水+HF+$HClO_4$、王水+HF+H_2SO_4、HF+HNO_3+H_2SO_4三种体系最为稳定，尤以少量HF直接滴加至土壤样品上处理后，再用HNO_3+H_2SO_4消解的方法为最佳。由于硫酸的共沸最高温度为317℃，在熔样时要将硫酸产生的三氧化硫完全赶尽较困难，存在另外一种消解方式。王小琳同样研究了采用国标GB/T 17137—1997和GB/T 17141—1997中规定的两种方法即H_2SO_4-HNO_3-HF、HNO_3-HF-$HClO_4$法对土壤样品进行消解处理，筛选了HNO_3-HF-$HClO_4$消化体系并进行改进。改进后的HNO_3-HF-$HClO_4$法消解速度快（3～4 h）且消解完全，大大缩短了实验时间。该方法灵敏度高、准确度高、加标回收率高，精密度好，是值得推广的土壤Cr消解方法，可应用于农业环境土壤质量样品的检测。任兰等研究了土壤总铬测定方法的改进。文中同样采用硝酸-氢氟酸-高氯酸的消解体系，得到满意的结果。邹昱研究了微波消解方法对于土壤总铬测定的应用，文章选用体系硝酸-氢氟酸进行微波消解，在可控电炉上加入硫酸赶酸。此方法重复性好，与湿法消解相比较，安全易控制，分析时间短，结果可靠。

也有文献对测定土壤总铬过程中促进剂进行优化，通常测定过程中选择氯化铵作为促进剂来消除铁、钴、钒、铝、镁等元素的干扰。但是由于土壤种类、周边环境、气候条件等多种因素的影响，不同土壤中铬的测定干扰因子十分复杂，背景干扰、基体干扰大，何青芳测定了EDTA对土壤测定的促进作用。结果表明，使用强酸消解法测定土壤总铬的方法中，选用EDTA作为测定促进剂效果优于氯化铵，测定的回收率、准确度均有明显提高。周聪应用石墨炉原子吸收光谱进行测定土壤中的总铬，对测定技术灰化温度、酸及共存离子等条件进行测定。这种方法更高效。方法的灵敏度和准确度都得到满意的效果。

（1）原子吸收法测定土壤中总铬

文献中报道的土壤中总铬测定的预处理方法有混合酸消解、微波消解、超声波提取、干法消解等。周亨春等以阴离子表面活性剂（SDS）为增效试剂，采用脉冲悬浮体进样火焰原子吸收光谱法直接测定土壤中总铬。池泉等用 0.3 mol/ L 乙酸铵溶液提取了土壤中可交换态铬。冯宁川等用 HF 低温加热处理煤飞灰，以测定其中的 Cr（Ⅲ）的含量。刘文长等详细总结了当前常用于提取铬的变换态、碳酸盐结合态、铁锰氧化物结合态、有机态和残渣态的试剂，并且用 $MgCl_2$、NaAc、$Na_4P_2O_7$、NH_2OH-HCl、HNO_3-H_2O_2 混合酸分别提取了土壤中铬的交换态、碳酸盐结合态、腐殖酸结合态、铁锰氧化物结合态、强有机结合态和残渣态。李桂菊等将土壤中的铬划分为水溶态、交换态、可给态、沉淀态、有机结合态和残渣态，并且归纳了各形态常用的提取剂。Varga 等用去离子水、NH_4Ac、HCl、HNO_3、王水等做提取液的连续提取法处理城市灰尘，对包括铬在内的几十种元素的存在形态进行了分析。

（2）分光光度法测定土壤中总铬

文献也报道了一些分光光度法测定土壤中总铬。王刚等以 HNO_3-H_2O_2-HF 消解体系消解土壤样品，采用高锰酸钾氧化-二苯碳酰二肼分光光度法对土壤中总铬进行了测定，该方法测定总铬的检出限为 5 mg/kg，两个土壤样品 5 次平行测定的 RSD 分别为 0.49%和 1.98%，加标回收率分别为 97.30%和 98.20%。王瑞斌等采用高锰酸钾氧化、碘-淀粉显色的分光光度法测定土壤中的微量铬。游建南报道了用 Cl-TBP 萃淋树脂分离，分光光度法测定工业废水中微量 Cr（Ⅲ）、Cr（Ⅵ）和总 Cr。黄典文等根据 Cr（Ⅵ）能氧化甲酚蓝褪色，采用间接法测定土壤中微量铬。

（3）X 射线荧光光谱法测定土壤中总铬

张勤等使用X射线荧光光谱法测定多目标地球化学调查样品中Fe_2O_3、Al_2O_3、Mn、Pb、Cr、Ni等十多个主次痕量组分，重点讨论了微量元素的背景选择和谱线重叠校正问题。于波等用X射线荧光光谱法测定土壤和水系沉积物中碳、氮、砷等36种主次痕量元素，重点研究了痕量元素的测定条件和痕量元素的背景选择和谱线重叠校正问题。徐婷婷等采用粉末压片，使用 X射线荧光光谱仪测定海洋沉积物和陆地地球化学样品中砷、铅、铬、镍、铜、锌、锰、铁、钒、钴等29种主次痕量元素。

（4）ICP-MS 法测定土壤中总铬

目前采用 ICP-MS 测定土壤中总铬的前处理方式主要有电热板消解、高压罐消解和微波消解 3 种方法。每种消解方式因无机酸的选择不同，有不同的灵敏度和检出限。黄丽娟等采用 ICP-MS 等离子体质谱法同时测定土壤中 Cr 等元素含量，采用硝酸密封微波炉消解技术溶样，冷却后加入氢氟酸和高氯酸电热板赶酸至氢氟酸和高氯酸蒸发完，消解液定容至 50 mL（8%的硝酸），以 Y（5%硝酸）为内标校正系统，进行 ICP-MS 扫描测定 Cr 等的含量。文中还对分析元素同位素及干扰进行了相关讨论。在最优仪器工作条件下获得了较低的方法检出限（0.2 g 土壤样定容至 50 mL，检出限为 0.405 mg/kg），并通过对土壤标准样品考察了方法的精密度和准确度，结果表明，该实验方法测定土壤标准样品的相对标准偏差＜4%，加标回收率在 90.5%～108%。黄艳泽等采用王水和双氧水加热回流法消解土壤样品，以 Sc 作内标，ICP-MS 直接测定土壤消解液中的 Cr 元素，文章中着重对仪器工作条件优化、内标选择和干扰消除进行了讨论。文中提到对于 ICP-MS 对 Cr 的质谱干扰主要是 $^{37}Cl^{16}O$、$^{13}C^{40}Ar$ 多元素离子对 ^{35}Cr 的干扰，其来源主要是氩气和试剂中含碳杂质、样品中溶解的 CO_2 及消解液带入的 Cl 等，可以通过选用高纯氩气和扣除试剂空白、加热煮沸消解液、公式校正等消除相应干扰。田媛等采用盐酸/硝酸/氢氟酸/高氯酸全消解（参照 HJ 491—2009 标准方法），建立了 ICP-MS 测定土壤中 Cr 等的方法。主要研究了北京市 3 个再生水灌溉区 Cr 在内的 8 种重金属的污染状况。万飞等采用硝酸、双氧水消解样品，^{115}In 作内标，H_2/He 碰撞池技术消除质谱干扰，建立了 ICP-MS 同时测定不同地区土壤中的 Cr 等元素含量的方法。结果表明，该方法测定 Cr 的检出限为 0.009 ng/mL，相对标准偏差为 1.88%，加标回收率为 95.9%。张晓静等建立了硝酸/双氧水/氢氟酸体系微波消解前处理样品，利用 ICP-MS 同时测定土壤中 Cr 等 6 种重金属含量的方法。作者采用 Li、Sc、Ge、Y、In、Bi 混合内标校正干扰方法，研究了 7 个省 45 个烟叶产区土壤中 Cr 等 6 种重金属含量，该方法测定 Cr 的检出限为 31.8 ng/L，相对标准偏差为 2.15%，加标回收率为 98.1%。齐剑英等采用盐酸/硝酸/高氯酸体系低温电热板消解土壤，建立了 ICP-MS 测定土壤中 Cr 等 24 种重金属的方法。作者采用动态反应池（动态反应气为 NH_3）消除由盐酸等 Cl 来源带来的多元素离子干扰，本方法测定 Cr 的检出限为 0.06 μg/L，相对标准偏差为 4.5%，加标回收率 98.7%。黄冬根等报道了用 ICP-MS 法直接测定水稻田表层土壤中的重金属元素 Cr 等 6 种重金属含量的方法。土壤样品经 HNO_3-HF-$HClO_4$ 彻底消化后，加入内标元素“Sc、In、Tl”，采用内标法进行测定，有效地克服了基体效应、接口效应及仪器波动所产生的影响；通过优化仪器的工作参数，选择待测元素适当地测定同位素，有效克服了因质谱干扰所带来的影响。该方法的加标回收率是 98.0%～102.0%，相对标准偏差是 2.2%～3.5%，具有线性范围宽、简单、快速、准确等特点。

（五）土壤中砷的测定

1．砷的理化性质

砷（Arsenic），元素符号 As，原子序号 33。第一次有关砷的记录是在 1250 年，由大阿尔伯特所完成。它是一种有毒类金属，有黄、灰、黑褐三种同素异形体。其中灰色晶体具有金属性，脆而硬，具有金属般的光泽，并善于传热导电，易被捣成粉末。密度 5.727 g/cm^3。熔点 817℃（28 atm），加热到 613℃，便可不经液态，直接升华，成为蒸气，砷蒸气具有一股难闻的大蒜臭味。砷的化合价为+3 和+5。第一电离能 9.81 eV。游离的砷是相当活泼的。在空气中加热至约 200℃时，有荧光出现，于 400℃时，会有一种带蓝色的火焰燃烧，并形成白色的氧化砷烟。游离元素易与氟和氮化合，在加热情况也与大多数金属和非金属发生反应。不溶于水，溶于硝酸和王水，也能溶解于强碱，生成砷酸盐。

砷是自然界中丰度排在第 20 位的一种具有较强毒性和致癌作用的元素，可引起皮肤癌、膀胱、肝脏、肾、肺和前列腺以及冠状动脉等疾病和所谓黑足病等慢性砷中毒。

2．土壤中砷的来源及危害

砷在地壳中的平均含量，一般都在百万分之几（1.7×10^{-6}～5×10^{-6}）的范围内。通常以硫砷矿（AsS）、雌黄（As_2S_3）、雄黄（As_4S_4）、砷硫铁矿（FeAsS）存在或者伴生于 Cu、

Pb、Zn 等硫化物。

土壤中砷的来源可分为自然源和人为源。土壤砷的本底主要来自成土母质，其浓度高低和分布由成土过程的环境因素所决定：除一些特殊的富砷地区外，土壤中砷的含量一般不会超过 15 mg/kg。但是，高砷地区水侵蚀、植物吸收和火山活动等自然过程，可使土壤中的砷逐步分散到环境中，对周边地区土壤及环境中砷的含量产生较大影响，并可能导致土壤中砷含量超标乃至污染。相对自然来源而言，土壤中砷含量受人为活动的影响也很显著，包括工矿业活动、废弃物排放和燃煤等以及农业活动。

砷在土壤中存在的形态有无机和有机两种，常见的无机砷有三氧化二砷、亚砷酸盐和五氧化二砷、砷酸、砷酸盐；有机砷有甲基砷（MMA）、二甲基砷（DMA）、三甲基砷（TMA）。主要以+3 价和+5 价形式存在，可分为水溶性砷、吸附态砷和难溶性砷。三者之间在一定的条件下可以相互转化。当土壤中含硫量较高且在还原性条件下，可以形成稳定的难溶性 As_2S_3。在土壤嫌气条件下，砷与汞相似，可经微生物的甲基化过程转化为二甲基砷 $[(CH_3)_2AsH]$之类的化合物。土壤中的砷主要以非水溶性形式存在，因此土壤中的砷，特别是排污进入土壤的砷，主要累积于土壤表层，难以向下移动。研究发现，无机态砷的毒性大于有机态砷，其中三价砷的毒性是五价砷的 60 倍，是甲基砷（如一甲基砷酸和二甲基砷酸）毒性的 70 倍。

土壤中砷含量的标准为一级土壤环境质量标准规定土壤砷含量≤15 mg/kg，三级标准应≤30 mg/kg。土壤中砷的含量及形态直接影响作物的生长和品质，并与人类健康息息相关，同时也是开展环境健康风险评估、砷污染土壤诊断与修复等的重要依据。近年来，随着农业生态系统中砷累积趋势增强、农产品中砷含量超标风险增大，砷对农作物尤其是蔬菜和粮食产量及农产品质量影响的研究已逐步受到重视。

3．环境质量标准与排放（控制）标准的要求

在我国现行环境质量标准和排放标准中，有 4 个质量标准、2 个卫生标准和 2 个排放、控制标准规定了砷浓度限值，相关数据见表 2-13。

4．国内外相关标准方法研究

（1）国内相关标准方法研究

目前，国内标准中测定土壤砷的方法有分光光度法、原子荧光法（AFS 法）、电感耦合等离子体发射光谱法（ICP-AES 法）、电感耦合等离子体质谱法（ICP-MS 法）以及波长色散 X 射线荧光光谱法。表 2-14 汇总了土壤中砷测定的国内标准，从表中可以查看到各标准所涉及的仪器方法、采用的消解方式及酸体系的选择，部分标准还列出了其检出限及需要注意的问题（见备注）。

表 2-13 土壤中砷监测标准

序号	标准代号	标准名称	限值
1	HJ 350—2007	展览会用地土壤环境质量评价标准（暂行）	A 级 20 mg/kg；B 级 80 mg/kg
2	GB 15618—1995	土壤环境质量标准值	水田：一级 15 mg/kg；二级 20～30 mg/kg；三级 30 mg/kg 旱地：一级 15 mg/kg；二级 25～40 mg/kg；三级 40 mg/kg
3	GB 3838—2002	地表水环境质量标准	Ⅰ～Ⅲ类 0.05 mg/L；Ⅳ～Ⅴ类 0.1 mg/L
4	GB/T 14848—1993	地下水质量标准	Ⅰ类 0.005 mg/L；Ⅱ类 0.01 mg/L；Ⅲ～Ⅳ类 0.05 mg/L
5	CJ/T 206—2005	城市供水水质标准	0.01 mg/L
6	GB 5749—2006	生活饮用水卫生标准	0.01 mg/L
7	GB 8978—2002	污水综合排放标准	0.5 mg/L

表 2-14 土壤中砷测定的国内标准汇总

序号	仪器方法	消解方式	酸体系	来源	标准号	检出限	备注
1	分光光度计	电热板	硫酸-硝酸-高氯酸	国内环保行业	GB/T 17134—1997	0.5 mg/kg	
2	分光光度计	电热板	盐酸-硝酸-高氯酸		GB/T 17135—1997	0.2 mg/kg	
3	AFS	沸水浴	王水（1+1）		GB/T 22105.2—2008	0.01 mg/kg	
4	AFS	微波	王水		HJ 680—2013	0.01 mg/kg	
5	ICP-AES	电热板	硝酸-双氧水-盐酸		HJ 350—2007	2 mg/kg	暂行标准
		加压容器	硝酸-盐酸				
6	波长色散 X 射线荧光光谱法	压片	—		HJ 780—2015	2.0 mg/kg	2016 年 2 月 1 日实施
7	ICP-MS	烘箱［（185±5）℃］	氢氟酸-硝酸（1+0.5）	国内其他行业	GB/T 14506.30—2010		
8	AFS	沸水浴	王水（1+1）		NY/T 1121.11—2006	0.0004 mg/L	

（2）主要国家、地区及国际组织相关标准方法研究

国外标准中测定土壤砷的方法比较多，主要以 EPA 标准为主。ISO 标准中测定土壤砷的标准有采用王水萃取土壤中砷，应用电热和氢化法 AAS 测定；英国、德国等国主要引进 ISO 标准方法制定本国的相关土壤砷的标准。法国同样应用电热和氢化法 AAS 对土壤

中砷进行了相关研究；日本建立了土壤中砷的 X 射线荧光光谱法。EPA 标准中涉及的土壤砷的方法很多，主要有氢化物发生-AAS、石墨炉原子吸收（GFAAS）法、原子吸收法（AAS）、ICP-AES 法、ICP-MS 法等，土壤消解方式涉及酸消解、微波消解等。

表 2-15 汇总了土壤中砷测定的国内外标准，从表中可以查看到各标准所涉及的仪器方法、采用的消解方式及酸体系的选择，部分标准还列出了其检出限及需要注意的问题（见备注）。

表 2-15 土壤中砷测定的国外标准汇总

序号	仪器方法	消解方式	酸体系	来源	标准号	备注
1	电热和氢化法 AAS	萃取	王水	ISO	ISO 20280—2007	
2	电热和氢化法 AAS	萃取	王水	德国	DIN ISO 20280—2010	
3	电热和氢化法 AAS	萃取	王水	英国	BS ISO 20280—2008	
4	电热和氢化法 AAS	萃取	王水	法国	NF X31-437—2007	
5	X 射线荧光光谱法	粉末	研磨过筛	日本	JIS K0470—2008	
6	氢化物发生-AAS	电热板	硝酸+硫酸（10+12）	美国	EPA method 7061A	
7	酸消解 GFAA/ICP-MS	蒸气浴	硝酸（1∶1）+水+30%双氧水（10+2+3）	美国	EPA method 3050B	前处理方法标准
8	GFAA、ICP-AES、ICP-MS	微波［（175±5）℃］	硝酸	美国	EPA method 3051A/3051	
9	CVAA、FLAA、GFAA、ICP-AES 和 ICP-MS	微波［（180±5）℃］	硝酸+氢氟酸（消解含硅基体）+双氧水（消解有机物）	美国	EPA method 3052	
10	ICP-AES	参照标准 EPA method 3050、3052 或 3050B		美国	美国 method 6010B；6010C	仪器方法标准
11	ICP-MS			美国	美国 method 6020A；6020	
12	AAS			美国	美国 method 7000A	
13	GFAA			美国	美国 method 7010	

5．国内外相关分析方法研究报道

（1）分光光度法测定土壤中砷

目前文献中测定土壤中砷的分光光度法主要是二乙氨基二硫代甲酸银光度法（简称 Ag·DDC），这也是国家标准（GB/T 17134—1997）中推荐的方法。Ag·DDC 光度法测定砷的原理是在 1.10～1.25 mol/L H_2SO_4。介质中，锌与酸反应形成原子氢和 As^{3+} 作用产生

AsH_3，而 AsH_3，与 Ag·DDC 反应生成红色单质胶态银，可于 510 nm 处测定溶液的吸光度。周建梅等采用微波消解法对土壤样品进行前处理，在密闭消解罐内用 H_2O_2、H_2SO_4、$HClO_4$ 做消解剂，采用 Ag·DDC 光度法测定了东北某土壤样品中的总砷含量，实验中采用微波消解进行前处理提高了测定效率，降低了二次污染的可能性，测定结果与国标方法基本一致。王起超等报道了采用 Ag·DDC 光度法测定了葫芦岛市锌厂周围 67 个地点 88 个土壤样品的砷含量，用 Kriging 插值模拟了其空间分布特征和污染指数分布，结果表明靠近锌厂周围土壤砷污染严重，已不再适合农业用地。罗艳丽等以新疆奎屯垦区为研究区域，采用 Ag·DDC 光度法对该地区土壤和植物中砷含量的测定，结果表明：奎屯垦区土壤中砷的含量范围在 7.25～39.63 mg/kg，平均值为 19.32 mg/kg，高于全国的平均水平；还发现该区域内的藤草（*Seirpus* L.）和芦苇（*Phragmites*）两种植物对砷具有较强的耐性。

这种方法，仪器设备要求简单，线性范围比较宽，但是操作比较繁琐、检测限高、重现性差、对人体的危害大，不适合用于砷的痕量分析，逐渐被新的分析方法取代。

（2）原子荧光光度法测定土壤中的砷

目前，国内利用原子荧光法测定土壤中砷的方法很普遍、也很成熟，关于这方面的文献报道数不胜数。土壤中总砷的前处理方式主要有水浴、电热板、微波、振荡等。

① 水浴消解　水浴消解-AFS 法测定土壤总砷是用混合酸沸水浴消解法，以提取土壤中总砷，再用硫脲+抗坏血酸溶液还原试液中的三价砷，在特定仪器分析条件下用原子荧光光谱仪测定。

水浴消解-AFS 法测定土壤中总砷常用到的酸是王水。王水也是消解土壤样品常用的强混合酸。刘玉萍等研究了采用王水（1+1）在沸水浴上消解样品，然后在消解液中加入 5%硫脲-5%抗坏血酸，以硼氢化钾为还原剂，在 5%盐酸介质中应用 AFS-2201 型双道原子荧光光谱法测定土壤中的砷。该方法的最低检出限为 As 0.44 ng/mL，回收率为 98.85%～103.75。吴晓琼等用王水 10 mL 于沸水浴中消解土壤 100 min，冷却定容后，放置 4 h，加入还原剂 5 mL，应用原子荧光研究了六合地区土壤中砷的含量水平。赵东阳等以 5 mL 王水（1∶1）分解样品，于水浴煮沸 1 h，取下后冷却后定容，用硫脲-抗坏血酸（1%）作为还原剂，用 SK2003 原子荧光分析仪流动注射测定土壤中的砷。实验表明，在最优实验条件下，选择 10% HCl 介质，2%硼氢化钾测定砷的效果最好。杨金红用 10 mL（1+1）王水，沸水浴中消解土壤样品 2 h，应用 AFS-230E 原子荧光光度计测定了土壤中的痕量砷，并分析了仪器的最佳测定条件，在选定的仪器最佳测定条件下，测定砷的检出限为 0.0394 ng/mL，线性范围为 0～20 ng/mL，相关系数 0.9994，加标回收率 95.6%，精密度 1.8%。袁旭等通过对王水（1+1）消解土壤方法的优化，利用原子荧光光度计测定土壤中的砷。结果表明：0.2～0.5 g 土壤，用 5 mL 王水（1+1），沸水浴中分解 2 h，可将土壤中砷消解完全，该方法测定砷的检出限为 0.0092 μg /L。

除了用王水水浴消解法处理土壤砷外，文献报道中还用到的混合酸有 $HC1+HNO_3+H_2O$（1+1+3）、硝酸等。洪世杰等在土壤样品中加入混酸（$HC1+HNO_3+H_2O$=1+1+3）10 mL，酒石酸溶液（200 mg/L）2 mL，摇匀，置于 100℃水浴锅上消解 60 min，采用 AFS-2202a 型双道原子荧光光度计测定砷，获得了很好的效果。该方法测定土壤实际样品中砷的相对标准偏差为 5.2%，加标回收率在 85.0%～97.6%。谢锋等只采用硝酸沸水浴（3h）消解处理土壤中的砷，排除了盐酸及高沸点酸对测定的干扰，降低了测量的空白值。该方法测定砷的线性范围为 0～40 ng/mL，检出限为 0.011 ng/mL，加标回收率为 93.0%～104%。

② 电热板消解　电热板消解土壤样品所采用的混合酸主要有：硫酸-硝酸-高氯酸、硫酸（1+1）-硝酸-高氯酸、硝酸-高氯酸-氢氟酸、硝酸-高氯酸等。张文彦等采用（1+1）硫酸 7 mL，浓硝酸 10 mL，高氯酸 2 mL，放置电热板上加热分解土壤样品，应用原子荧光测定土壤中砷。实验表明，该方法测定土壤中砷的检出限为 0.038 μg/L；对国家标准土壤样品 GSS-8 的测定能在保证值范围之内，测定实际样品的相对标准偏差为 3.06%，加标回收率范围为 96%～105%，表现出较好的准确度和精密度。张景东等在土壤样品中加入 4 mL 硝酸、1 mL 高氯酸，盖上表面皿，先在电炉上消化（将有机物全部消化掉），把消化后的溶液全部转入 250 mL 聚四氟乙烯烧杯中，于电热板上将溶液蒸发至刚冒高氯酸白烟，反复两次加入 1 mL 高氯酸及 5 mL 氢氟酸，至溶液近干冷却，用 1% HCl 定容，然后应用氢化物发生-原子荧光法对土壤中砷含量进行测定。在最佳条件下，测定砷的线性范围为 0～40 μg/L，相关系数为 0.9994，方法检出限为 0.2 μg/L。应用于样品测定，测定结果的相对偏差小于 2.6%；加标回收率为 96.8%～104%。蒋天成等采用 HNO_3-$HClO_4$-H_2SO_4 混酸消化土壤样品，控制 10%盐酸介质，以抗坏血酸-硫脲还原，用原子荧光光谱法测定砷。实验表明，该方法测定土壤中砷的检出限为 0.08 ng/mL，测定土壤、水系沉积物等标准物质中砷的含量，测定结果在标准值范围内；测定土壤实际样品的加标回收率为 94.2%，相对标准偏差为 0.65%（n=11）。刘应希比较了 HNO_3-$HClO_4$、HNO_3-H_2SO_4、HNO_3-H_2SO_4-$HClO_4$、HNO_3-HCl-$HClO_4$、HNO_3-HCl 五种混合酸电热板消解对土壤中总砷的研究，结果表明当使用 HNO_3-H_2SO_4-$HClO_4$ 消解方式及分别以 5%的浓硫酸作介质和以 5%的浓硫酸作载流液时，既能保证消解完全，又能保证没有砷的丢失，还能保证用原子荧光仪测定时不会有其他酸的干扰，因而测定结果具有较好的准确性和精密性。

③ 微波消解法　微波酸溶技术是一种崭新的极有潜质的样品消解技术。1975 年，Abu-samra 等首次用微波炉湿法消解了一些生物样品，开始将微波加热技术应用到分析化学领域。1985 年，美国 CEM 公司推出微波试样分解设备，把微波技术与聚四氟乙烯压力罐消化法结合起来。此后，微波溶样设备的研制和实际应用都有很大发展。1986 年 Burguera 等首次将微波在线消解与流动注射联用，开创了连续流动微波消解样品这一领域。微波酸

溶技术是利用酸与样品混合液中的极性分子在微波辐射的作用下对样品内部进行加热溶解，该技术可以在不改变化学反应机理的基础上达到高效快速消解的目的。微波酸溶技术由于具有消解完全快速、试剂消耗量少、低空白、节约能源、降低分析人员劳动强度等优点，已被分析化学工作者逐渐当作一项常规的样品（包括环境监测样品）预处理手段。

高向阳等将土壤样品（0.1～0.5 g）于聚四氟乙烯溶样杯中，加硝酸-高氯酸-氢氟酸（4+1+0.5）混酸 5 mL，待冒泡结束后盖紧杯盖，放入微波消解仪中，按一定程序进行高压消解，再冷至室温，溶液呈无色或淡黄色。消解完后赶酸定容用原子荧光测定土壤中砷。考察了仪器工作条件、反应介质、硼氢化钾浓度、共存离子、硫脲-抗坏血酸浓度等因素对测定结果的影响。实验表明，酸的种类和浓度对测定结果影响不大，但硫酸空白值较盐酸高，试验选用 5%盐酸作为反应介质，选择 2%的硼氢化钾和 0.5%的氢氧化钠作为还原剂；选择 5%硫脲-抗坏血酸将样品中的 5 价砷还原至 3 价砷，还原速度受温度的影响，室温低于 15℃时至少应放置 30 min；对于共存离子的干扰情况，实验表明，6 倍量锑、20 倍铅、30 倍锡、200 倍铜和锌对砷（Ⅲ）测定无干扰。加入硫脲和乙二胺四乙酸二钠（CEDTA）可消除砷、锑之间以及大多数共存元素的干扰。在优化的测定条件下，砷标准曲线的工作范围为 0～80 μg/L，相关系数＞0.999，检出限为 0.0731 μg/L，仪器测定标准溶液的 RSD 为 1.4%（n=11），加标回收率为 91.57%～107.1%。李波等建立了微波消解-原子荧光法测定土壤中 As 的分析方法：用王水、60%王水、35%王水各 5 mL 分别作为消解溶剂，在设定的微波消解条件下采用三步程序升温，最高温度设定在 190℃以下；若土壤样品中有机物质含量较低，则采用两步程序升温，最高温度设为 195℃，都可以将土壤中的 As 提取完全。该方法测定土壤中砷的检出限为 0.022 mg/kg，线性范围为 0～120 ng/mL；对土壤标准样品测定在推荐值范围之内，相对标准偏差为 0.8%～2.1%；测定实际样品加标回收率为 96.7%～102%。段雪梅采用微波消解土壤样品不赶酸的情况下利用原子荧光光谱法测定土壤中的砷。实验表明：微波王水消解土壤样品在不赶酸的情况下，砷的测定值均在国家标准物质 ESS-1 的推荐值范围内；砷的线性范围为 0.00～50.0 μg/L，相关系数 r = 0. 9995；按称取 0.2 g 样品，定容至 50 mL，求出砷检出限为 0.5 mg/kg；砷回收率为 93.4%～100.9%，，相对标准偏差（n =4）为 0.39%～4.56%。

④ 高压密闭消解法　褚卓栋等采用高压密闭消解系统消解土壤，用 HG-AFS 测定 As，对比了不同消解酸体系对国家土壤标准参考样中 As 的消解效果，对 As 的消解回收率，盐酸-硝酸体系为 26.1%，硝酸-高氯酸-氢氟酸体系为 109.9%，硝酸-双氧水体系为 69.2%，结果表明：硝酸-高氯酸-氢氟酸体系效果最佳。

⑤ 不同消解方式处理土壤中砷的比较　前人研究了不同消解方式处理土壤中砷的差异。

谢建茂等比较了硫酸-硝酸-高氯酸（8+2+1）电热板与硝酸-盐酸（1+1）沸水浴两种消解处理土壤砷，发现电热板消解土壤，有较好的检测准确度，测定值与标准值比较在规定的允许差范围内，准确度达 98.1%。而用沸水浴消解土壤，检测值低于标准值，准确度较差，仅为 68.6%。

赵哲分别用王水（1+1）水浴消解法和硫酸-硝酸-高氯酸混合酸电热板消解法处理土壤样品，用原子荧光光度计法测定了砷的含量，比较了两种消解方法砷的测定值和标准值。结果表明，采用混合酸消解法砷的测定值低于标准值，而采用王水消解法可以准确测定土壤中砷含量，实验操作简单方便，结果准确，可靠。

孙维等比较了三种消解方式测定砷的效果。三种消解方式分别为：①GB/T 22105.2—2008《土壤中总砷的测定》土壤样品测砷前处理方法：王水（1+1）水浴消解法；②《水和废水监测分析方法》)（第四版）底质样品分解与浸提土壤样品测砷前处理方法：硫酸（1+1）-浓硝酸-高氯酸混合酸电热板消解法；③HJ/T 166—2004《土壤环境检测技术规范》附录 D 土壤样品测砷前处理方法：盐酸振荡法。实验结果表明：3 种不同的土壤中测砷的前处理方法所测得的值各不相同，其中 GB/T 22105.2—2008《土壤中总砷的测定》中的前处理方法测得的结果最接近 ESS-1 真值，其次是《水和废水监测分析方法》中前处理方法测得值，测量值最低的是 HJ/T 166—2004《土壤环境检测技术规范》中的前处理方法，由此可见 GB/T 22105.2—2008《土壤中总砷的测定》中的前处理方法是最可靠处理土壤标准样品 ESS-1 的方法，这为以后的工作提供了良好的理论依据。

戴莉莎应用硫酸（1+1）-浓硝酸-高氯酸混合酸电热板消解和硝酸-盐酸-HF 混合酸微波消解处理土壤标准样品，分析了 2 种消解方法的优缺点。结果表明，采用电热板消解的测定值低于标准值；采用微波消解法的测定值最为接近标准值，是一种方便快捷、结果准确、可靠的消解预处理方法。

（3）X 荧光光谱法测定土壤中砷

X 荧光光谱法主要应用在冶金、材料、地质等行业，尤其是地质领域中，X 射线荧光光谱法多用于土壤、水系沉积物多元素分析。近年来，国内有关 X 荧光光谱法的文献主要讨论样品制备、方法检出限、仪器稳定性、基体干扰校正、不同介质中元素分析的应用等。

于波等用 X 射线荧光光谱法测定土壤和水系沉积物中碳、氮、砷等 36 个主次痕量元素，重点研究了痕量元素的测定条件和痕量元素的背景选择和谱线重叠校正问题。徐婷婷等采用粉末压片，使用 X 射线荧光光谱仪同曲线测定海洋沉积物和陆地地球化学样品中砷、铅、铬、镍、铜、锌、锰、铁、钒、钴等 29 种主次痕量元素。

（4）ICP-AES 测定土壤中砷

国内应用 ICP-AES 方法测定土壤中砷的报道比较多。付翠轻应用石墨套电热消解仪，采用硝酸-氢氟酸-高氯酸消解土壤样品，样品中的难溶组分被有效提取，应用 ICP-AES 测定土壤样品中的 24 种元素。方法中测定组分多，试剂用量少，简便快速，劳动强度低，能够满足土壤样品多组分分析的要求。砷的测定波长为 189.042 nm，线性方程为

$Y=1.81\times103X-1.48$，线性相关系数为 0.9999，其检出限为 0.0069 mg/L。赵庆令等同样应用三酸消解模式，对难溶组分进行有效提取。通过选择合适分析谱线、合理设置背景扣除位置及干扰元素校正系数，改善光谱干扰，提高方法灵敏度。实验表明，砷采用 189.042 nm 谱线，背景校正偏右一些，其检出限为 0.911 μg/g；而对于复杂样品，因受基体的干扰，使得砷元素测定精密度及准确度变差。黄林玉自制 ICP-AES 氢化法装置同时测定土壤岩石中的砷、硒。应用自制的氢化法装置对实际样品进行分析，取得了很好的效果。李芳等研究了 ICP-AES 直接测定土壤沉积物中重金属的光谱干扰和校正方法。实验表明，砷的测定谱线为 188.979 nm，为轴向观测方向，其干扰主要来自线翼重叠和背景位移；当受干扰比较严重时，可应用多元光谱拟合对样品进行校正，测定明显的改善。

（5）ICP-MS 测定土壤中砷

目前，利用 ICP-MS 测定土壤中砷的研究报道比较多，包括土壤中总砷、有效态砷以及砷的形态分析。土壤中砷的形态分析主要是采用 ICP-MS 跟其他仪器如 HPLC 等的联用来实现的。这里主要侧重于考察土壤中砷的全量（总砷）及有效态砷（浸出）的分析研究。

由于 ICP-MS 仪器的特殊性，其对进样样品的要求比较高，进样溶液中可溶性固体＜0.2%，对酸度也有一定的要求，一般样品中的酸度为 2%以下。因此，土壤的前处理环节很重要，包括消解方式及无机酸的选择。

① 土壤中总砷的测定　从消解方式来看，目前采用 ICP-MS 测定土壤中总砷的前处理方式主要有电热板消解、高压罐消解和微波消解 3 种方法。每种消解方式因无机酸的选择不同，有不同的灵敏度和检出限。黄丽娟等选用 HNO_3-$HClO_4$-HF 混酸，采用微波消解方式测定土壤中的砷，获得 0.245 mg/kg 的检出限，具有较高准确度和精确度，加标回收率达到 90.5%～105%。张晓静等同样采用微波消解方式，选用 HNO_3-H_2O_2-HF 混酸体系对土壤中的砷进行前处理，其检出限为 2.004 ng/L，精密度在 0.669%～3.02%，加标回收率达到 94.68%。王娜同样采用微波消解方式，选用 HNO_3-H_2O_2 混酸体系来消解土壤样品来测定砷，检出限低至 0.001 mg/kg，加标回收率为 84.0%～96.8%。万飞等采用 HNO_3-H_2O_2 于 170℃烘箱中对土壤进行消解，利用 H_2/He 碰撞技术测定土壤消解液中砷元素，检出限为 0.015 ng/mL。刘亚轩等选用 HNO_3-HF 消解体系，采用电热板消解方式，测定土壤中的砷，检出限为 0.3 μg/g，精密度达到 4.5%～9.3%。

② 土壤中有效态砷的测定　测定土壤中砷的有效态，即土壤浸出液中砷的含量，用来评价土壤中砷的毒理分析。目前，测定土壤浸出液中砷的方法主要有原子吸收分光光度法和原子荧光分光光度法，也是国标中测定土壤有效态砷的常规方法。但这两种方式都只能单独的测定某一个元素，具有耗时长、操作繁琐等缺点。而 ICP-MS 因为可以多元素同时进行分析，具有低检出限、线性范围好、精密度好、谱线干扰可在线校正等优点，越来越受到研究者们的喜好，而被受到重视和广泛应用。这方面的文献报道不多，目前还在研

究阶段，有效态砷的研究在于浸提过程中浸提溶液及浸提比等的选择。张传琦等按固液比1∶5的比例，用0.1 mol/L稀HCl溶液作为浸提剂，对土壤中有效态砷进行研究，其检出限为2.8 ng/g，精密度为7.5～8.1%，准确度为−1.43%～3.19%；季海冰等同样采用稀盐酸作为浸提剂来提取土壤中有效态砷，获得的检出限为<0.03 mg/kg，土壤加标平均回收率为81%～121%，相对标准偏差为0.03%～1.2%。

（六）土壤中镍的测定

1．镍的理化性质

镍，它的化学符号是Ni，原子序数是28。银白色金属，密度8.9 g/cm^3。熔点1455℃，沸点2730℃。化合价+2和+3。电离能为7.635 eV。

镍属于亲铁元素，在地球中的含量仅次于硅、氧、铁、镁，居第5位。在地核中含镍最高，是天然的镍铁合金。质坚硬，具有磁性和良好的可塑性。有好的耐腐蚀性，在空气中不被氧化，又耐强碱。在稀酸中可缓慢溶解，释放出氢气而产生绿色的正二价镍离子(Ni^{2+})；对氧化剂溶液包括硝酸在内，均不发生反应。镍是一个中等强度的还原剂。在自然界，最主要的镍矿是红镍矿（砷化镍）与辉砷镍矿（硫砷化镍）。

2．土壤中镍的来源及危害

金属镍几乎没有急性毒性，一般的镍盐毒性也较低，但羰基镍却能产生很强的毒性。羰基镍以蒸气形式迅速由呼吸道吸收，也能由皮肤少量吸收，前者是作业环境中毒物侵入人体的主要途径。Ni具有较高的毒性、长期性和非移动性，一旦污染土壤，在土壤多种组分的共同作用下，可发生物理、化学和生物作用，使其存在形态发生变化，导致其迁移性和生物有效性的变化，在土壤中出现沉积形态。

3．环境质量标准与排放（控制）标准的要求

我国4个质量标准、1个卫生标准和2个排放、控制标准规定了镍浓度限值，见表2-16。

表2-16　镍的环境质量标准与排放标准

序号	标准代号	标准名称	排放限值
1	HJ 350—2007	展览会用地土壤环境质量评价标准（暂行）	A级：50 mg/kg；B级：2400 mg/kg
2	GB 3838—2002	地表水环境质量标准	0.02 mg/L
3	CJ/T 206—2005	城市供水水质标准	0.02 mg /L
4	GB 5749—2006	生活饮用水卫生标准	0.02 mg /L
5	GB 8978—1996	污水综合排放标准	1.0 mg/L
6	GB 18918—2002	城镇污水处理厂污染物排放标准	日均值0.05 mg/L
7	GB/T 14848—1993	地下水质量标准	II类≤0.01 mg/L；III 类≤0.05 mg/L

4. 国内外相关标准方法研究

（1）国内相关标准方法研究

国内标准中测定土壤镍的方法主要有火焰原子吸收、ICP-AES 法、王水回流消解原子吸收法、封闭酸溶/ICP-MS、分光光度法、示波极谱法以及 X 射线荧光光谱法。表 2-17 汇总了土壤中镍测定的国内标准，从表中可以查看到各标准所涉及的仪器方法、采用的消解方式及酸体系的选择，部分标准还列出了其检出限及需要注意的问题（见备注）。

表 2-17 土壤中镍测定的国内标准汇总

<table>
<tr><th>序号</th><th>标准号</th><th>来源</th><th>仪器方法</th><th>消解方式</th><th>消解体系</th><th>检出限</th><th>备注</th></tr>
<tr><td>1</td><td>GB/T 17139—1997</td><td rowspan="3">国内环保行业标准</td><td>FLAA</td><td>电热板</td><td>盐酸-硝酸-氢氟酸-高氯酸</td><td>2.0 mg/kg</td><td></td></tr>
<tr><td rowspan="2">2</td><td rowspan="2">HJ/T350—2007</td><td>ICP-AES</td><td>电热板</td><td>硝酸-双氧水-盐酸-水</td><td rowspan="2">1.00 mg/kg</td><td rowspan="2">暂行标准</td></tr>
<tr><td>ICP-AES</td><td>密闭加压</td><td>硝酸-盐酸</td></tr>
<tr><td>3</td><td>NY/T 1613—2008</td><td>国内其他行业标准</td><td>FAAS</td><td>电热板</td><td>王水</td><td>2 mg/kg</td><td></td></tr>
<tr><td>4</td><td>GB/T 14506.30—2010</td><td>国内岩矿行业</td><td>ICP-MS</td><td>干法消解（马弗炉 700℃）</td><td>碱熔：过氧化钠</td><td>1.0 μg/g</td><td></td></tr>
<tr><td>5</td><td>GB/T 14506.27—2010</td><td>国内岩矿行业</td><td>分光光度法</td><td>电热板</td><td>盐酸-硝酸-氢氟酸-高氯酸</td><td>10 μg/g</td><td></td></tr>
<tr><td rowspan="2">6</td><td rowspan="2">GB/T 14506.21—2010</td><td rowspan="2">国内岩矿行业</td><td rowspan="2">示波极谱法</td><td>酸溶</td><td>盐酸-硝酸-氢氟酸-高氯酸</td><td rowspan="2">5.0 μg/g</td><td rowspan="2"></td></tr>
<tr><td>碱熔</td><td>过氧化钠</td></tr>
<tr><td>7</td><td>HJ 780—2015</td><td>国内环保行业</td><td>波长色散 X 射线荧光光谱法</td><td>压片</td><td>—</td><td>2.0 mg/kg</td><td>2016 年 2 月 1 日实施</td></tr>
</table>

（2）主要国家、地区及国际组织相关标准方法研究

国外标准中测定土壤镍的方法比较多，主要以 EPA 标准为主。ISO 标准中测定土壤镍的标准有采用王水萃取土壤中镍，应用火焰和电热原子吸收光谱法测定；英国、德国等国主要引进 ISO 标准方法制定本国的相关土壤镍标准，此外，德国还建立了采用石墨炉原子吸收法测定土壤中镍的标准。EPA 标准中涉及土壤镍的方法很多，主要有火焰原子吸收、石墨炉原子吸收、电感耦合等离子体光谱、电感耦合等离子体质谱等，土壤消解方式涉及酸消解、微波消解等。

表 2-18 汇总了土壤中镍测定的国外标准，从表中可以查看到各标准所涉及的仪器方法，采用的消解方式及酸体系的选择，部分标准还列出了其检出限及需要注意的问题（见

备注）。

表 2-18 土壤中镍测定的国外标准汇总

序号	标准号	来源	消解方式	消解体系	监测方法	检出限	备注
1	ISO 11047—1998	ISO 标准	萃取	王水	火焰和电热 AAS		
2	BS 7755-3-13—1998	英国标准	萃取	王水			
3	DIN ISO 11047—2003	德国标准	萃取	王水			
4	EPA method 6010B/6010C	美国 EPA 标准	参照标准 EPA method 3051A/3051、3052 或 3050B		ICP-AES		仪器方法标准
5	EPA method 6020A/6020				ICP-MS		
6	EPA method 7000A				AAS		
7	EPA method 7000B				FLAA		
8	EPA method 7010				GFAA		
9	EPA method 3051A/3051		微波	硝酸	FLAA/GFAA/ICP-AES/ ICP-MS		消解方法标准
10	EPA method 3052		微波	硝酸-氢氟酸（含硅基体）；硝酸-氢氟酸-双氧水（含有机物基体）	CVAA/FLAA/GFAA/ICP-AES/ICP-MS		
11	EPA method 3050B		蒸气浴	硝酸-水-30%双氧水	GFAA/ICP-MS		
				硝酸-水-30%双氧水-盐酸	FLAA/ICP-AES		
12	EPA method 6200		固体压片	—	X 射线荧光光谱法	20 mg/kg	

5．国内外相关分析方法研究报道

目前，测定土壤中镍的研究报道比较多，包括土壤中总镍、有效态镍以及镍的形态分析。土壤中镍的形态分析主要是采用 ICP-MS 跟其他仪器（如 HPLC 等）的联用来实现的。这里主要侧重于考察土壤中镍的全量（总镍）及有效态镍（浸出）的分析研究。

（1）土壤中总镍的测定

从消解方式来看，目前采用 ICP-MS 测定土壤中总镍的前处理方式主要有电热板消解、高压罐消解和微波消解 3 种方法。每种消解方式因无机酸的选择不同，有不同的灵敏度和检出限。刘传娟等采用电热板消解法、高压罐消解法和微波消解法同时消解环境土样标准物质 ESS-1、ESS-2、ESS-3 和 ESS-4，用四级杆电感耦合等离子体质谱法（ICP-MS）分别测定镍等重金属的含量，对 3 种方法的消解效果进行对比。结果表明，检出限方面，3 种方法检出限均达到 μg/L 或更低，对于元素镍，这 3 种方法检出限分别为 0.068 μg/L、0.076 μg/L 和 0.089 μg/L；在测定重复性上，其相对标准偏差均小于 10%，但电热板消解的重复性不如其他两种方法；田娟娟等也比较了电热板消解和密闭罐消解法对土壤中 49 种矿质元素 ICP-MS 检测的影响。根据加标回收实验和国家标准物质（GBW07403）验证实验表明，对于土壤中元素镍采用电热板消解处理方式可以获得更好的准确度和精密度，其方法检出限为 5.28 ng/L，相对标准偏差为 1.49%。

目前对于土壤的前处理采用最多、最普遍的消解方式是电热板消解。田媛等采用盐酸/硝酸/氢氟酸/高氯酸全消解（参照 HJ 491—2009 标准方法），建立了 ICP-MS 测定土壤中镍等的方法。主要研究了北京市 3 个再生水灌溉区土壤中镍在内的 8 种重金属的污染状况。齐剑英等采用盐酸/硝酸/高氯酸体系低温电热板消解土壤，建立了 ICP-MS 测定土壤中镍等 24 种重金属的方法。本方法测定镍的检出限为 0.01 μg/L，相对标准偏差为 2.4%，加标回收率 104.1%。

高压罐消解土壤因为操作麻烦很少被用到。胡林凯等采用硝酸/氢氟酸/高氯酸酸溶高压密封罐消解方式，建立了 ICP-MS 测定底泥中镍等重金属的方法。该方法不仅耗时长（100℃保持 1h，升温至 180℃再保持 6～8h），还具有一定的危险性，需要人工调节消解时间和温度，转移时酸残留量较大，对人体有危害，定容后也需要离心或静置，方可上机测定。

微波消解作为一种新的消解技术，正被广泛用于土壤重金属前处理过程中。黄丽娟等采用 ICP-MS 等离子体质谱法同时测定土壤中镍等元素含量，方法采用硝酸密封微波消解技术溶样，冷却后加入氢氟酸和高氯酸电热板赶酸至氢氟酸和高氯酸蒸发完，消解液定容至 50 mL（8%的硝酸），以 Y（5%硝酸）为内标校正系统，进行 ICP-MS 扫描测定 Pd 等的含量。文章中还对分析元素同位素及干扰进行了相关讨论。在最优仪器工作条件下获得了较低的方法检出限（0.2g 土壤样定容至 50 mL，检出限为 0.430 mg/kg），并通过对土壤标准样品考察了方法的精密度和准确度，结果表明，该实验方法测定土壤标准样品的相对标准偏差＜4%，加标回收率在 90.5%～108%。张晓静等建立了硝酸/双氧水/氢氟酸体系微波消解前处理样品，利用 ICP-MS 同时测定土壤中镍等 6 种重金属含量的方法。作者采用 Li、Sc、Ge、Y、In、Bi 混合内标校正干扰方法，研究了 7 个省 45 个烟叶产区土壤中镍等 6 种重金属含量，该方法测定镍的检出限为 51 ng/L，相对标准偏差为 1.15%，加标回收率为 95.1%。

（2）土壤中镍的有效态测定

测定土壤中镍的有效态，即土壤浸出液中镍的含量，用来评价土壤中镍的毒理分析。

目前测定土壤浸出液中镍的方法主要有直接吸入火焰原子吸收分光光度法和丁二酮肟分光光度法，也是国标中测定土壤有效态镍的常规方法。这两种方法的缺点是只能单独的测定某一个元素，具有耗时长、操作繁琐等缺点，而且对于分光法来说还存在浊度等干扰测定。而 ICP-MS 因为可以多元素同时进行分析，具有低检出限、线性范围好、精密度好、谱线干扰可在线校正等优点，越来越受到研究者们的喜好，而被受到重视和广泛应用。这方面的文献报道不多，目前还在研究阶段，有效态镍的研究在于浸提过程中浸提溶液及浸提比等的选择。季海冰等按固液比 1∶2.5 的比例，用 0.1 mol/L $NaNO_3$ 溶液作为浸提剂，对土壤中有效态镍进行研究，其检出限为＜0.5 μg/L，土壤加标平均回收率为 88%～91%，相对标准偏差为 0.04%～0.34%，准确度和精密度良好。

（七）土壤中铜的测定

1．铜的理化性质

铜位于元素周期表的第四周期第 I 副族，在自然界中分布极广，是人类最早使用的金属。铜在地壳中的含量约为 0.01%，在个别铜矿床中，铜的含量可以达到 3%～5%。

铜的相对原子质量 63.54，纯铜呈浅玫瑰色或淡红色，打磨光亮后会呈现出明亮的金属光泽，铜不具有磁性，其具有很多可贵的物理化学热性，如热导率高、抗张强度大，易熔接，且抗蚀性、可塑性、延展性良好以及具有较好的导电性。铜能与锌、锡、铅、锰、钴、镍、铝、铁等金属形成合金，形成的合金主要分成三类：黄铜（铜锌合金）、青铜（铜锡合金）和白铜（铜钴镍合金）。

铜是不太活泼的重金属元素，在常温、干燥的空气中不起化学变化，但在潮湿具有 CO_2 存在的空气中易生成一层碱式碳酸铜绿色膜层。在空气中加热至 185℃以上，铜开始氧化，能与氧化合成黑色的氧化铜；继续在很高的温度下燃烧成红色有毒的氧化亚铜。铜原子容易失去一个电子形成亚铜离子或失去两个电子形成铜离子，故铜形成化合物以呈现+1 或+2 的氧化态进行，但由+2 氧化状态形成的化合物比由+1 氧化状态形成的化合物稳定。自然界中的铜，多数以一价或二价化合物状态存在，一价铜多存在于矿物中，有氧化亚铜形式和硫化亚铜形式；环境中的铜主要以二价铜离子存在，二价铜可和无机配位体形成络合物。铜是强烈的亲硫元素，与硫、硅酸盐、氧化物和碳酸盐形成的结构有很强的共价键，因此，铜主要以硫化合物和含硫盐矿物存在，自然界中已发现的含铜矿物超过 170 种。

2．土壤中铜的来源及危害

铜在地壳中的平均丰度为（20～55）$\times 10^{-6}$，我国土壤中铜的分布范围为（1.2～62.1）$\times 10^{-6}$（表层土壤）。土壤中铜主要来源有：①非成矿基岩和其他母质的风化；②成矿岩石和伴生母岩物质的风化；③铜的人为排放源，包括含铜矿产的开采、冶炼厂“三废”的排放、含铜杀菌剂的长期大量使用和城市污泥的堆肥利用等。

铜可能是土壤中性状最活跃多变的一种重金属元素。它能与土壤无机、有机组分相互进行化学反应，也可与硫化物、碳酸根和氢氧根以及其他阴离子形成难溶性物质，这些形态的铜化合物几乎可以存在于任何已有的土壤环境中。土壤中铜的形态随土壤的性质不同而变化，如 pH、土壤质地和土壤有机质等，其中 pH 和有机质对其存在形态的影响较大。一般土壤中铜的形态可划分为：交换态、有机结合态、晶态锰氧化物结合态、无定形铁结合态以及晶态铁氧化物结合态。

铜是人体健康不可缺少的微量营养元素，对于血液、中枢神经和免疫系统，头发、皮肤和骨骼组织以及脑子和肝、心等内脏的发育和功能有重要影响。但过多的铜进入体内可出现恶心、呕吐、上腹疼痛、急性溶血和肾小管变形等中毒现象。

3．环境质量标准与排放（控制）标准的要求

在我国现行环境质量标准和排放标准中，有 4 个质量标准、2 个卫生标准和 2 个排放、控制标准规定了铜浓度限值，相关数据见表 2-19。

表 2-19　土壤中铜监测标准

序号	标准代号	标准名称	限值
1	HJ 350—2007	展览会用地土壤环境质量评价标准（暂行）	A 级 63 mg/kg；B 级 600 mg/kg
2	GB 15618—1995	土壤环境质量标准值	农田：一级 35 mg/kg；二级 50～100 mg/kg；三级 400 mg/kg 果园：二级 150～200 mg/kg；三级 400 mg/kg
3	GB 3838—2002	地表水环境质量标准	Ⅰ类 0.01 mg/L；Ⅱ～Ⅴ类 1.0 mg/L
4	GB/T 14848—1993	地下水质量标准	Ⅰ类 0.01 mg/L；Ⅱ类 0.05 mg/L；Ⅲ类 1.0 mg/L；Ⅳ类 1.5 mg/L
5	CJ/T 206—2005	城市供水水质标准	1.0 mg/L
6	GB 5749—2006	生活饮用水卫生标准	1.0 mg/L
7	GB 8978—2002	污水综合排放标准	一级 0.5 mg/L；二级 1.0 mg/L；三级 2.0 mg/L
8	GB 25467—2010	铜、镍、钴工业污染物排放标准	直接排放：1.0 mg/L（矿山及湿法冶炼）；0.5 mg/L（其他） 间接排放：2.0 mg/L（矿山及湿法冶炼）；1.0 mg/L（其他）

4．国内外相关标准方法研究

（1）国内相关标准方法研究

国内标准中测定土壤铜的方法有火焰原子吸收分光光度法、王水回流消解原子吸收法、ICP-AES 法（暂行标准）以及 2015 年 12 月颁布的波长色散 X 射线荧光光谱法，目前暂未涉及 ICP-MS 法。表 2-20 汇总了土壤中铜测定的国内标准，从表中可以查看到各标准

所涉及的仪器方法、采用的消解方式及酸体系的选择，部分标准还列出了其检出限及需要注意的问题（见备注）。

表 2-20　土壤中铜测定的国内标准汇总

序号	仪器方法	消解方式	酸体系	来源	标准号	检出限	备注
1	FLAA	电热板	盐酸-硝酸-氢氟酸-高氯酸（10+5+5+3）	国标	GB/T 17138—1997	0.5 mg/kg	硝酸镧可消除铁（>100 mg/L）干扰；背景校正消除高盐非特征吸收
2	波长色散 X 射线荧光光谱法	压片	—	国内环保行业	HJ 780—2015	2.0 mg/kg	2016 年 2 月 1 日实施
3	ICP-AES	湿法消解	硝酸-双氧水-盐酸	国内环保行业	HJ 350—2007	0.1 mg/kg	暂行标准
		加压容器消解	硝酸-盐酸（5+2）				
4	AAS	电热板回流	王水	国内其他行业	NY/T 1613—2008	2 mg/kg	

（2）国外相关标准方法研究

国外标准中测定土壤铜的方法比较多，主要以美国 EPA 标准为主。ISO 标准中测定土壤铜的标准有采用王水萃取土壤中铜，应用火焰和电热原子吸收光谱法测定；英国、德国等国主要引进 ISO 标准方法制定本国的相关土壤铜标准。法国采用化学方法对土壤中铜进行了相关研究；美国 EPA 标准中涉及的土壤铜的方法很多，主要有火焰原子吸收、石墨炉原子吸收、电感耦合等离子体光谱、电感耦合等离子体质谱等，土壤消解方式涉及酸消解、微波消解等。

表 2-21 汇总了土壤中铜测定的国内外标准，从表中可以查看到各标准所涉及的仪器方法、采用的消解方式及酸体系的选择，部分标准还列出了其检出限及需要注意的问题（见备注）。

表 2-21　土壤中铜测定的国外标准汇总

序号	仪器方法	消解方式	酸体系	来源	标准号	检出限	备注
1	AAS	萃取	王水	ISO	ISO 11047—1998		
2	AAS	萃取	王水	英国	BS 7755		

<table>
<tr><th>序号</th><th>仪器方法</th><th>消解方式</th><th>酸体系</th><th>来源</th><th>标准号</th><th>检出限</th><th>备注</th></tr>
<tr><td>3</td><td>AAS</td><td>萃取</td><td>DTPA</td><td>法国</td><td>NF X31-121—1993</td><td></td><td></td></tr>
<tr><td>4</td><td>FLAA、GFAA、ICP-AES、ICP-MS</td><td>微波[（175±5）℃]</td><td>硝酸</td><td>美国</td><td>EPA method 3051</td><td></td><td rowspan="4">消解标准</td></tr>
<tr><td>5</td><td>CVAA、FLAA、GFAA、ICP-AES 和 ICP-MS</td><td>微波[（180±5）℃]</td><td>硝酸+氢氟酸+双氧水+盐酸</td><td>美国</td><td>EPA method 3052</td><td></td></tr>
<tr><td>6</td><td>GFAA 或 ICP-MS</td><td>蒸气浴</td><td>硝酸（1∶1）+水+30%双氧水</td><td>美国</td><td>EPA method 3050</td><td></td></tr>
<tr><td>7</td><td>FLAA 或 ICP-AES</td><td>蒸气浴</td><td>硝酸（1∶1）+水+30%双氧水+盐酸</td><td>美国</td><td>EPA method 3050</td><td></td></tr>
<tr><td>8</td><td>ICP-AES</td><td colspan="2" rowspan="4">参照标准 EPA method 3051、3052 或 3050</td><td>美国</td><td>EPA method 6010B/C</td><td></td><td rowspan="4">仪器标准</td></tr>
<tr><td>9</td><td>ICP-MS</td><td>美国</td><td>EPA method 6020A；6020</td><td></td></tr>
<tr><td>10</td><td>AAS</td><td>美国</td><td>EPA method 7000A</td><td></td></tr>
<tr><td>11</td><td>FLAA</td><td>美国</td><td>EPA method 7000B</td><td></td></tr>
</table>

5．国内外相关分析方法研究报道

（1）原子吸收法测定土壤中铜

应用原子吸收法测定土壤中铜是一种非常完善的方法。文献报道主要集中于对不同消解方法的考察。微波法消解一批样品（12 个）需耗时 6～7 h；电热板消解一批样品（20～30 个）需耗时 10～12 h。

潘海燕等用微波消解法和电热板法分别消解土壤样品，发现前者不易将样品完全消解，即使经过电热板赶酸后，铜的测定结果仍然偏低。实验表明，采用硝酸-氢氟酸-高氯酸体系/电热板消解，铜的测定结果比较理想；而采用硝酸-氢氟酸-过氧化氢体系/电热板消解，铜的测定结果则偏低。袁琳等研究了萍乡城郊某一级农田土壤样品经预处理后，采用微波溶样消解法提取土壤中的有效态铜元素，通过火焰原子吸收分光光度法进行测定，具有操作简便、线性范围宽、精密度和准确度高等优点。沈荣蓉等研究了火焰原子吸收分光光度法测定土壤中铜元素的不确定度分析，分析其不确定度的主要影响因素。结果表明影响其测量不确定度的主要原因包括由标准溶液引入的不确定度、标准曲线引入的不确定度和重复测量引入的不确定度。

（2）ICP-AES 测定土壤中铜

ICP-AES 兼备电弧原子发射光谱法的多元素同时测定能力以及原子吸收法的高灵敏度、高精密度等优点，是土壤分析较理想的方法之一。1988 年陈治江等发表了 ICP-AES 法对土壤中铜等元素的测定。田晓娅等研究了用 ICP-AES 法同时测定土壤、岩石和水系沉积物样品中的铜等多元素时，样品中基体元素对微量元素测定的光谱干扰问题。实验表明，采用人工基体匹配与光谱干扰校正因子相结合的校正方法获得满意结果。黄本立等研究了应用计算机控制扫描单色仪 ICP-AES 法测定地质和环境样品中铜等元素。笔者在一套 ICP 多道光电直读光谱仪上研究了正向功率、观察高度、载气流量等因素对谱线强度、背景强度及检出限的影响。付翠轻等研究了土壤中包括铜在内的 24 种元素的分析方法。实验表明，采用硝酸-氢氟酸-高氯酸消解土壤样品，样品中的难溶组分能被有效浸取，利用 ICP-AES 法同时测定土壤样品中的 24 种元素，具有可测组分多、试剂用量少、简便快速、劳动强度低等优点。李芳等研究了 ICP-AES 直接测定土壤、沉积物中铜等元素的光谱干扰和校正方法研究。文中指出，铜元素的观测方向为轴向，其干扰主要来自 Fe 谱线重叠，受干扰程度为轻微。徐爱列应用 ICP-AES 方法测定了海娜植物及土壤中的铜、铅、锌、镉。实验表明，采用微波消解海娜样品，ICP-AES 测定铜等元素，结果理想，其样品回收率为 95.8%～101.3%，RSD 均小于 2%。王素燕等采用 ICP-AES 测定茶叶及土壤中铜和铅，经微波消解处理样品，以 ICP-AES 法测定湖南省株洲县、宁乡县两地的农家茶叶和茶产地土壤中 Cu、Pb 元素的含量。实验表明，春茶中 Cu 含量与相应土壤中 Cu 含量之间的关系不显著（$P>0.05$）。耿广善等将样品经酸消解，以 ICP-AES 测定其中的铜、锌、镍、铅、镉、铬，前处理操作过程简便，设备简单，成本低廉，测定结果准确可靠，重复性好。范维刚等采用 ICP-AES 法测定了某蔬菜地中铜等重金属。比较了 HNO_3+H_2O_2 常压消解法、HNO_3+H_2O_2 密闭容器消解法、王水+ H_2O_2 消解法和国标四酸消解法（盐酸+硝酸+氢氟酸+高氯酸）四种消解体系测定重金属的影响。实验表明，与国标四酸消解法（盐酸+硝酸+氢氟酸+高氯酸）相比较，王水+ H_2O_2 消解法，具有方法简单安全的优点，其加标回收率范围均 91.95%～110.2%。周小春等研究了 ICP-AES 法测定农田土壤中重金属铜锌的含量。土壤样品经预处理后，采用微波溶样消解法提取农田土壤中的有效态铜、锌元素，利用 ICP-AES 法，完成对土壤中有效态铜、锌元素的测定。该方法操作简便、线性范围大，结果精密度高、准确度好，可以满足农田土壤样品中有效铜、锌元素的测定需要。邵莹等应用 0.05 mol/L DTPA 浸取液在 pH=7.30 时可浸取土壤中 Cu、Zn、Pb、Cd、Fe、Mn、Mo、Ni、Cr、Mg 元素的有效态。用 ICP-AES 测试技术，对 DTPA 浸取液中上述元素进行测定。文中考察了 DTPA 浸取液的浓度、放置时间及土样量与浸取液量的比例等浸出条件对实验结果的影响，并就部分元素的测定结果和原子吸收方法进行比对，两方法测定结果基本一致。李清昌等研究了采用混酸溶解土壤样品，ICP-AES 法连续测定土壤样品中的铜、铅、锌、铁、锰的分析方法。文中比较了三种消解体系，优化了盐酸复溶体系和仪器的使用条件。姚佳等研究了锦州某铁合金厂附近水、土壤、玉米中重金属含量，采用 ICP-AES 法对 Cu、Cr、Pb、Mn、Ni、Cd、Zn 七种元素进行测定，实验表明，其检出限都在 0.02 mg/L 以下，线性关系良好，精密度高，回收率均为 95%～105%。李娜等研究了超声消解 ICP-AES 法测定土壤中 Co、Cu、Mn、Pb、Zn，文中采用正交试验对超声波消解土壤中的重金属的影响因素进行研究，并与微波消解试验结果进行比对分析，结果表明，影响超声波消解土壤样品的影响因素依次为：超声功率＞固液比＞超声时间＞反应温度，实验结果与微波消解比较，铜为 60.75%，铅为 91.26%，锌为 79.29%；超声波可以显著提高金属消解溶出率。杨锐明等应用微波消解/ICP-AES 法同时测定土壤中铜等多种元素，文中优化了微波消解条件及酸体系。刘波等测定城市污泥中农用控制微量元素的铜、铅、锌、镉、铬、镍、锰和磷，采用硝酸-盐酸-氢氟酸-过氧化氢无机混合酸的微波消解体系，方法快速简便，准确度高，精密度好，用于标准样品的实际分析，结果令人满意，方法也可以同时用于土壤和底质的测定。刘雷等采用微波消解法进行前处理，应用 ICP-AES 法测定了赣南钨矿区尾砂库的土壤和植物中重金属的 Cu、Pb、Zn、Cd、Mo、W、As、Ni 和 Cr。结果表明：土壤和植物分别经 HNO_3∶HF∶$HClO_4$（4∶5∶2）和 HNO_3：$HClO_4$（8∶2）消解后完全分解，适当增加 RF 功率和雾化速率有利于提高重金属的信噪比，采用内标法有效地改善了检测结果的准确度和精密度。

（3）ICP-MS 法测定土壤中铜

从消解方式来看，目前采用 ICP-MS 测定土壤中总铜的前处理方式主要有电热板消解、高压罐消解和微波消解 3 种方法。每种消解方式因无机酸的选择不同，有不同的灵敏度和检出限。刘传娟等采用电热板消解法、高压罐消解法和微波消解法同时消解环境土样标准物质 ESS-1、ESS-2、ESS-3 和 ESS-4，用四级杆电感耦合等离子体质谱法（ICP-MS）分别测定铜等重金属的含量，对 3 种方法的消解效果进行对比。结果表明，检出限方面，3 种方法检出限均达到 μg/L 或更低，对于元素铜，这 3 种方法检出限分别为 0.662 μg/L、0.500 μg/L 和 0.400 μg/L；在测定重复性上，其相对标准偏差均小于 10%，但电热板消解的重复性不如其他两种方法；田娟娟等也比较了电热板消解和密闭罐消解法对土壤中 49 种矿质元素 ICP-MS 检测的影响。根据加标回收实验和国家标准物质（GBW07403）验证实验表明，对于土壤中元素铜采用电热板消解处理方式可以获得更好的准确度和精密度，其方法检出限为 0.952 ng/L，相对标准偏差为 1.18%。

目前对于土壤的前处理采用最多、最普遍的消解方式是电热板消解。王艳泽等采用王水和双氧水电热板加热回流法消解土壤样品，以 Ge 作内标，ICP-MS 直接测定土壤消解液中的铜元素，文章着重对仪器工作条件优化、内标选择和干扰消除进行了讨论。田媛等采用盐酸/硝酸/氢氟酸/高氯酸全消解（参照 HJ 491—2009 标准方法），建立了 ICP-MS 测定土壤中铜等的方法。主要研究了北京市 3 个再生水灌溉区包括铜在内的 8 种重金属的污染状况。万飞等采用硝酸-双氧水消解样品，^{115}In 作内标，H_2/He 碰撞池技术消除质谱干扰，建立了 ICP-MS 同时测定了不同地区土壤中的铜等元素的含量的方法。结果表明，该方法测定铜的检出限为 0.008 ng/mL，相对标准偏差为 4.17%，加标回收率为 106.8%。刘亚轩等采用 HF-HNO_3 混酸/电热板消解，建立了测定地球化学样品中包括铜等 18 种微量、痕量元素的 ICP-MS 方法，获得了较高的准确度。黄冬根等报道了用 ICP-MS 法直接测定水稻田表层土壤中的重金属元素铜等六种重金属含量的方法。土壤样品经 HNO_3/HF/$HClO_4$ 酸溶电热板彻底消化后，加入内标元素“Sc、In、Tl”，采用内标法进行测定，有效地克服了基体效应、接口效应及仪器波动所产生的影响；通过优化仪器的工作参数，选择待测元素适当地测定同位素，有效克服了因质谱干扰所带来的影响。该方法测定铜的检出限为 0.51 μg/L，加标回收率是 102.0%，相对标准偏差是 3.5%，具有线性范围宽、简单、快速、准确等特点。齐剑英等采用盐酸/硝酸/高氯酸体系低温电热板消解土壤，建立了 ICP-MS 测定土壤中铜等 24 种重金属的方法。本方法测定铜的检出限为 0.008 μg/L，相对标准偏差为 2.7%，加标回收率 98.5%。

高压罐消解土壤因为操作麻烦很少被用到。胡林凯等采用硝酸/氢氟酸/高氯酸酸溶高压密封罐消解方式，建立了 ICP-MS 测定底泥中镍等重金属的方法。该方法不仅耗时长（100℃保持 1 h，升温至 180℃再保持 6～8 h），还具有一定的危险性，需要人工调节消解时间和温度，转移时酸残留量较大，对人体有危害，定容后也需要离心或静置，方可上机测定。

微波消解作为一种新的消解技术，正被广泛用于土壤重金属前处理过程中。黄丽娟等采用 ICP-MS 等离子体质谱法同时测定土壤中铜等元素含量，方法采用硝酸密封微波消解技术溶样，冷却后加入氢氟酸和高氯酸电热板赶酸至氢氟酸和高氯酸蒸发完，消解液定容至 50 mL（8%的硝酸），以 Y（5%硝酸）为内标校正系统，进行 ICP-MS 扫描测定 Pd 等的含量。文章中还对分析元素同位素及干扰进行了相关讨论。在最优仪器工作条件下获得了较低的方法检出限（0.2 g 土壤样定容至 50 mL，检出限为 0.405 mg/kg），并通过对土壤标准样品考察了方法的精密度和准确度，结果表明，该实验方法测定土壤标准样品的相对标准偏差小于 4%，加标回收率在 90.5%～108%。张晓静等建立了硝酸/双氧水/氢氟酸体系微波消解前处理样品，利用 ICP-MS 同时测定土壤中铜等 6 种重金属含量的方法。作者采用 Li、Sc、Ge、Y、In、Bi 混合内标校正干扰方法，研究了 7 个省 45 个烟叶产区土壤中铜等 6 种重金属含量，取得了较好的精密度和准确度。

（八）土壤中锌的测定

1．锌的理化性质

锌，化学符号 Zn，原子序数 30，是一种蓝白色金属，位于元素周期表第四周期的第Ⅱ副族。相对密度 7.14，熔点 419.53℃，沸点 907℃。在常温下硬而易碎，在 100～150℃时会变得有韧性，当温度超过 200℃时，又变脆。锌的化学性质活泼，在常温下的空气中，表面生成一层薄而致密的碱式碳酸锌膜，可阻止进一步氧化。易溶于酸，也易从溶液中置换金、银、铜等。另外，锌缓慢地溶于乙酸和氨水，易溶于苛性碱溶液。在天然环境中，锌以二价状态存在，与有机络合剂氨基酸、有机酸发生络合作用，并且能被无机胶体和有机胶体吸附。

2．土壤中锌的来源及危害

锌在我国土壤中的平均含量为 100 mg/kg，土壤中锌主要来源有：① 在自然界的各种岩石中，以玄武岩、沉积岩含量最高，砂岩、石灰岩含量较低；② 以独立的矿物形式存在，由于 Zn^{2+}与 Fe^{2+}等的半径相近，使锌常存在于含 Fe、Mg 的造岩硅酸盐及铁的氧化物中。③ 锌的人为排放源：主要集中在镀锌工业、机械制造业、汽车工业等，另外，含锌矿物的开采、熔锌、冶炼等工业“三废”的排放。

锌是人体必需的一种元素，人体大部分锌集中在肌肉和骨骼内，摄入过量的锌对人体健康有不利的影响，甚至会引起锌中毒，其症状主要有：呕吐、肠功能失调和腹泻，或由于胃穿孔引起腹膜炎、休克死亡。另外，若吸入大量的氧化锌烟尘后，也可引起锌中毒，其表现为：全身无力、头痛、恶心、腹痛等，严重时可引发支气管炎、呼吸困难、缺氧等，并发成肺炎。

3．环境质量标准与排放（控制）标准的要求

我国 4 个质量标准和 5 个排放、控制标准规定了锌浓度限值，见表 2-22。

4．国内外相关标准方法研究

（1）主要国家、地区及国际组织相关标准方法研究

土壤、沉积物中待测物质的测定一般包括样品消解、仪器选择及条件优化、试样的测定。土壤、沉积物前处理方法对测定结果的影响很大，不同的酸体系使试样的测定值有显著差异。样品消解各国均对应不同的方法标准。

ISO 11407—1998 标准中采用王水萃取土壤样品，电热原子吸收光谱法测定锌元素。

BS 7755 标准中采用王水萃取土壤样品，电热原子吸收光谱法测定锌元素。

NF X31-121—1993 标准中采用 DTPA 萃取土壤样品，原子吸收光谱法测定锌元素。

DINISO11047—2003 标准中采用王水萃取样品，火焰和电热原子吸收光谱法测定锌元素。

表 2-22 锌的环境质量标准与排放标准

序号	标准代号	标准名称	排放限值
1	GB31574—2015	再生铜、铝、铅、锌工业污染物排放标准	特别：0.2 mg/L；一般：1.0 mg/L
2	GB 31573—2015	无机化学工业污染物排放标准	1.0 mg/L
3	GB 25466—2010	铅、锌工业污染物排放标准	特别：1.0 mg/L；一般：2.0 mg/L
4	HJ 350—2007	展览会用地土壤环境质量评价标准（暂行）	A 级：200 mg/kg；B 级：1500 mg/kg
5	GB 3838—2002	地表水环境质量标准	Ⅰ类 0.05 mg/L；Ⅱ、Ⅲ类 1.0 mg/L；Ⅳ、Ⅴ类 2.0 mg/L
6	GB 8978—1996	污水综合排放标准	一级：2.0 mg/L；二级、三级：5.0 mg/L
7	GB 15618—1995	土壤环境质量标准	一级：100 mg/kg；二级：200～300 mg/kg；三级：500 mg/kg
8	GB/T 14848—1993	地下水质量标准	Ⅰ类≤0.05 mg/L；Ⅱ类≤0.5 mg/L；Ⅲ类≤1.0 mg/L；Ⅳ类≤5.0 mg/L；Ⅴ类>5.0 mg/L
9	GB 18486—2001	污水海洋处置工程污染控制标准	≤5.0 mg/L

EPA method 7000A 标准规定了饮用水、地表水、海水、生活和工业垃圾、土壤、污泥、沉积物以及其他固体废物中 Sb、As、Cd、Cr、Co、Cu、Pb、Mn、Hg、Ni、Ag、Tl、V、Zn 等元素的原子吸收法，该标准属于仪器方法标准，其样品前处理参考标准 EPA method 3050、3052、3050B 或 3015A/3015。

EPA method 7000B 标准规定了地下水、水溶液、浸出液、工业废物、土壤、污泥、沉积物以及类似固体废物中 Sb、Cd、Cr、Co、Cu、Pb、Mn、Ni、Ag、Tl、V、Zn 等元素的火焰原子吸收法。该标准属于仪器方法标准，其样品前处理参考标准 EPA method 3050、3052、3050B 或 3015A/3015。

EPA method 7010 标准规定了地下水、生活和工业废物、浸出液、土壤、污泥、沉积物以及其他废弃物中 Sb、As、Cd、Cr、Co、Cu、Pb、Mn、Ni、Ag、Tl、V、Zn 等元素的石墨炉原子吸收法。该标准属于仪器方法标准，其样品前处理参考标准 EPA method 3050、3052、3050B 或 3015A/3015。

EPA method 6020 同样为仪器方法标准，其样品前处理参考标准 EPA method 3050、3052、3050B 或 3015A/3015，该标准规定了 Sb、As、Cd、Cr、Co、Cu、Pb、Mn、Hg、Ni、Ag、Tl、V、Zn 等元素的电感耦合等离子体质谱法。

EPA method 3050 标准规定了沉积物、污泥以及土壤样品的酸消解方法。该标准采用蒸气浴的加热方式，应用硝酸-双氧水消解体系，消解沉积物、污泥以及土壤样品中 Sb、Cd、Cr、Co、Cu、Ni、Ag、Tl、V、Zn、As、Cd、Cr、Co、Pb、Tl 十六种重金属元素。

样品消解后，Sb、Cd、Cr、Co、Cu、Ni、Ag、Tl、V、Zn 等元素可采用火焰原子吸收法或电感耦合等离子体发射光谱法测定；As、Cd、Cr、Co、Pb、Tl 等元素则可采用石墨炉原子吸收法或电感耦合等离子体质谱法进行测定。

EPA method 3051 标准规定了沉积物、污泥、土壤样品以及油类物质的微波消解方法。该标准采用微波的加热方式，应用硝酸体系，消解沉积物、污泥土壤样品以及油类物质中Sb、As、Cd、Cr、Co、Cu、Pb、Mn、Hg、Ni、Ag、Tl、V、Zn 十四种重金属元素。样品消解后，这些重金属元素可采用石墨炉原子吸收法、电感耦合等离子体发射光谱法或电感耦合等离子体质谱法选择性进行测定。

EPA method 3052 方法规定了含硅基体物质以及有机基质类物质的微波消解方式，该类物质包括灰烬、生物组织、油脂、石油污染土壤、沉积物、污泥和土壤等。该标准采用了硝酸-氢氟酸/微波消解体系处理含硅基体物质，采用硝酸-氢氟酸-双氧水/微波消解体系消解有机基质类物质，这两类消解方式可用于处理 Sb、As、Cd、Cr、Co、Cu、Pb、Mn、Hg、Ni、Ag、Tl、V、Zn 等金属元素。样品消解后，可根据元素的性质，自由选择冷原子吸收法、火焰原子吸收法、石墨炉原子吸收法、电感耦合等离子体发射光谱法或电感耦合等离子体质谱法进行测定。

EPA method 3015/3015A 标准规定了水溶液，包括饮用水、土壤及固废浸出液的微波消解方式。该标准采用微波的加热方式，应用硝酸或者硝酸-盐酸消解体系消解水溶液（含悬浮物）中 Al、Sb、As、Ba、Be、B、Cd、Ca、Cr、Co、Cu、Fe、Pb、Mg、Mn、Hg、Mo、Ni、K、Se、Ag、Na、Sr、Tl、V、Zn 等元素。

表 2-23 列出了国外用于测定土壤、沉积物中锌相关标准及标准中涉及的仪器方法、消解方式、酸体系、检出限等。

表 2-23 国外测定土壤、沉积物中锌的相关标准

序号	标准号	来源	介质	仪器方法	消解方式	酸体系	备注
1	ISO 11047—1998	ISO	土壤	电热 AAS	萃取	王水	
2	BS7755	英国	土壤	电热 AAS	萃取	王水	
3	NF X31-121—1993	法国	土壤	电热 AAS	萃取	DTPA	
4	DINISO11047—2003	德国	土壤	电热 AAS	萃取	王水	
5	EPA method 3050	美国	土壤、沉积物	酸消解 GFAA/ICP-MS	蒸气浴	硝酸（1∶1）-水-30%双氧水	
6	EPA method 3050	美国	土壤、沉积物	酸消解 FLAA/ICP-AES	蒸气浴	硝酸（1∶1）-水-30%双氧水-盐酸	前处理方法标准
7	EPA method 3051	美国	土壤、沉积物	GFAA、FLAA、ICP-AES、ICP-MS	微波[（175±5）℃]	硝酸	

序号	标准号	来源	介质	仪器方法	消解方式	酸体系	备注
8	EPA method 3052	美国	土壤、沉积物	CVAA、FLAA、GFAA、ICP-AES和ICP-MS	微波[(180±5)℃]	硝酸-氢氟酸-双氧水-盐酸	
9	EPA method 3015 A/3015 A	美国	土壤及固废浸出液	FLAA、GFAA、ICP-AES和ICP-MS	微波[(170±5)℃]	硝酸或硝酸-盐酸	
10	EPA method 6020；6020A	美国	土壤、沉积物	ICP-MS	参照标准EPA method 3051A；3051；3052；3015A；3015		仪器方法标准
11	EPA method 7000A	美国	土壤、沉积物	AAS			
12	EPA method 7000B	美国	土壤、沉积物	FLAA			
13	EPA method 7010	美国	土壤、沉积物	GFAA			

（2）国内相关标准方法研究

国内环保行业中关于锌的标准制定相对比较早，1997年12月发布了《土壤质量 铜、锌的测定 火焰原子吸收分光光度法》，并于1998年5月实施。此标准采用盐酸-硝酸-氢氟酸-高氯酸全分解的方法，消解土壤样品，消解后用火焰原子吸收分光光度法测定。另外，在2007年6月发布了《展览会用地土壤环境质量评价标准》（暂行），并于2007年8月实施。此标准采用湿式消解法和加压容器消解法，消解土壤样品，消解后于ICP-AES测定。

国内其他行业有关土壤锌的标准主要有：

① 农业行业 NY/T 1613—2008方法规定了土壤中火焰原子吸收法测定Cu、Zn、Ni、Cr、Pb、Cd的方法，该标准采用王水回流消解元素Zn的前处理方法。

② 林业行业 LY/T 1261—1999标准规定了采用双硫腙比色法和原子吸收分光光度法测定森林土壤微量元素分析中有效锌的方法。

③ 国土行业 GB/T 14506.30—2010方法规定了酸盐岩石、土壤、沉积物样品中锂、铍、钪、钛、钒、锰、钴、镍、铜、锌、镓、砷、铷、锶、钇、锆、铌、钼、镉、铟、铯、钡、镧、铈、镨、钕、钐、铕、钆、铽、镝、钬、铒、铥、镱、镥、铪、钽、钨、铊、铅、铋、钍和铀44种元素的ICP-MS法。该标准采用封闭（烘箱）加热法，氢氟酸-硝酸体系消解的前处理方法处理相应样品。

表2-24列出了国内有关土壤锌的相关标准及标准中涉及的仪器方法、消解方式、酸体系、检出限等。

表 2-24 国内测定土壤、沉积物中锌的相关标准

序号	标准号	来源	介质	仪器方法	消解方式	酸体系	检出限
1	HJ 350—2007 展览会用地土壤环境质量评价标准（暂行）	环保行业	土壤	ICP-AES	电热板	硝酸-双氧水-盐酸	0.10 mg/kg
					加压容器	硝酸-盐酸	
2	GB/T 17138—1997	环保行业	土壤	FLAA	电热板	硝酸-氢氟酸-高氯酸-盐酸	0.5 mg/kg
3	NY/T 1613—2008	农业行业	土壤	AAS	电热板回流	王水	0.4 mg/kg
4	LY/T 1261—1999	林业行业	土壤	AAS	—	DTPA 或 0.1 mol/L 盐酸	
5	GB/T 14506.30—2010	国土行业	土壤、沉积物	ICP-MS	烘箱［（185±5）℃］	氢氟酸-硝酸（1+0.5）	2.0 μg /g

5．国内外相关分析方法研究报道

（1）土壤中总锌的测定

① 原子吸收法测定土壤中的锌　应用原子吸收法测定土壤中的锌是一种比较成熟的方法。文献报道主要集中在不同消解方法的选择上。白艳丽等通过对微波消解体系和传统电热板硝酸-氢氟酸-高氯酸消解体系进行对比实验，实验结果表明：微波消解体系操作简便快捷、赶酸时间短，且较传统电热板消解体系的准确度、精密度好。原因有二：一是电热板消解的第一步是在样品中加入硝酸，土壤和硝酸在坩埚内混合加热发生剧烈反应，混合物会在器皿内四处飞溅，而造成损失；二是电热板消解过程的每一步都是在电热板上进行，特别是加酸蒸至尽干时如果没有及时取下很容易蒸干，而直接影响实验结果。张黎黎等通过用王水回流消解土壤中锌的方法，首先加入 10 mL 硝酸溶液，电热板上微沸状态加热 20 min，再加入 20 mL 盐酸，放在电热板上加热 2 h，最后，赶酸过滤定容。实验结果表明：用王水回流消解法测定土壤中的锌，其相对标准偏差为 0.5%且灵敏度高。袁琳等采用微波溶样消解法提取土壤中的有效态锌元素，选取了 HNO_3-HF-$HClO_4$ 消解体系，其结果准确度、精密度好。

② ICP-AES 测定土壤中的锌　由于 ICP-AES 方法可以同时测定多种元素，其中某些被测元素含量很低，测定时受共存元素等的干扰较严重，给分析造成一定的困难。文献的报道主要集中在对不同实际样品的测定和样品前处理方式的选择上。陈治江等用 ICP-AES 法测定了土壤中 Cu、Ni、Zn、Mn、Pb、Cd 和 Ti 等元素，并用全国农业环境保护系统提供的土壤标样进行校核，结果较为满意。田晓娅等研究了用 ICP-AES 法同时测定土壤、岩石和水系沉积物样品中的多元素时，样品中基体元素对微量元素

测定的光谱干扰问题。采用硝酸-高氯酸-氢氟酸消解样品，实验结果表明：几种常量元素测定的相对标准偏差均小于 2%。黄本立等应用计算机控制扫描单色仪 ICP-AES 测定地质和环境样品中的元素，其在一套 ICP 多道光电直读光谱仪上研究了正向功率、观察高度、载气流量等因素对谱线强度、背景强度及检出限的影响，并为设立我国环境分析标准参考物质的任务拟定了 81101 号河流沉积物样品中多元素同时测定的方法，结果令人满意。赵庆令等通过筛选分析谱线、合理设置背景扣除位置及干扰元素校正系数，改善了光谱干扰。经国家一级土壤标准物质分析验证，结果与标准值吻合，相对标准偏差低。李芳等研究了 ICP-AES 直接测定土壤、沉积物中常量、微量元素的光谱干扰和校正方法，其中锌元素的干扰主要来自于 V 和 Cu 的谱线重叠，受干扰程度轻。范维刚等通过几种不同的消解方法：HNO_3-H_2O_2 常压消解法、HNO_3-H_2O_2 密闭容器消解法、王水-H_2O_2 消解法和 HCl-HNO_3-HF-$HClO_4$ 的比较，其结果表明王水-H_2O_2 消解法比较适合于蔬菜地土壤消解。李清昌研究对比了三种消解体系，优化了盐酸复溶体系、仪器的使用条件，其分析结果与推荐值相符，可用于地质实验室对大量矿石样品的检测。刘波等采用硝酸-盐酸-氢氟酸-过氧化氢无机混合酸的微波消解体系，测定城市污泥中农用控制微量元素铜、铅、锌、镉、镍、锰和磷，其结果准确度高、精密度好。刘雷等采用微波消解前处理法，测定了赣南钨矿尾砂库土壤和植物中的铜、铅、锌、镉等元素，其结果表明：土壤和植物分别经 HNO_3-HF-$HClO_4$（4∶5∶2）和 HNO_3-$HClO_4$（8∶2）消解、完全分解后，适当增加 RF 功率和雾化速率有利于提高重金属的信噪比，采用内标法有效地改善了检测结果的准确度和精密度。

③ ICP-MS 测定土壤中的锌　目前，利用 ICP-MS 测定土壤中锌的研究报道比较多，包括土壤中总锌、有效态锌以及锌的形态分析。土壤中锌的形态分析主要是采用 ICP-MS 跟其他仪器如 HPLC 等的联用来实现的。这里主要侧重于考察土壤中锌的全量（总锌）及有效态锌（浸出）的分析研究。由于 ICP-MS 仪器的特殊性，其对进样样品的要求比较高，进样溶液中可溶性固体＜0.2%，对酸度也有一定的要求，一般样品中的酸度为 2%以下。因此，土壤的前处理环节很重要，包括消解方式及无机酸的选择。

从消解方式来看，目前采用 ICP-MS 测定土壤中总锌的前处理方式主要有电热板消解、高压罐消解和微波消解 3 种方法。每种消解方式因无机酸的选择不同，有不同的灵敏度和检出限。刘传娟等采用电热板消解法、高压罐消解法和微波消解法同时消解环境土样标准物质 ESS-1、ESS-2、ESS-3 和 ESS-4，用四级杆 ICP-MS 分别测定锌等重金属的含量，对 3 种方法的消解效果进行对比。结果表明，检出限方面，3 种方法检出限均达到 μg/L 或更低，对于元素锌，这 3 种方法检出限分别为 1.607 μg/L、0.483 μg/L 和 0.263 μg/L，微波消解表现出更低的检出限；在测定重复性上，其相对标准偏差均小于 10%，但电热板消解的重复性不如其他两种方法；田娟娟等也比较了电热板消解和密闭罐消解法对土壤中 49 种矿质元素 ICP-MS 检测的影响。根据加标回收实验和国家标准物质（GBW07403）验证实验表明，对于土壤中元素锌采用电热板消解处理方式可以获得更好的准确度和精密度，其方法检出限为 8.309 ng/L，相对标准偏差为 1.29%。田媛等采用盐酸-硝酸-氢氟酸-高氯酸全消解（参照 HJ 491—2009 标准方法），建立了 ICP-MS 测定土壤中锌等的方法。主要研究了北京市 3 个再生水灌溉区锌在内的 8 种重金属的污染状况。万飞等采用硝酸-双氧水消解样品，^{115}In 作内标，H_2/He 碰撞池技术消除质谱干扰，建立了 ICP-MS 同时测定了不同地区土壤中的锌等元素的含量的方法。结果表明，该方法测定锌的检出限为 0.010 ng/mL，相对标准偏差为 2.45%，加标回收率为 96.5%。黄冬根等报道了用 ICP-MS 法直接测定水稻田表层土壤中的重金属元素锌等 6 种重金属含量的方法。土壤样品经 HNO_3-HF-$HClO_4$ 酸溶电热板彻底消化后，加入内标元素“Sc、In、Tl”，采用内标法进行测定，有效地克服了基体效应、接口效应及仪器波动所产生的影响；通过优化仪器的工作参数，选择待测元素适当地测定同位素，有效克服了因质谱干扰所带来的影响。该方法测定锌的检出限为 0.39 μg/L，加标回收率是 101.4%，相对标准偏差是 2.2%，具有线性范围宽、简单、快速、准确等特点。齐剑英等采用盐酸-硝酸-高氯酸体系低温电热板消解土壤，建立了 ICP-MS 测定土壤中锌等 24 种重金属的方法。本方法测定锌的检出限为 0.03 μg/L，相对标准偏差为 2.3%，加标回收率 94.6%。

高压罐消解土壤因为操作麻烦很少被用到。该方法用于测定土壤中锌的报道几乎没有。微波消解作为一种新的消解技术，正被广泛用于土壤重金属前处理过程中。黄丽娟等采用 ICP-MS 等离子体质谱法同时测定土壤中锌等元素含量，方法采用硝酸密封微波消解技术溶样，冷却后加入氢氟酸和高氯酸电热板赶酸至氢氟酸和高氯酸蒸发完，消解液定容至 50 mL（8%的硝酸），以 Y（5%硝酸）为内标校正系统，进行 ICP-MS 扫描测定 Pd 等的含量。文章中还对分析元素同位素及干扰进行了相关讨论。在最优仪器工作条件下获得了较低的方法检出限（0.2g 土壤样定容至 50 mL，检出限为 0.292 mg/kg），并通过对土壤标准样品考察了方法的精密度和准确度，结果表明，该实验方法测定土壤标准样品的相对标准偏差＜4%，加标回收率在 91.4%～107%。

（2）土壤中有效锌的测定

土壤中有效锌的测定，即土壤浸出液中锌的含量，用来评价土壤中锌的毒理分析。目前测定土壤浸出液中锌的方法主要有原子吸收分光光度法，也是国标中测定土壤有效态锌的常规方法。该方法的缺点是只能单独测定某一个元素，具有耗时长、操作繁琐等缺点。而 ICP-MS 因为可以多元素同时进行分析，具有低检出限、线性范围好、精密度好、谱线干扰可在线校正等优点，越来越受到研究者们的喜好，而被受到重视和广泛应用。这方面的文献报道不多，目前还在研究阶段，有效态锌的研究在于浸提过程中浸提溶液及浸提比等的选择。季海冰等按固液比 1∶2.5 的比例，用 0.1 mol/L $NaNO_3$ 溶液作为浸提剂，运用 ICP-MS 法对土壤中有效态锌进行研究，其检出限为<0.3 μg/L，土壤加标平均回收率为 81%～86%，相对标准偏差为 0.09%～0.38%，准确度和精密度良好。而林光西等采用二乙基胺五乙酸（DTPA）浸提液（pH=7.30）提取土壤样品中的有效锌等元素，运用 ICP-MS 进行相关测定。文章中采用在线内标（^{103}Rh）消除了基体效应，得到测定有效锌的方法检出限为 0.028 μg/L，测定土壤标样的相对标准为 0.029%～0.062%。

（九）土壤中银的测定

1．银的理化性质

银，化学符号 Ag，原子序数 47，银白色贵金属。银性质稳定，质软富有延展性，导热、导电率高。相对密度 10.49，熔点 960.8℃，沸点 2210℃。在常温下不氧化。但在所有贵金属中，银的化学性质最活泼。银的常见化合价有：+1，+2，+3。银有两种稳定的同位素，它们质量数和丰度分别是：^{107}Ag 51.35%和 ^{109}Ag 48.65%。

2．土壤中银的来源及危害

银在地壳中含量很少，仅占 0.07×10^{-6}。我国土壤中银的平均值达 0.35 mg/kg。土壤中的银主要来源有：①天然银矿，如辉银矿、角矿。② 在自然界中虽然有银的单质存在，但绝大部分以化合态的形式存在，如硝酸银、氧化银、溴化银等。③ 银的人为排放源主要集中在医疗业、玻璃工业、摄影业、首饰制造业等的排放。

银并非人体必需的一种元素，但是银离子和含银化合物有杀死或者抑制细菌、病毒、真菌等的作用。在医疗业应用广泛，如消毒液、防止血液凝固液均含银；补牙所用的填充物，大多都是银粉做的；另外，稀的硝酸银溶液还用来治疗眼结膜炎。当摄入过量的银时，会出现“银中毒”的现象。银盐会慢慢在人体内滞留，严重时会引起血小板减少、支气管疾病，影响患者的协调性和视力，甚至引起癫痫等。

3．环境质量标准与排放（控制）标准的要求

我国有 1 个质量标准、1 个卫生标准和 3 个排放、控制标准规定了银浓度限值，见表 2-25。

表 2-25　银的环境质量标准与排放标准

序号	标准代号	标准名称	排放限值
1	GB 31573—2015	无机化学工业污染物排放标准	0.5 mg/L
2	HJ 350—2007	展览会用地土壤环境质量评价标准（暂行）	A 级：39 mg/kg； B 级：1000 mg/kg
3	GB 8978—1996	污水综合排放标准	0.5 mg/L
4	GB 5749—2006	生活饮用水卫生标准	0.05 mg/L
5	GB 18486—2001	污水海洋处置工程污染控制标准	≤0.5 mg/L

4．国内外相关标准方法研究

（1）主要国家、地区及国际组织相关标准方法研究

土壤、沉积物中待测物质的测定一般包括样品消解、仪器选择及条件优化、试样的测定。土壤、沉积物前处理方法对测定结果的影响很大，不同的酸体系使试样的测定值有显著差异。样品消解各国均对应不同的方法标准。

EPA method 7000A 标准规定了饮用水、地表水、海水、生活和工业垃圾、土壤、污泥、沉积物以及其他固体废物中 Sb、As、Cd、Cr、Co、Cu、Pb、Mn、Hg、Ni、Ag、Tl、V、Zn 等元素的原子吸收法，该标准属于仪器方法标准，其样品前处理参考标准 EPA method 3050、3051、3052、3015/3015A。

EPA method 7000B 标准规定了地下水、水溶液、浸出液、工业废物、土壤、污泥、沉积物以及类似固体废物中 Sb、Cd、Cr、Co、Cu、Pb、Mn、Ni、Ag、Tl、V、Zn 等元素的火焰原子吸收法。该标准属于仪器方法标准，其样品前处理参考标准 EPA method 3050、3051、3052、3015/3015A。

EPA method 7010 标准规定了地下水、生活和工业废物、浸出液、土壤、污泥、沉积物以及其他废弃物中 Sb、As、Cd、Cr、Co、Cu、Pb、Mn、Ni、Ag、Tl、V、Zn 等元素的石墨炉原子吸收法。该标准属于仪器方法标准，其样品前处理参考标准 EPA method 3050、3051、3052、3015/3015A。

EPA method 6010B/6010C 方法为仪器方法标准，其样品前处理参考标准 EPA method 3050、3051、3052，该标准规定了 Sb、As、Cd、Cr、Co、Cu、Pb、Mn、Hg、Ni、Ag、Tl、V、Zn 等元素的电感耦合等离子体发射光谱法。

EPA method 6020/6020A 同样为仪器方法标准，其样品前处理参考标准 EPA method 3050、3051、3052，该标准规定了 Sb、As、Cd、Cr、Co、Cu、Pb、Mn、Hg、Ni、Ag、Tl、V、Zn 等元素的电感耦合等离子体质谱法。

EPA method 3050 标准规定了沉积物、污泥以及土壤样品的酸消解方法。该标准采用蒸气浴的加热方式，应用硝酸-双氧水消解体系，消解沉积物、污泥以及土壤样品中 Sb、Cd、Cr、Co、Cu、Ni、Ag、Tl、V、Zn、As、Cd、Cr、Co、Pb、Tl 十六种重金属元素。样品消解后，Sb、Cd、Cr、Co、Cu、Ni、Ag、Tl、V、Zn 等元素可采用火焰原子吸收法或电感耦合等离子体发射光谱法测定；As、Cd、Cr、Co、Pb、Tl 等元素则可采用石墨炉原子吸收法或电感耦合等离子体质谱法进行测定。

EPA method 3051 标准规定了沉积物、污泥、土壤样品以及油类物质的微波消解方法。该标准采用微波的加热方式，应用硝酸或者硝酸-盐酸消解体系，消解沉积物、污泥土壤样品以及油类物质中 Sb、As、Cd、Cr、Co、Cu、Pb、Mn、Hg、Ni、Ag、Tl、V、Zn 十四种重金属元素。样品消解后，这些重金属元素可用石墨炉原子吸收法、电感耦合等离子体

发射光谱法或电感耦合等离子体质谱法选择性进行测定。

EPA method 3052 方法规定了含硅基体物质以及有机基质类物质的微波消解方式，该类物质包括灰烬、生物组织、油脂、石油污染土壤、沉积物、污泥和土壤等。该标准采用了硝酸-氢氟酸/微波消解体系处理含硅基体物质，采用硝酸-氢氟酸-双氧水/微波消解体系消解有机基质类物质，这两类消解方式可用于处理 Sb、As、Cd、Cr、Co、Cu、Pb、Mn、Hg、Ni、Ag、Tl、V、Zn 等金属元素。样品消解后，可根据元素的性质，自由选择冷原子吸收法、火焰原子吸收法、石墨炉原子吸收法、电感耦合等离子体发射光谱法或电感耦合等离子体质谱法进行测定。

EPA method 3015/3015A 标准规定了水溶液，包括饮用水、土壤及固废浸出液的微波消解方式。该标准采用微波的加热方式，应用硝酸或者硝酸-盐酸消解体系消解水溶液（含悬浮物）中 Al、Sb、As、Ba、Be、B、Cd、Ca、Cr、Co、Cu、Fe、Pb、Mg、Mn、Hg、Mo、Ni、K、Se、Ag、Na、Sr、Tl、V、Zn 等元素。

表 2-26 列出了国外用于测定土壤、沉积物中银相关标准及标准中涉及的仪器方法、消解方式、酸体系、检出限等。

表 2-26 国外测定土壤、沉积物中银的相关标准

<table>
<tr><th>序号</th><th>标准号</th><th>来源</th><th>介质</th><th>仪器方法</th><th>消解方式</th><th>酸体系</th><th>备注</th></tr>
<tr><td>1</td><td>EPA method 3050</td><td>美国</td><td>土壤、沉积物</td><td>酸消解
GFAA/ICP-MS</td><td>蒸气浴</td><td>硝酸（1∶1）+水+30%双氧水</td><td rowspan="4">前处理方法标准</td></tr>
<tr><td>2</td><td>EPA method 3051</td><td>美国</td><td>土壤、沉积物</td><td>GFAA、ICP-AES、ICP-MS</td><td>微波
[（175±5）℃]</td><td>硝酸或硝酸-盐酸</td></tr>
<tr><td>3</td><td>EPA method 3052</td><td>美国</td><td>土壤、沉积物</td><td>CVAA、FLAA、GFAA、ICP-AES 和 ICP-MS</td><td>微波
[（180±5）℃]</td><td>硝酸+氢氟酸（消解含硅基体）+双氧水（消解有机物）</td></tr>
<tr><td>4</td><td>EPA method 3015 A/3015 A</td><td>美国</td><td>土壤及固废浸出液</td><td>FLAA、GFAA、ICP-AES 和 ICP-MS</td><td>微波
[（170±5）℃]</td><td>硝酸或硝酸-盐酸</td></tr>
<tr><td>5</td><td>EPA method 6010B;
6010C</td><td>美国</td><td>土壤、沉积物</td><td>ICP-AES</td><td colspan="2" rowspan="5">参照标准 EPA method 3050、3052、3050B 或 3015/3015 A</td><td rowspan="5">仪器方法标准</td></tr>
<tr><td>6</td><td>EPA method6020/6020A</td><td>美国</td><td>土壤、沉积物</td><td>ICP-MS</td></tr>
<tr><td>7</td><td>EPA method 7000A</td><td>美国</td><td>土壤、沉积物</td><td>AAS</td></tr>
<tr><td>8</td><td>EPA method 7000B</td><td>美国</td><td>土壤、沉积物</td><td>GFAA</td></tr>
<tr><td>9</td><td>EPA method 7010</td><td>美国</td><td>土壤、沉积物</td><td>GFAA</td></tr>
</table>

（2）国内相关标准方法研究

国内环保行业中关于银的标准制定主要有：水质方面的标准《水质　银的测定　火焰原子吸收分光光度法》（GB 11907—1989）；《水质　65 种元素的测定　电感耦合等离子体质谱法》（HJ 700—2014）；《水质　32 种元素的测定　电感耦合等离子体发射光谱法》（HJ 776—2015）；土壤方面的标准只有一个 2007 年的暂行标准：《展览会用地土壤环境质量评价标准（暂行）》（HJ 350—2007），该标准规定了电热板或密闭容器加热法/酸消解测定土壤中银的电感耦合等离子体光谱测定方法。

表 2-27 列出了国内有关土壤、沉积物银的相关标准及标准中涉及的仪器方法、消解方式、酸体系、检出限等。

表 2-27　国内测定土壤、沉积物中银的相关标准

序号	标准号	来源	介质	仪器方法	消解方式	酸体系	检出限
1	HJ 350—2007 展览会用地土壤环境质量评价标准（暂行）	环保行业	土壤	ICP-AES	电热板	硝酸-双氧水-盐酸	0.10 mg/kg
					加压容器	硝酸-盐酸	

5．国内外相关分析方法研究报道

目前，利用 ICP-MS 测定土壤中银的研究报道比较多，包括土壤中总银、有效态银以及银的形态分析。土壤中银的形态分析主要是采用 ICP-MS 跟其他仪器（如 HPLC 等）的联用来实现的。这里主要侧重于考察土壤中银的全量（总银）及有效态银（浸出）的分析研究。

由于 ICP-MS 仪器的特殊性，其对进样样品的要求比较高，进样溶液中可溶性固体＜0.2%，对酸度也有一定的要求，一般样品中的酸度为 2%以下。因此，土壤的前处理环节很重要，包括消解方式及无机酸的选择。

（1）土壤中总银的测定

从消解方式来看，目前采用 ICP-MS 测定土壤中总银的前处理方式主要有电热板消解、高压罐消解和微波消解 3 种方法。每种消解方式因无机酸的选择不同，有不同的灵敏度和检出限。田娟娟等比较了电热板消解和密闭罐消解法对土壤中 49 种矿质元素 ICP-MS 检测的影响。根据加标回收实验和国家标准物质（GBW07403）验证实验表明，对于土壤中元素银采用电热板消解处理方式可以获得更好的准确度和精密度，其方法检出限为 4.91 ng/L，相对标准偏差为 4.48%。

目前对于土壤的前处理采用最多、最普遍的消解方式是电热板消解。齐剑英等采用盐酸/硝酸/高氯酸体系低温电热板消解土壤，建立了 ICP-MS 测定土壤中银等 24 种重金属的方法。本方法测定银的检出限为 0.006 μg/L，相对标准偏差为 1.0%，加标回收率 99.8%。

对于土壤中银的测定主要的多原子离子干扰来自样品预处理阶段一同被溶解出来的Zr和Nb。为了使分析元素银与干扰元素在样品前处理阶段得到有效地分离，周丽萍等对土壤样品用水浴加热、王水提取预处理，使主要干扰元素Zr和Nb只有少量被溶出，而分析元素的溶出趋于完全，从而有效地减小了多原子离子 $^{93}Nb^{16}O^+$、$^{92}Zr^{16}OH^+$、$^{92}Mo^{16}OH^+$ 对 ^{109}Ag 的干扰。该方法测定实际样品中银的检出限为5.1 ng/g。范凡等同样采用王水溶样-等离子体质谱法测定地质样品中银等6个元素，获得较高的精密度和准确度。实验表明，其测定银的方法检出限为银 0.01 μg/g，相对标准偏差为 3.2%～6.6%，加标回收率为99.7%～104%。

为了消除多原子离子 $^{92}Zr^{16}OH^+$ 对 ^{107}Ag 离子的干扰，阂广全将土壤样品经三酸（硝酸、氢氟酸和硫酸）分解和王水提取后，采用碰撞池技术（CCT-ICP-MS）法对其中微量元素银进行分析。试验结果表明，元素校正曲线相关系数在 0.9995 以上；元素方法检出限为0.009 μg/g；分析标准物质验证方法精密度和准确度符合标准值；加标回收率在 98.0%～108.0%。

（2）土壤中银的有效态测定

测定土壤中银的有效态，即土壤浸出液中银的含量，用来评价土壤中银的毒理分析。目前对于这方面的研究几乎没有，还处于空白。

（十）土壤中钒的测定

1．钒的理化性质

钒，化学符号V，原子序数23，银灰色金属，毒性低，在元素周期表中属VB族。钒的原子量 50.9414，体心立方晶体，每个晶胞含有 2 个金属原子，熔点（1890±10）℃，沸点3380℃，是高熔点稀有金属，具有延展性，质坚硬且无磁性。钒属中等活泼金属，常见化合价为+5、+4、+3、+2，最稳定的价态为5价，5价钒化合物具有氧化性。电离能力为6.74eV。耐盐酸和硫酸，耐气-盐-水腐蚀性的性能比大多数不锈钢好。在空气中不被氧化，可溶于氢氟酸、硝酸和王水。高温下钒容易与氧和氮作用，在空气中加热会形成棕黑色的三氧化二钒、深蓝色的四氧化二钒，最终形成橘黄色的五氧化二钒；在氮气中加热会形成氮化钒。不同价态的钒离子有不同的颜色：$(VO_2)^+$颜色为浅黄色或深绿色，$(VO)^{2+}$颜色为蓝色，V^{3+}为绿色，V^{2+}为紫色。钒盐包括偏钒酸铵、偏钒酸钠、偏钒酸钾、正钒酸钠、焦钒酸钠、硫酸氧钒、草酸氧钒、四氯化钒等卤化钒类、三氯氧钒等卤氧化钒类，颜色种类繁多。钒的天然同位素有两种，钒50和钒51。

2．土壤中钒的来源及危害

钒（V）在自然界中分布较广，地壳中丰度约为0.02%，约占地壳重量的0.6%。土壤中钒平均含量为90 mg/kg。钒的分布太分散，基本没有含量较多的矿床。钒的来源矿物有钒酸钾铀矿、褐铅矿和绿硫钒矿、石煤矿等。中国是钒资源比较丰富的国家，钒矿主要分布在四川的攀枝花和河北的承德，大多数是以石煤的形式存在。土壤中钒的来源主要有：成土母质；钒的人为排放源，包括工业废渣、废气中钒的扩散、大气沉降、积累；含钒废水灌溉农田；金属矿山含钒废弃物的堆积等。我国土壤中钒的分布范围在 16～270 μg/g。土壤中钒的形态可分为可溶态、有机质结合态、易还原锰结合态、无定形氧化铁结合态以及残留态。土壤中钒所构成的化合物非常复杂，可同氨基酸、草酸、磷酸根离子、羟基等多种配体形成聚合物。土壤中的钒主要以 VO_3^-阴离子状态存在。土壤的氧化性越高、碱性越大，越易形成 VO_3^-。当土壤的酸度增大时，VO_3^-易转变成多钒酸根复合阴离子。它们都容易被黏土和土壤胶体及腐殖质固定而失去活性，钒在土壤中的迁移性较弱，迁移转化与土壤的 pH 值、氧化还原电位、有机质含量及气候、水文、生物等因素有关。

钒是生物体内所必需的微量元素之一，对于植物而言，五价钒的毒性最大，VO_2^+为生物无效，VO_3^-容易被植物吸收。植物从土壤中吸收的钒大部分积累在根中，过量会引起毒害作用。人体内钒含量大约为 25 mg，在体液 pH=4～8 条件下，钒的主要形式为 VO^{3-}，即亚钒酸离子（metavandate）；另一为+5 价氧化形式 VO_4^{3-}，即正钒酸离子（orthovanadate）。钒缺乏时可出现牙齿、骨和软骨发育受阻。肝内磷脂含量少、营养不良性水肿及甲状腺代谢异常等；钒在体内不易蓄积，因而由食物摄入引起的中毒十分罕见，但每天摄入 10 mg 以上或每克食物中含钒 10～20 μg，可发生中毒。通常钒累积到一定浓度时，可出现生长缓慢、腹泻、摄入量减少、咳嗽、肠道出现严重的血管痉挛、胃肠蠕动亢进和死亡。

3．环境质量标准与排放（控制）标准的要求

我国规定了钒的排放浓度限值和标准限值的标准有 2 个，1 个质量标准和 1 个排放标准，见表 2-28。

表 2-28 钒的环境质量标准与排放标准

序号	标准代号	标准名称	最低限值/排放限值
1	GB 26452—2011	钒工业污染物排放标准	现有企业：2.0 mg/L；新建企业：1.0 mg/L；敏感地区：0.3 mg/L
2	GB 3838—2002	地表水环境质量标准	0.05 mg/L

4．国内外相关标准方法研究

（1）主要国家、地区及国际组织相关标准方法研究

国外标准中测定土壤钒的方法比较多，主要以 EPA 标准为主。其标准方法主要有火焰原子吸收、石墨炉原子吸收、电感耦合等离子体光谱、电感耦合等离子体质谱等，土壤消解方式涉及酸消解、微波消解等。

EPA method 3052，前处理方式：微波辅助酸消解，适用于全量分析；1994。

EPA method 6020A Inductively coupled plasma-mass spectrometry，前处理方式：酸消解，适用于全量分析，干扰及消除：常见离子对其不干扰；1994。

EPA method 3051/3051A Microwave assisted acid digestion of sediments，sludges，soils，and oils，前处理方式：微波辅助酸消解，适用于全量分析；1998。

EPA method 3015/3015A Microwave assisted acid digestion of aqueous samples and extracts，前处理方式：微波辅助酸消解，适用于浸出毒理分析；1994。

表 2-29 列出了国外用于测定土壤中钒相关标准及标准中涉及的仪器方法、消解方式、酸体系等。

表 2-29 国外测定土壤中钒的相关标准

序号	标准号	来源	仪器方法	消解方式	酸体系
1	EPA method 3051/3051A	EPA	FLAA、GFAA、ICP-AES、ICP-MS	微波（170～180℃）	硝酸
2	EPA method 3052	EPA	FLAA、GFAA、ICP-AES、ICP-MS	微波[（180±5）℃]	硝酸+氢氟酸（消解含硅基体）+双氧水（消解有机物）+盐酸（Ag，Ba，Sb 及高浓度的 Fe 和 Al）
3	EPA method 3050	EPA	GFAA 或 ICP-MS	蒸气浴	硝酸（1∶1）+水+30%双氧水
4	EPA method 3050	EPA	FLAA 或 ICP-AES	蒸气浴	硝酸（1∶1）+水+30%双氧水+盐酸
5	BS 7755-3.13—1998	BS	FLAA、GFAA	萃取	王水
6	ISO 11047—1998	ISO	FLAA、GFAA	萃取	王水

（2）国内相关标准方法研究

国内标准中暂时没有环境保护方面测定土壤钒的标准，其他行业中涉及土壤中钒的标准方法有示波极谱法和封闭酸溶/ICP-MS 法。

国内有关土壤中镉的检测方法主要有：

《区域地球化学勘查样品分析》，用于土壤、沉积物中钒的测定，测定范围 15～10000μg/g，检出限 5 μg/g。

《水和废水监测分析方法》（第四版） 中国环境监测总站（2002），前处理参照第六章（四）底质样品的分解与浸提，土壤、沉积物，检出限 0.006 mg/L。

GB/T 15072.19—2008，贵金属合金，测定波长 290.880 nm，范围为 0.05%～0.1%。

GB 5750.6—2006 生活饮用水标准检验方法，金属指标的测定。

ICP-AES，DZ/T 0064.22-93，地下水，测定波长 311.07 nm，检出限 0.1 μg/L。

《土壤和固体废弃物监测分析及技术》，用于土壤钒的测定，EPA method 6010C。

表 2-30 列出了国内有关土壤中钒的相关标准及标准中涉及的仪器方法、消解方式、酸体系等。

表 2-30 国内测定土壤中钒的相关标准

序号	标准号	来源	仪器方法	消解方式	酸体系
1	GB/T 14506.22—2010	国内岩矿行业	示波极谱法	电热板（低温）	盐酸-硝酸-氢氟酸-高氯酸（10+3+5+0.5）
2	GB/T 14506.22—2010	国内岩矿行业	示波极谱法	干法消解（马弗炉 700℃）	碱熔：过氧化钠
3	GB/T 14506.30—2010	国内矿石行业	ICP-MS	烘箱[（185±5）℃]	氢氟酸-硝酸（1+0.5）

5．国内外相关分析方法研究报道

国内外有关土壤钒的研究报道并不多，而利用 ICP-MS 测定土壤中钒的研究报道更少，特别是土壤中总钒的测定。由于 ICP-MS 仪器的特殊性，其对进样样品的要求比较高，进样溶液中可溶性固体小于 0.2%，对酸度也有一定的要求，一般样品中的酸度为 2%以下。因此，土壤的前处理环节很重要，包括消解方式及无机酸的选择。

从消解方式来看，目前采用 ICP-MS 测定土壤中重金属的前处理方式主要有电热板消解、高压罐消解和微波消解 3 种方法。每种消解方式因无机酸的选择不同，有不同的灵敏度和检出限。而目前文献报道中用 ICP-MS 测定土壤钒的前处理侧重于电热板消解。齐剑英等采用盐酸/硝酸/高氯酸体系低温电热板消解土壤，建立了 ICP-MS 测定土壤中钒等 24 种重金属的方法。本方法测定钒的检出限为 0.03 μg/L，相对标准偏差为 3.2%，加标回收率 101.3%。刘亚轩等采用 HF-HNO_3 混酸/电热板消解，建立了测定地球化学样品中包括钒在内的 18 种微量、痕量元素的 ICP-MS 方法，获得了较高的准确度。

一般采用常规的酸溶样品会引入大量的氯，其与等离子体中大量存在的氩、氧、氢相互结合，形成一些产生同位素干扰的多原子离子，如 $^{35}Cl^{16}O$、$^{35}Cl^{16}O^{1}H$ 对 ^{52}V 造成干扰。齐剑英等在实验中对仪器的动态反应池引入 NH_3 来消除相应的干扰取得不错的效果；而刘亚轩等则在土壤前处理过程中避免使用盐酸等含 Cl 酸来减少氯离子对钒的干扰。

（十一）土壤中锰的测定

1．锰的理化性质

锰，它的化学符号是 Mn，原子序数是 25，是一种过渡金属。银白色金属，质坚而脆。密度 7.44 g/cm^3。熔点 1244℃，沸点 1962℃。化合价+2、+3、+4、+6 和+7。其中以+2（Mn^{2+}

的化合物)、+4（二氧化锰，为天然矿物）和+7（高锰酸盐，如 $KMnO_4$)、+6（锰酸盐，如 K_2MnO_3）为稳定的氧化态。在固态状态时它以四种同素异形体存在：α 锰（体心立方)、β 锰（立方体)、γ 锰（面心立方)、δ 锰（体心立方)。电离能为 7.435eV。在空气中易氧化，生成褐色的氧化物覆盖层。它也易在升温时氧化。氧化时形成层状氧化锈皮，最靠近金属的氧化层是 MnO，而外层是 Mn_3O_4。在高于 800℃的温度下氧化时，MnO 的厚度逐渐增加，而 Mn_3O_4 层的厚度减少。在 800℃以下出现第三种氧化层 Mn_2O_2。在约 450℃以下最外面的第四层氧化物 MnO_2 是稳定的。能分解水，易溶于稀酸，并有氢气放出，生成二价锰离子。

锰也是人类必需的微量元素，地球上一切生命的生物学功能都与锰元素紧密相关。它是构成正常骨骼时所必要的物质，有多方面的作用。它可以激活必要的酶，使维生素 H、B 族维生素、维生素 C 能顺利被人体利用；在制造甲状腺素时也不可或缺。但人体吸收过量锰会引起锰中毒，重度的可出现暴躁、幻觉等症状，引发锰狂症。

2．土壤中锰的来源及危害

在大自然中，锰是分布很广的元素之一，约占地壳总原子数的万分之三。最重要的锰矿是软锰矿和硬锰矿。土壤中全锰含量变幅很大，由痕量至 10000 mg/kg，大多数土壤全锰含量为 500～1000 mg/kg，平均为 850 mg/kg。我国土壤中锰含量范围为 10～5532 mg/kg，异常量最高达 9478 mg/kg，平均为 710 mg/kg。由于成土母质、地形地貌、气候水文、植被生长、人类活动等因素的影响，不同地区土壤锰的含量不同，土壤中锰的形态可分为水溶态、吸附态、碳酸盐及强吸附态、金属有机物络合态、铁-锰氧化物结合态、有机结合态、残留态等，其中铁锰氧化态和残渣态是主要形态，分别占全锰的 49%和 41.6%。是正常机体必需的微量元素之一，它构成体内若干种有重要生理作用的酶，正常每天从食物中摄入锰 3～9 mg。

锰中毒通常只限于采矿和精炼矿石的人，长期接触锰可引起类似帕金森综合征或 Wilson 病那样的神经症状。慢性锰中毒一般在接触锰的烟、尘 3～5 年或更长时间后发病。早期症状有头晕、头痛、肢体酸痛、下肢无力和沉重、多汗、心悸和情绪改变。病情发展，出现肌张力增高、手指震颤、腱反射亢进，对周围事物缺乏兴趣和情绪不稳定。后期出现典型的震颤麻痹综合征，有四肢肌张力增高和静止性震颤、言语障碍、步态困难等以及有不自主哭笑、强迫观念和冲动行为等精神症状。锰烟尘可引起肺炎、肺尘埃沉着病，尚可发生结膜炎、鼻炎和皮炎。

3．环境质量标准与排放（控制）标准的要求

我国 1 个质量标准和 2 个排放规定了锰浓度限值，见表 2-31。

表 2-31 锰的环境质量标准与排放标准

序号	标准代号	标准名称	排放限值
1	GB 3838—2002	地表水环境质量标准	0.1 mg/L
2	GB 8978—1996	污水综合排放标准	5.0 mg/L
3	GB 18918—2002	城镇污水处理厂污染物排放标准	日均值 2.0 mg/L
4	GB/T 14848	地下水质量标准	Ⅱ类≤0.05 mg/L Ⅲ类≤0.1 mg/L
5	CJ/T 206—2005	城市供水水质标准	0.1 mg /L
6	GB 5749—2006	生活饮用水卫生标准	0.1 mg /L

4．国内外相关标准方法研究

（1）国内相关标准方法研究

目前国内环保行业暂未制订土壤中锰测定的标准，国内其他行业涉及的测定土壤中锰的标准方法有封闭酸溶/ICP-MS 法、过氧化钠熔样/ICP-MS 法、高碘酸钾比色法/原子吸收光谱法和 X 射线荧光法。

表 2-32 汇总了土壤中锰测定的国内标准，从表中可以查看到各标准所涉及的仪器方法、采用的消解方式及酸体系的选择，部分标准还列出了其检出限。

表 2-32 国内测定土壤中锰的相关标准

序号	标准号	来源	仪器方法	消解方式	酸体系	检出限
1	LY/T 1256—1999	国内林业行业标准	分光光度或 AAS	电热板	硝酸-盐酸-硫酸/硝酸-盐酸-高氯酸	
2	GB/T 14506.30—2010	国内岩矿行业	ICP-MS	烘箱［（185±5）℃］	氢氟酸-硝酸	
3	GB/T 14506.29—2010	国内岩矿行业	ICP-MS	干法消解（马弗炉 700℃）	碱熔：过氧化钠	
4	HJ 780—2015	国内环保行业	波长色散 X 射线荧光光谱法	压片	—	10.0 mg/kg

（2）主要国家、地区及国际组织相关标准方法研究

国外标准中测定土壤锰的方法比较多，主要以 EPA 标准为主。ISO 标准中测定土壤锰的标准有采用王水萃取土壤中锰，应用火焰和电热原子吸收光谱法测定；英国等国主要引进 ISO 标准方法制定本国的相关土壤锰标准。法国采用化学方法对土壤中锰进行了相关研究；EPA 标准中涉及的土壤锰的方法很多，主要有火焰原子吸收、石墨炉原子吸收、电感

耦合等离子体光谱、电感耦合等离子体质谱等，土壤消解方式涉及酸消解、微波消解等。

表 2-33 汇总了土壤中锰测定的国外标准，从表中可以查看到各标准所涉及的仪器方法、采用的消解方式及酸体系的选择，部分标准还列出了其检出限。

表 2-33 土壤中锰测定的国内外标准汇总

序号	标准号	来源	仪器方法	消解方式	酸体系
1	EPA method 3051/3051A	EPA	FLAA、GFAA、ICP-AES、ICP-MS	微波[（175±5）℃]	硝酸
2	EPA method 3052	EPA	FLAA、GFAA、ICP-AES、ICP-MS	微波[（180±5）℃]	硝酸+氢氟酸（消解含硅基体）+双氧水（消解有机物）+盐酸（Ag、Ba、Sb 及高浓度的 Fe 和 Al）
3	EPA method 3050	EPA	GFAA 或 ICP-MS	蒸气浴	硝酸（1∶1）+水+30%双氧水
4	EPA method 3050	EPA	FLAA 或 ICP-AES	蒸气浴	硝酸（1∶1）+水+30%双氧水+盐酸
5	BS 7755-3.13—1998	BS	FLAA、GFAA	萃取	王水
6	ISO 11047—1998	ISO	FLAA、GFAA	萃取	王水

5．国内外相关分析方法研究报道

（1）土壤中总锰的测定

目前，利用 ICP-MS 测定土壤中锰的研究报道并不多。从消解方式来看，目前采用 ICP-MS 测定土壤中总锰的前处理方式主要有电热板消解、高压罐消解和微波消解 3 种方法。每种消解方式因无机酸的选择不同，有不同的灵敏度和检出限。

电热板消解法处理土壤中重金属是一种很常用、很成熟的消解方式。齐剑英等采用盐酸/硝酸/高氯酸体系低温电热板消解土壤，建立了 ICP-MS 测定土壤中锰等 24 种重金属的方法。本方法测定锰的检出限为 0.007 μg/L，相对标准偏差为 4.1%，加标回收率 104.5%。

胡林凯等采用硝酸/氢氟酸/高氯酸酸溶高压密封罐消解方式，建立了 ICP-MS 测定底泥中锰等重金属的方法。目前对于土壤中重金属的消解，很少用到高压密罐法，因为该方法不仅耗时长（100℃保持 1h，升温至 180℃再保持 6～8h），还具有一定的危险性，需要人工调节消解时间和温度，转移时酸残留量较大，对人体有危害，定容后也需要离心或静置，方可上机测定。

微波消解作为一种新的消解技术，正被广泛用于土壤重金属前处理过程中。

张霖琳等采用氢氟酸-硝酸-过氧化氢体系微波消解，建立了 ICP-MS 法同时测定土壤中 32 种微量元素的方法。作者采用双内标铑（Rh）和铼（Re）进行在线校正法，消除基体干扰，获得较好的精密度和准确度，元素方法检出限为 0.01～0.45 ng/mL。

（2）土壤中锰的有效态测定

测定土壤中锰的有效态，即土壤浸出液中锰的含量，用来评价土壤中锰的毒理分析。目前测定土壤浸出液中锰的标准主要有国家环境保护总局颁布标准《危险废物鉴别标准浸出毒性鉴别》（GB 5085.3—2007），涉及 ICP-MS、ICP-AES、GFAAS、FAAS 四种方法。其中 ICP-AES 测定土壤浸出液中锰的方法检出限为：0.001 mg/L（257.61 nm）、0.02 mg/L（293.31 nm）；对于测定锰存在的元素间干扰有：选用 257.61 nm 时 Fe、Al、Mg 对其的干扰，当样品中这三个元素含量高时，可以选用 293.31 nm 激发波长来消除相应的干扰；ICP-MS 测定土壤浸出液中锰的方法检出限为 0.1 μg/L（扫描模式）。

（十二）土壤中钴的测定

1．钴的理化性质

钴，它的化学符号是 Co，原子序数 27，属过渡金属，熔点 1492℃，沸点 4530℃，密度为 8.9 g/cm^3（20℃）。钴是具有光泽的钢灰色金属，比较硬而脆，有铁磁性，加热到 1150℃时磁性消失。钴的常见化合价为+2 和+3。在常温下不和水作用，在潮湿的空气中也很稳定。在空气中加热至 300℃以上时氧化生成 CoO，在白热时燃烧成 Co_3O_4。

钴可经消化道和呼吸道进入人体，一般成年人体内含钴量为 1.1～1.5 mg。在血浆中无机钴附着在白蛋白上，它最初贮存于肝和肾，然后贮存于骨、脾、胰、小肠以及其他组织。体内钴 14%分布于骨骼，43%分布于肌肉组织，43%分布于其他软组织中。经常注射钴或暴露于过量的钴环境中，可引起钴中毒，钴矿工、冶炼者在工作时染病时有发生。

2．土壤中钴的来源及危害

自然界中钴的存在形式有三种：①独立钴矿物；②呈类质同象或包裹体存在于某一矿物中；③呈吸附形式存在于某些矿物表面，其中以第二种存在形式最为普遍。钴在地壳中含量 0.35%（质量分数），海洋中钴总量约 23 亿吨。自然界已知含钴矿物近百种，大多伴生于镍、铜、铁、铅、锌等矿床中，含钴量较低。中国已探明钴金属的储量近数十万吨。分布于全国 24 个省（区），其中主要有甘肃、山东、云南、湖北、青海、河北和山西。这七个省的合计储量占全国总保有储量的 71%，其中以甘肃储量最多，占全国的 28%。此外，安徽、四川、新疆等省（区）也有一定的储量。

钴是人体和植物中所必需的微量元素之一，在人体中钴主要是通过维生素 B_{12} 发挥生物学作用，大量研究表明，钴对铁的代谢血红蛋白的合成，细胞的生长等具有重要的生理作用，缺钴将产生严重的低色素小细胞，过量的钴却能够产生严重的中毒现象。土壤中钴的形态可分为交换态、碳酸盐结合态、易还原锰结合态、有机结合态、无定形氧化物结合态等。其能够通过植物生长、重金属迁移等方式进入人体。

3．环境质量标准与排放（控制）标准的要求

表 2-34 列出我国钴的相关环境质量与排放标准。

表 2-34 钴的环境质量标准与排放标准

序号	标准代号	标准名称	排放限值
1	GB 3838—2002	地表水环境质量标准	1.0 mg/L
2	GB/T 14848—1993	地下水质量标准	Ⅰ类≤0.005 mg/L Ⅱ类≤0.05 mg/L Ⅲ类≤0.05 mg/L Ⅳ类≤1.0 mg/L Ⅴ类＞1.0 mg/L
3	GB 25467—2010	铜、镍、钴工业污染物排放标准	1.0 mg/L
4	GB 25464—2010	陶瓷工业污染物排放标准	1.0 mg/L
5	GB 18485—2014	生活垃圾焚烧污染控制标准	1.0 mg/m³ 排放烟气中以 Sb+As+Pb+Cr+Co+Cu+Mn+Ni 计
6	GB 30485—2013	水泥窑协同处置固体废物污染控制标准	0.5 mg/m³ 排放烟气中以 Be+Cr+Sn+Cu+Co+Mn+Ni+V 计

4．国内外相关标准方法研究

目前国内环保行业暂未制定土壤中钴测定的标准，国内其他行业涉及的测定土壤中钴的标准方法有分光光度法、示波极谱法、封闭酸溶/ICP-MS 法、过氧化钠熔样/ICP-MS 法；国外标准中测定土壤钴的方法比较多，主要以 EPA 标准为主。ISO 标准中测定土壤钴的标准有采用王水萃取土壤中钴，应用火焰和电热原子吸收光谱法测定；英国及德国等国主要引进 ISO 标准方法制定本国的相关土壤钴标准，另外，德国还制定了石墨炉原子吸收光谱法对土壤中钴进行了相关研究；EPA 标准中涉及的土壤钴的方法很多，主要有火焰原子吸收、石墨炉原子吸收、电感耦合等离子体光谱、电感耦合等离子体质谱等，土壤消解方式涉及酸消解、微波消解等。

土壤中钴测定的国内外标准汇总见表 2-35。

表 2-35 土壤中钴测定的国内外标准汇总

序号	标准号	来源	消解方式	消解体系	监测方法	检出限
1	HJ780—2015	国内环保标准	固体压片	—	波长射线型X射线荧光	1.6 mg/kg
2	GB/T 14506.26—2010	国内岩矿行业标准	干法消解（马弗炉 700℃）	碱熔：过氧化钠	分光光度法	
3	GB/T 14506.30—2010		烘箱[（185±5）℃]	氢氟酸-硝酸（1+0.5）	ICP-MS	
4	GB/T 14506.29—2010		干法消解（马弗炉 700℃）	碱熔：过氧化钠	ICP-MS	
5	GB/T 14506.21—2010		电热板（低温）	盐酸+硝酸+氢氟酸+高氯酸（10+3+5+0.5）	示波极谱法	
6	GB/T 14506.21—2010		干法消解（马弗炉 700℃）	碱熔：过氧化钠	示波极谱法	
7	BS 7755-3.13—1998	英国标准	萃取	王水	FLAA、GFAA	
8	ISO 11047—1998	ISO 标准	萃取	王水	FLAA、GFAA	
9	EPA method 6010B/6010C	美国标准	参照标准 EPA method 3051A/3051、3052 或 3050B		ICP-AES	仪器方法标准
10	EPA method 6020A/6020				ICP-MS	
11	EPA method 7000A				AAS	
12	EPA method 7000B				FLAA	
13	EPA method 7010				GFAA	
14	EPA method 3051A/3051		微波	硝酸	FLAA/GFAA/ICP-AES/ ICP-MS	前处理方法标准
15	EPA method 3052		微波	硝酸-氢氟酸（含硅基体）；硝酸-氢氟酸-双氧水（含有机物基体）	CVAA/FLAA/GFAA/ICP-AES/ICP-MS	
16	EPA method 3050B		蒸气浴	硝酸（1∶1）-水-30%双氧水（10+2+3）	GFAA/ICP-MS	
				硝酸（1∶1）-水-30%双氧水+盐酸（10+2+3+10）	FLAA/ICP-AES	

5．国内外相关分析方法研究报道

常用的土壤样品前处理方法大致可分为：电热板消解、高压密闭消解、微波消解。一

般使用 HNO_3-HCl-HF-$HClO_4$、HNO_3-HF-$HClO_4$、HNO_3-HCl-HF-H_2O_2、HNO_3-HF-H_2O_2 等酸体系。不同的酸对光谱强度有一定影响，影响最大为硫酸，盐酸次之，最佳为硝酸。光谱强度随酸度增加而减弱，但影响程度不一。

谭昆森等采用电热板消解，ICP-AES 法对土壤中 Co 等八种元素进行测定。实验研究了王水-高氯酸-HF-高氯酸、王水-HF-高氯酸-HF-高氯酸、硝酸-HF-高氯酸-HF-高氯酸及硝酸-HF-HF-混合酸-混合酸（硝酸∶高氯酸=1∶1）四种酸体系对测定元素的影响。结果表明最佳预处理方法为硝酸-HF-HF-混合酸-混合酸体系。其他预处理方法测定 Co 结果偏高，不宜采用。李娜等采用正交实验对超声波消解土壤中 Co 等的影响因素进行研究，并与微波消解实验结果进行比对分析。结果表明，影响超声波消解土壤样品的因素依次为：超声功率＞固液比＞超声时间＞反应温度。最佳消解条件为：100%W_{max} 超声波功率，HNO_3+$HClO_4$[7∶1（体积比）]固液比 1∶16，超声时间 40 min，反应温度 45℃。样品前处理过程是取约 50 g 样品，105℃烘干 2 h。称取 0.500 g 样品按正交实验和对照组实验条件，分别进行超声波消解、微波消解和常温酸解。样品处理后 12000 r/min 离心 5 min，上清液转入 100 mL 容量瓶，用 10 mL 去离子水冲洗残渣，12000r/min 离心 10 min，上清液转入容量瓶定容，采用 ICP-AES 测定。Xiangdong Li 等采用五步提取法对土壤样品进行处理，并采用 ICP-AES 对包括 Co 在内的 15 种金属元素的五种不同形态含量进行了检测。大多数元素的回收率介于 85%～110%，平均值为 92%，效果良好。S.C.Wong 等采用酸消解的方法对农业土壤样品进行处理并进行 ICP-AES 分析，对包括 Co 在内的 4 种元素含量进行了检测；同时还采用连续提取法对包括钴 Co 在内的 6 种金属元素的五种不同形态含量进行了 ICP-MS 检测。陈丰等采用微波消解样品处理技术，结合 ICP-AES 法测定土壤中 Co 等 16 种环境有效态金属元素，与传统酸解法处理样品相比，不但结果基本一致，而且微波消解更具有快速、高效、试剂用量少、不易沾污、减少了酸气对分析人员的伤害等优点，能满足环境分析的要求。付翠轻等用硝酸-氢氟酸-高氯酸消解土壤样品，样品中的难溶组分被有效浸取，采用 ICP-AES 测定土壤样品中的 24 种元素（包括 Co）。目前，利用 ICP-MS 测定土壤中钴的研究报道很少。从消解方式来看，目前测定土壤中总钴的前处理方式主要有电热板消解、高压罐消解和微波消解 3 种方法。每种消解方式因无机酸的选择不同，有不同的灵敏度和检出限。

电热板消解法处理土壤中重金属是一种很常用、很成熟的消解方式。齐剑英等采用盐酸/硝酸/高氯酸体系低温电热板消解土壤，建立了 ICP-MS 测定土壤中钴等 24 种重金属的方法。本方法测定钴的检出限为 0.005 μg/L，相对标准偏差为 3.9%，加标回收率 99.7%。

微波消解作为一种新的消解技术，正被广泛用于土壤重金属前处理过程中。张霖琳等采用氢氟酸-硝酸-过氧化氢体系微波消解，建立了 ICP-MS 法同时测定土壤中包含钴在内的 32 种微量元素的方法。笔者采用双内标铑（Rh）和铼（Re）进行在线校正法，消除基体干扰，获得较好的精密度和准确度，元素方法检出限为 0.01～0.45 ng/mL。

（十三）土壤中铊的测定

1．铊的理化性质

铊，化学符号 Tl，原子序数 81，蓝白色重质金属，属于剧毒高危重金属。相对密度 11.85，熔点 303.5℃，沸点 1457℃。在空气中氧化时表面覆有氧化物的黑色薄膜，174℃开始挥发，保存在水中或石蜡中较空气中稳定。能与卤族元素反应；高温时能与硫、硒、碲、磷反应；铊不溶于碱，与盐酸的作用缓慢，但迅速溶于硝酸、稀硫酸中，生成可溶性盐；铊的卤化物在光敏性上与卤化银相似，能见光分解。铊在化合物中形成一价和三价，一价的亚铊化合物比较常见，大多数可溶于水（包括氢氧化亚铊），有剧毒。

2．土壤中铊的来源及危害

铊（Tl）在自然界中分布广泛且分散，地壳中丰度为 0.75 mg/kg，在土壤中的含量一般为 0.2～1.0 mg/kg，土壤平均背景值为 0.58 mg/kg。土壤中铊的形态可分为水溶性铊、交换性铊和难溶性铊，化合价有一价和三价，三价不稳定，遇碱或水变为一价化合物。铊在土壤中的存在形态土壤类型、pH、有机质含量等有一定的关系。

铊是一种人体非必需的微量元素。铊及其化合物的毒性高且蓄积作用较强，为强烈的神经毒物，并可引起肝、肾损害，有致突变和致畸作用，三价铊的毒性大于一价铊。铊污染的来源主要来自电子工业，含铅、锌、铜等硫化矿冶炼行业。

3．环境质量标准与排放（控制）标准的要求

我国 3 个质量标准、2 个卫生标准和 3 个排放、控制标准规定了铊浓度限值，见表 2-36。

表 2-36　铊的环境质量标准与排放标准

序号	标准代号	标准名称	排放限值
1	HJ 350—2007	展览会用地土壤环境质量评价标准（暂行）	A 级：2 mg/kg；B 级：14 mg/kg
2	GB 3838—2002	地表水环境质量标准	0.1 μg/L
3	CJ/T 206—2005	城市供水水质标准	0.1 μg/L
4	GB 5749—2006	生活饮用水卫生标准	0.1 μg/L
5	GB 16183—1996	车间空气中铊卫生标准	0.01 mg/m^3
6	DB 43/968—2014	湖南省工业废水铊污染物排放标准	0.005 mg/L
7	GB 18485—2014	生活垃圾焚烧污染控制标准	0.1 mg/m^3
8	GB 30485—2013	水泥窑协同处置固体废物污染控制标准	1.0 mg/m^3

4．国内外相关标准方法研究

（1）主要国家、地区及国际组织相关标准方法研究

土壤、沉积物中待测物质的测定一般包括样品消解、仪器选择及条件优化、试样的测定。土壤、沉积物前处理方法对测定结果的影响很大，不同的酸体系使试样的测定值有显著差异。样品消解各国均对应不同的方法标准。

ISO 20279—2005 标准中采用王水萃取土壤样品，电热原子吸收光谱法测定铊元素。

ISO/TS 17073—2013 标准则采用王水-硝酸消解污泥、处理过的生活垃圾以及土壤样品，石墨炉原子吸收光谱法测定砷、镉、钴、铅、锑、铊及钒七种元素。

DIN ISO 20279—2006 标准是德国引进 ISO 20279—2005 标准方法而制定的本国有关土壤铊标准。

DIN CEN/TS 16172—2013 标准采用硝酸/电热板消解污泥、生活垃圾以及土壤样品，石墨炉原子吸收光度法测定铊元素。

EPA method 7000A 标准规定了饮用水、地表水、海水、生活和工业垃圾、土壤、污泥、沉积物以及其他固体废物中 Sb、As、Cd、Cr、Co、Cu、Pb、Mn、Hg、Ni、Ag、Tl、V、Zn 等元素的原子吸收法，该标准属于仪器方法标准，其样品前处理参考标准 EPA method 3050、3052、3050B 或 3015A/3015。

EPA method 7000B 标准规定了地下水、水溶液、浸出液、工业废物、土壤、污泥、沉积物以及类似固体废物中 Sb、Cd、Cr、Co、Cu、Pb、Mn、Ni、Ag、Tl、V、Zn 等元素的火焰原子吸收法。该标准属于仪器方法标准，其样品前处理参考标准 EPA method 3050、3052、3050B 或 3015A/3015。

EPA method 7010 标准规定了地下水、生活和工业废物、浸出液、土壤、污泥、沉积物以及其他废弃物中 Sb、As、Cd、Cr、Co、Cu、Pb、Mn、Ni、Ag、Tl、V、Zn 等元素的石墨炉原子吸收法。该标准属于仪器方法标准，其样品前处理参考标准 EPA method 3050、3052、3050B 或 3015A/3015。

EPA method 6010B/6010C 方法为仪器方法标准，其样品前处理参考标准 EPA method 3050、3052、3050B 或 3015A/3015，该标准规定了 Sb、As、Cd、Cr、Co、Cu、Pb、Mn、Hg、Ni、Ag、Tl、V、Zn 等元素的电感耦合等离子体发射光谱法。

EPA method 6020 同样为仪器方法标准，其样品前处理参考标准 EPA method 3050、3052、3050B 或 3015A/3015，该标准规定了 Sb、As、Cd、Cr、Co、Cu、Pb、Mn、Hg、Ni、Ag、Tl、V、Zn 等元素的电感耦合等离子体质谱法。

EPA method 3050B 标准规定了沉积物、污泥以及土壤样品的酸消解方法。该标准采用蒸气浴的加热方式，应用硝酸-双氧水消解体系，消解沉积物、污泥以及土壤样品中 Sb、Cd、Cr、Co、Cu、Ni、Ag、Tl、V、Zn、As、Cd、Cr、Co、Pb、Tl 十六种重金属元素。

样品消解后，Sb、Cd、Cr、Co、Cu、Ni、Ag、Tl、V、Zn 等元素可采用火焰原子吸收法或电感耦合等离子体发射光谱法测定；As、Cd、Cr、Co、Pb、Tl 等元素则可采用石墨炉原子吸收法或电感耦合等离子体质谱法进行测定。

EPA method 3051/3051A 标准规定了沉积物、污泥、土壤样品以及油类物质的微波消解方法。该标准采用微波的加热方式，应用硝酸或者硝酸-盐酸消解体系，消解沉积物、污泥土壤样品以及油类物质中 Sb、As、Cd、Cr、Co、Cu、Pb、Mn、Hg、Ni、Ag、Tl、V、Zn 十四种重金属元素。样品消解后，这些重金属元素可用石墨炉原子吸收法、电感耦合等离子体发射光谱法或电感耦合等离子体质谱法选择性进行测定。

EPA method 3052 方法规定了含硅基体物质以及有机基质类物质的微波消解方式，该类物质包括灰烬、生物组织、油脂、石油污染土壤、沉积物、污泥和土壤等。该标准采用了硝酸-氢氟酸/微波消解体系处理含硅基体物质，采用硝酸-氢氟酸-双氧水/微波消解体系消解有机基质类物质，这两类消解方式可用于处理 Sb、As、Cd、Cr、Co、Cu、Pb、Mn、Hg、Ni、Ag、Tl、V、Zn 等金属元素。样品消解后，可根据元素的性质，自由选择冷原子吸收法、火焰原子吸收法、石墨炉原子吸收法、电感耦合等离子体发射光谱法或电感耦合等离子体质谱法进行测定。

EPA method 3015/3015A 标准规定了水溶液，包括饮用水、土壤及固废浸出液的微波消解方式。该标准采用微波的加热方式，应用硝酸或者硝酸-盐酸消解体系消解水溶液（含悬浮物）中 Al、Sb、As、Ba、Be、B、Cd、Ca、Cr、Co、Cu、Fe、Pb、Mg、Mn、Hg、Mo、Ni、K、Se、Ag、Na、Sr、Tl、V、Zn 等元素。

ASTM D4185-06（2011）规定了工作场所空气中 23 种金属元素的火焰原子吸收测定方法。样品经过收集后消解。ASTM D7439-14 规定了 ICP-MS 测定大气颗粒物元素的标准试验方法。ASTM D7035-10 则规定了 ICP-AES 测定大气颗粒物元素的标准试验方法。

表 2-37 列出了国外用于测定土壤、沉积物中铊相关标准及标准中涉及的仪器方法、消解方式、酸体系、检出限等。

（2）国内相关标准方法研究

国内环保行业中关于铊的标准制定都比较晚，水质方面的铊标准《水质 铊的测定 石墨炉原子吸收分光光度法》（HJ 748—2015）是 2015 年 6 月才颁布的。土壤方面的标准只有一个 2007 年的暂行标准：《展览会用地土壤环境质量评价标准》（HJ 350—2007），该标准规定了电热板或密闭容器加热法/酸消解测定土壤中铊的电感耦合等离子体光谱测定方法。而沉积物方面铊的标准，在环保行业目前处于空白状态。

国内其他行业有关土壤、沉积物铊的标准主要涉及 ICP-MS 法。

表 2-37 国外测定土壤、沉积物中铊的相关标准

序号	标准号	来源	介质	仪器方法	消解方式	酸体系	检出限	备注
1	ISO 20279—2005	ISO	土壤	电热 AAS	萃取	硝酸-双氧水	0.05 mg/kg	
2	ISO/TS 17073—2013	ISO	土壤	GFAAS	萃取	王水和硝酸	0.01 mg/kg	
3	DIN ISO 20279—2006	德国	土壤	电热 AAS	萃取	硝酸-双氧水	0.05 mg/kg	
4	DIN CEN/TS 16172—2013	德国	污泥、土壤	GFAA	电热板	硝酸	0.01 mg/kg	
5	EPA method 3050B	美国	土壤、沉积物	酸消解 GFAA/ICP-MS	蒸气浴	硝酸（1∶1）+水+30%双氧水（10+2+3）		前处理方法标准
6	EPA method 3051A/3051	美国	土壤、沉积物	GFAA、ICP-AES、ICP-MS	微波 [（175±5）℃]	硝酸或硝酸-盐酸		前处理方法标准
7	EPA method 3052	美国	土壤、沉积物	CVAA、FLAA、GFAA、ICP-AES 和 ICP-MS	微波 [（180±5）℃]	硝酸+氢氟酸（消解含硅基体）+双氧水（消解有机物）		前处理方法标准
8	EPA method 3015 A/3015 A	美国	土壤及固废浸出液	FLAA、GFAA、ICP-AES 和 ICP-MS	微波 [（170±5）℃]	硝酸或硝酸-盐酸		前处理方法标准
9	EPA method 6010B；6010C	美国	土壤、沉积物	ICP-AES	参照标准 EPA method 3050、3052、3050B 或 3015/3015 A			仪器方法标准
10	EPA method6020	美国	土壤、沉积物	ICP-MS				仪器方法标准
11	EPA method 7000A	美国	土壤、沉积物	AAS			0.1 μg/L	仪器方法标准
12	EPA method 7000B	美国	土壤、沉积物	GFAA			0.5 mg/L	仪器方法标准
13	EPA method 7010	美国	土壤、沉积物	GFAA			1.0 μg/L	仪器方法标准
14	ASTM D4185-06（2011）	ASTM	大气颗粒物	FLAA	—		0.02g/L，50 mg/m^3	
15	ASTM D7439-14	ASTM	大气颗粒物	ICP-MS	—			
16	ASTM D7439-14	ASTM	大气颗粒物	ICP-AES	—			

① 海洋行业GB/T 2060—2006方法规定了海底沉积物中ICP-MS测定Li、Be、Sc、Ti、V、Cr、Mn、Co、Ni、Cu、Zn、Ga、Rb、Sr、Y、Zr、Nb、Mo、Cd、Sb、Cs、Ba、La、Ce、Pr、Nd、Sm、Eu、Gd、Tb、Dy、Ho、Er、Tm、Yb、Lu、Hf、Ta、W、Tl、Pb、Bi、Th、U的方法，该标准采用电热板消解，硝酸-氢氟酸-高氯酸-盐酸消解体系作为沉积物中铊的前处理方法。

② 化工行业HG/T 4549—2013方法规定了化学废渣、废水（液）、废表面处理剂、油漆渣等废弃化学品以及土壤或污泥中铊含量的ICP-MS法。

③ 国土行业GB/T 14506.30—2010方法规定了酸盐岩石、土壤、沉积物样品中锂、铍、钪、钛、钒、锰、钴、镍、铜、锌、镓、砷、铷、锶、钇、锆、铌、钼、镉、铟、铯、钡、镧、铈、镨、钕、钐、铕、钆、铽、镝、钬、铒、铥、镱、镥、铪、钽、钨、铊、铅、铋、钍和铀44种元素的ICP-MS法。该标准采用封闭（烘箱）加热法，氢氟酸-硝酸体系消解的前处理方法处理相应样品。

表2-38列出了国内有关土壤、沉积物铊的相关标准及标准中涉及的仪器方法、消解方式、酸体系、检出限等。

表2-38 国内测定土壤、沉积物中铊的相关标准

序号	标准号	来源	介质	仪器方法	消解方式	酸体系	检出限
1	HJ 350—2007 展览会用地土壤环境质量评价标准（暂行）	环保行业	土壤	ICP-AES	电热板	硝酸-双氧水-盐酸	0.80 mg/kg
					加压容器	硝酸-盐酸	
2	GB/T 2060—2006	海洋行业	沉积物	ICP-MS	电热板	硝酸-氢氟酸-高氯酸-盐酸	0.06 ng/mL
3	HG/T 4549—2013	化工行业	土壤或污泥	ICP-MS			0.1 mg/kg
4	GB/T 14506.30—2010	国土行业	土壤、沉积物	ICP-MS	烘箱[(185±5)℃]	氢氟酸-硝酸（1+0.5）	

5．国内外相关分析方法研究报道

（1）分光光度法测定铊

分光光度法是对微量铊进行定量分析的一种较为简单易行的检测手段。GP Pandey等利用分光光度法高效地测定了环境样本中的三价铊，确定了检测限是0.002 9 μg/mL，回收率为99.1%，RSD为0.16%。

（2）原子吸收光谱法测定铊

原子吸收光谱法主要包括火焰原子吸收法和石墨炉原子吸收法，其中，火焰原子吸收

光谱法灵敏度较低，必须对样品进行预富集；而石墨炉原子吸收法则具有简单、快速、灵敏度高的特点，可直接用于微量铂的测定。D Picón 等利用连续流动氢化物发生原子吸收（CCF-HG-AAS）法测定水样中的铊，检测限为 1.5 μg/mL，回收率为 97.0%～102.5%，RSD 为 2.9%。AR Borges 等利用线源石墨炉原子吸收光谱（CLS-GF AAS）法测定化肥中的铊，检测限为 15 ng/g，RSD 为 7%。

（3）传感器法测定铊

传感器法多应用在痕量分析上，分为生物传感器和固相传感器。生物传感器对特定化学物质或生物活性物质具有选择性和可逆响应的分析装置，快速、简便，并减少了样品的前处理。而固相传感器的晶体上包被了能吸附目标物的材料，在发生吸附后，晶体的质量和频率发生变化，通过分析该变化来达到分析的目的；但这种方法具有晶体寿命较短，一般普及性较差的缺点。Bagheri 等利用新型离子液体-石墨烯[石墨烯、*N*-辛基吡啶六氟硝磷酸盐（OPFP），2,4-$C1_2C_6H_3C_0CHPPh_3$]电化学传感器测定河水、土壤中 Tl^+的浓度，回收率分别为 98.8%和 99.3%。Salem 等利用超氧化物歧化酶（Au-GNP-Cys-SOD-Chit，Au-Cys-SOD，Au-GNP-Cys-SOD）电化学生物传感器测定电离辐射中 ^{201}Tl，结果表明，修饰了 Au-GNP-Cys-SOD-Chit 的金电极传感器效果最佳，其检测限为 0.03 μmol/L。

同时，一些新的光谱技术的使用可以极大地减少样品用量，提高灵敏度，甚至可达到 1 个分子或原子水平。Voegelin 等通过基于同步加速器的微焦点 X 射线荧光光谱法和 X 射线吸收光谱系统分析了土壤矿物对铊的吸收情况，从分子水平上分析了土壤中铊赋存形态、可萃取性及转化行为等，首次直接揭示了茹土矿物和锰氧化物表面对铊的分子结合关系。

（4）ICP-MS 法测定铊

目前，利用 ICP-MS 测定土壤中铊的研究报道不是很多，其实由于土壤中铊含量比较低，用 ICP-MS 测定其含量还是很具优势的，而且 ICP-MS 还可以同时测定多种元素，越来越受研究学者的欢迎。

由于 ICP-MS 仪器的特殊性，其对进样样品的要求比较高，进样溶液中可溶性固体＜0.2%，对酸度也有一定的要求，一般样品中的酸度为 2%以下。因此，土壤的前处理环节很重要，包括消解方式及无机酸的选择。

① 土壤中总铊的测定　从消解方式来看，目前采用 ICP-MS 测定土壤中总铊的前处理方式主要有电热板消解、高压罐消解和微波消解 3 种方法。每种消解方式因无机酸的选择不同，有不同的灵敏度和检出限。

目前对于土壤的前处理采用最多、最普遍的消解方式是电热板消解。王艳泽等采用硝酸/氢氟酸/硫酸体系低温（150℃）电热板加热消解土壤样品，以 ^{187}Re 作内标，ICP-MS 直接测定土壤消解液中的铊等多种元素。刘亚轩等采用 HF-HNO_3 混酸体系电热板消解，建立了测定地球化学样品中包括铊等 18 种微量、痕量元素的 ICP-MS 方法，获得了较高的准确度。齐剑英等采用盐酸/硝酸/高氯酸体系低温电热板消解土壤，建立了 ICP-MS 测定土壤中铊等 24 种重金属的方法。本方法测定铊的检出限为 0.006 μg/L，相对标准偏差为 1.3%，加标回收率 101.5%。

微波消解作为一种新的消解技术，正被广泛用于土壤重金属前处理过程中。张晓静等建立了硝酸/双氧水/氢氟酸体系微波消解前处理样品，利用 ICP-MS 同时测定土壤中铊等 6 种重金属含量的方法。笔者采用 Li、Sc、Ge、Y、In、Bi 混合内标校正干扰方法，研究了 7 个省 45 个烟叶产区土壤中铊等 6 种重金属含量，取得了较好的精密度和准确度。

② 土壤中铊的有效态测定　测定土壤中铊的有效态，即土壤浸出液中铊的含量，用来评价土壤中铊的毒理分析。目前测定土壤浸出液中铊的标准方法主要有国家环境保护总局颁布的《危险废物鉴别标准 浸出毒性鉴别》(GB 5085.3—2007)，涉及 ICP-MS、GFAAS、FAAS 三种方法。其中 ICP-MS 测定土壤浸出液中钴的方法检出限为：0.3 μg/L（扫描模式）。

（十四）土壤中锑的测定

1．锑的理化性质

锑，化学符号 Sb，原子序数 51，相对密度 6.68，熔点 630.5℃，沸点 1440℃。主要以单质或辉锑矿、方锑矿的形式存在。金属锑不是一种活泼性很强的元素，它仅在赤热时与水反应放出氢气，在室温中不会被空气氧化，但能与氟、氯、溴化合；加热时才能与碘和其他金属化合。锑易溶于热硝酸，形成水合的氧化锑。能与热硫酸反应，生成硫酸锑。锑在高温时可与氧反应，生成三氧化二锑，为两性氧化物，难溶于水，但溶于酸和碱。

2．土壤中锑的来源及危害

锑是土壤中广泛存在的元素之一，锑在地壳中的丰度为 0.0001%，世界土壤中锑的含量范围是 0.2～10 mg/kg，土壤锑的背景浓度范围为 0.05～4.0 mg/kg，通常＜1 mg/kg；我国土壤锑的背景浓度为 0.38～2.98 mg/kg。土壤中锑的来源主要有：①土壤母质；② 含锑的城市垃圾废弃物；③农药污染源；④ 锑矿区冶炼；⑤大气沉降。锑在土壤中以 Sb（Ⅴ）和 Sb（Ⅲ）的形态存在，Sb（Ⅴ）是主要存在形式。

锑是工农业生产中十分有用而又具有毒性的金属元素，过多的摄入会对身体造成直接伤害；锑会刺激人的眼、鼻、喉咙及皮肤，持续接触可破坏心脏及肝脏功能，吸入高含量的锑会导致锑中毒，症状包括呕吐、头痛、呼吸困难，严重者可能死亡。

3．环境质量标准与排放（控制）标准的要求

在我国现行环境质量标准和排放标准中，有 2 个质量标准、2 个卫生标准和 2 个排放、控制标准规定了锑浓度限值，见表 2-39。

表 2-39　锑的环境质量标准与排放标准

序号	标准代号	标准名称	限值
1	HJ 350—2007	展览会用地土壤环境质量评价标准（暂行）	A 级 12 mg/kg；B 级 82 mg/kg
2	GB 3838—2002	地表水环境质量标准	0.005 mg/L
3	CJ/T 206—2005	城市供水水质标准	0.005 mg/L
4	GB 5749—2006	生活饮用水卫生标准	0.005 mg/L
5	DB 43/350—2007	工业废水中锑污染物排放标准	现有 0.65 mg/L；新建 0.5 mg/L；
6	GB 30770—2014	锡、锑、汞工业污染物排放标准	现有：1.0 mg/L；新建：0.3 mg/L；特别排放 0.3 mg/L（大气：8 mg/m^3）

4．国内外相关标准方法研究

（1）国内相关标准方法研究

国内标准中测定土壤锑的方法主要有原子荧光法和 ICP-AES 法（表 2-40）。

表 2-40　测定土壤中锑的国内外标准汇总

序号	仪器方法	消解方式	酸体系	来源	标准号	检出限	备注
1	AFS	微波（100～180℃）	王水	国内环保行业	HJ 680—2013	0.01 mg/kg	
2	ICP-AES	电热板	硝酸-双氧水-盐酸	国内环保行业	HJ 350—2007	0.6 mg/kg	暂行标准
		加压容器	硝酸-盐酸				

（2）主要国家、地区及国际组织相关标准方法研究

国外标准中测定土壤锑的方法比较多，主要以 EPA 标准为主，ISO 标准中测定土壤锑的标准方法有电热或氢化物发生原子吸收光谱；英国、德国、法国等国引用 ISO 标准方法制定了本国的相关土壤锑标准。另外，德国还建立了石墨炉原子吸收光度法测定土壤锑的标准；EPA 标准中涉及的土壤锑的方法很多，主要有火焰原子吸收、石墨炉原子吸收、电感耦合等离子体光谱、电感耦合等离子体质谱等，土壤消解方式涉及酸消解、微波消解等。上述各标准所涉及的仪器方法、采用的消解方式及酸体系的选择、检出限等内容详见表 2-41。

表 2-41 测定土壤中锑的国内外标准汇总

序号	仪器方法	消解方式	酸体系	来源	标准号	备注
1	AAS	萃取	王水	ISO	ISO 11047—1998	
2	AAS	萃取	王水	德国	DIN ISO 20280—2010	
	GFAA			德国	DIN CEN/TS16172—2013	
3	AAS	萃取	王水	英国	BS ISO 20280—2008	
4	AAS	萃取	王水	法国	NF X31-437—2007	
5	GFAA、ICP-AES、ICP-MS	微波（170～180℃）	硝酸	美国	EPA method 3051A/3051	消解标准
6	CVAA、FLAA、GFAA、ICP-AES 和 ICP-MS	微波[（180±5）℃]	硝酸+氢氟酸（消解含硅基体）+双氧水（消解有机物）	美国	EPA method 3052	
7	GFAA 或 ICP-MS	蒸气浴	硝酸（1∶1）+水+30%双氧水（10+2+3）	美国	EPA method 3050B	
8	ICP-AES	参照标准 EPA method 3050、3052 或 3050B		美国	EPA method 6010B/C	仪器标准
9	ICP-MS			美国	EPA method 6020A；6020	
10	AAS			美国	EPA method 7000A	
11	GFAA			美国	EPA method 7000B/7010	

5．国内外相关分析方法研究报道

（1）原子荧光法测定土壤中锑

文献报道运用原子荧光法测定土壤中总锑的前处理方式主要有水浴、电热板、微波等。①水浴消解法测定土壤中总锑常用到的酸是王水。王水也是消解土壤样品常用的强混合酸。趁振平等采用王水沸水浴消解、硫脲还原，氢气发生连续进样，运用原子荧光光谱法进行测定。文中比较了传统方法（硝酸-硫酸-高氯酸体系消解-二乙氨基二硫代甲酸银光度法）及王水消解-氢气发生原子荧光光度法测定土壤中锑的优劣，实验表明，前者对前处理要求更严格，后者前处理简单、快速。该方法测定土壤锑的检出限为 0.028 mg/kg，线性范围为 0～100 μg/L。刘乐君等采用 HNO_3-HCl（1+1）沸水浴消解土壤样品，应用氢化物发生-原子荧光光潜法测定消解液中锑，研究了不同介质、酸度、还原剂质量浓度对测定结果的影响，实验表明，10% HCl 介质，20 g/L 硼氢化钾表现出最佳的灵敏度。该方法测定锑的检出限为 0.41 μg/L，加标回收率为 91%～93.8%。汪文波等研究了试样经（1+1）王水沸水浴分解，用 10%的盐酸溶液稀释至刻度，采用氢化物原子荧光光度法快速测定土壤样中的痕量锑，方法简捷、快速，测定土壤标准样品均在标准值范围之内，相对标准偏差为 14.6%～25.2%。刘桂玲等同样采用王水（1+1）沸水浴溶解土壤试样，应用原子荧光分光光度法进行测定，确定了最佳分析条件。实验表明，该方法测定土壤中锑的检出限为 0.01 μg/g。②电热板消解土壤样品所采用的混合酸主要有：硫酸-硝酸-高氯酸、硫酸（1+1）-硝酸-高氯酸、硝酸-高氯酸-氢氟酸、硝酸-高氯酸等。刘成佐等采用硝酸-硫酸-高氯酸-氢氟酸混酸电热板消解，建立了一个在线氢化物发生原子荧光光谱法直接测定土壤和天然水中痕量锑的分析方法。设计了微型在线氢化物发生器及操作程序。选择了氢化物发生的各项最佳条件。方法检出限为 0.084 ng/mL，工作曲线在 0～30 ng/mL 内呈良好的线性，经标准物质分析验证，测定结果与标准值吻合，水样中的回收率为 92.8%～106.9%，相对标准偏差（RSD，n=5）<4. 8%。③微波酸溶技术由于具有消解完全快速、试剂消耗量少、低空白、节约能源、降低分析人员劳动强度等优点，已被分析化学工作者逐渐当作一项常规的样品（包括环境监测样品）预处理手段。薛光璞等采用硝酸-盐酸-过氧化氢混酸/微波消解和原子荧光技术测定土壤中锑，检出限为 0.01 μg/L，检出精密度和准确度符合测试要求，经国家有证标准物质验证，该法适用于土壤环境样品中锑的监测。林琳等提出了盐酸-硝酸-水（3+1+4）混合酸微波消解，应用原子荧光光谱法测定土壤中锑的含量。经试验求得锑元素的检出限（3S/N）为 0.05 μg/L。在已知锑量土壤试样的基础上，加入 3 个浓度水平的锑标准溶液后，回收率为 98.5%～99.5%。

（2）ICP-AES 测定土壤中锑

ICP-AES 兼备电弧原子发射光谱法的多元素同时测定能力以及原子吸收法的高灵敏度、高精密度等优点，是土壤分析较理想的方法之一。因土壤样品前处理使用的酸体系众多、不同的酸对光谱强度有一定影响，导致光谱强度随酸度增加而减弱，但影响程度不一，影响最大为硫酸，盐酸次之，最佳为硝酸。刘先国等采用氢化物发生 ICP-AES 法对土壤样品中痕量 As、Sb 和 Bi 的测定进行了研究，对影响氢化物发生 ICP-AES 测定 As、Sb、Bi 分析信号的主要因素如发生氢化物的介质酸度、待测元素形态、共存元素间的作用、预还原剂的加入量、载气速率、等离子体的工作功率等进行了试验，选定了发生氢化物及仪器工作的最佳条件。采用 HNO_3-H_2SO_4（10+1）处理样品，在选定条件下对国家一级土壤标准物质进行分析，结果与标准值吻合较好；氢化物发生介质多用 HCl、HNO_3、H_2SO_4，测定 As、Sb 和 Bi 以 HCl 最佳；硝酸的存在对 As 测定有影响。何红蓼等将土壤或水系沉积物样品与固体 NH_4I 按 1∶0.25 的比例在双球玻璃管中混匀后在苯灯喷焰上加热，使样品中的 As、Sb、Bi、Cd 和 Sn 转变为碘化物升华逸出而与基体分离，挥发物用盐酸溶解后用 ICP-AES 测定。实验探讨了 NH_4I 的用量、挥发和溶解条件、光谱测定条件、内标选择、测定谱线选择及背景和谱线干扰校正，适用于地球化学勘探大批量土壤和沉积物样品中As、Sb、Bi、Cd 和 Sn 的测定。付翠轻等用硝酸-氢氟酸-高氯酸消解土壤样品，样品中的难溶组分被有效浸取，采用 ICP-AES 测定土壤样品中的 Sb 等 24 种元素，取得了不错的效果。

参考文献

[1] 武汉大学化学系. 仪器分析[M]. 北京：高等教育出版社，2001：113-114.

[2] 中国环境监测总站. 土壤元素的近代分析方法[M]. 北京：中国环境科学出版社，1992：107-111.

[3] 吉昂，陶光仪，卓沿军，等. X 射线荧光光谱分析[M]. 北京：科学出版社，2003.

[4] 楼蔓藤. X 射线荧光光谱分析法标准化的进展[J]. 岩矿测试，2002，21（1）：42-48.

[5] Jenkins R，de Vries J. Practical X-Ray Spectrometry[M]. 2nd Edn. Macmillan，London，1972：293-328.

[6] Tertian R，Claisse F. Principles of Quantitative X-Ray Fluorescence Analysis[M]. Heyden＆Son Ltd，1982：334-355.

[7] 于波，严志远，杨乐山，等. X 射线荧光光谱法测定土壤和水系沉积物中碳和氮等 36 个主次痕量元素[J]. 岩矿测试，2006，25（1）：74-78.

[8] 刘传娟，刘凤枝，蔡彦明，等. 不同前处理方法 ICP-MS 测定土壤中的重金属[J]. 分析试验室，2009，28（增刊）：91-94.

[9] 田娟娟，杜惠娟，潘秋红，等. 电热板消解与密闭罐消解对土壤中 49 种矿质元素 ICP-MS 法检测的影响[J]. 分析测试学报，2009，28（3）：319-325.

[10] 王艳泽，施燕支，王英锋. ICP- MS 对土壤和灌溉水样品中部分微量元素的测定[J]. 首都师范大学学报（自然科学版），2006，27（2）：46-49.

[11] 田媛，王文月，孙迎雪. ICP- MS 对再生水灌溉区土壤重金属含量的测定[J]. 环境科学与技术，2012，35（12）：82-85.

[12] 刘亚轩，张勤，黄珍玉，等. ICP-MS 法测定地球化学样品中的 As、Cr、Ge、V 等 18 种微量痕量元素的研究[J]. 化学世界，2006，1：16-20.

[13] 黄冬根，廖世军，章新泉，等. ICP-MS 法测定水稻田表层土壤中重金属元素 Zn、Cd、Pb、Cu、Cr、Mn 的研究[J].中国环境监测，2005，21（3）：31-34.

[14] 齐剑英，张平，气颖娟，等.电感耦合等离子体质谱法测定土壤中 24 种元素[J].理化检测-化学分册，2007，43（9）：723-725.

[15] 张晓静，朱风鹏，胡清源，等. ICP-MS 同时测定土壤中 Cr、Ni、Cu、As、TI 和 Pb[J]. 中国烟草学报，2009，15（6）：18-22.

[16] 矫旭东，滕彦国. 土壤中的钒污染的修复与治理技术研究[J]. 土壤通报，2008，39（2）：448-451.

[17] 汪金舫，刘铮. 钒在土壤中的含量分布和影响因素[J]. 土壤学报，1994，31（1）：61-67.

[18] 汪金舫，刘铮. 土壤中钒的化学结合形态与转化条件的研究[J]. 中国环境科学，1995，15（1）：34-37.

[19] 刘亚轩，张勤，黄珍玉，等. ICP-MS 法测定地球化学样品中的 As、Cr、Ge、V 等 18 种微量痕量元素的研究[J]. 化学世界，2006，1：16-20.

第三章　沉积物中重点防控重金属监测技术研究进展

第一节　原子吸收分光光度法在沉积物重金属分析方面的应用

沉积物是水体的重要组成部分，位于液、固两相界面的交界处，一般是以矿物颗粒，特别是黏土矿物为核心骨架，有机质和水合金属氧化物附着在矿物颗粒的表面且成为各颗粒间的黏附架桥物质，把若干颗粒组合成絮状聚集体。自然水体沉积物的组成会随着水环境以及水中成分的变化而变化，它对河流的生态系统结构及生态服务功能均有重要的影响。因此，水样所处环境对沉积物中重金属的总量及形态分析尤为重要。

一、原子吸收法分析沉积物中重金属前处理消解方法

利用原子吸收测定沉积物中重金属的前处理包括干法消解和湿法消解，目前一般采用湿法消解．湿法消解包括电热板消解、高压密闭消解、微波消解、水浴消解等方式，其中以电热板消解和微波消解为主。湿法消解需要用到酸体系，包括氢氟酸、硝酸、盐酸、高氯酸、硫酸等。实验过程中使用到的消解器皿一般为聚四氟乙烯或玻璃材质，使用前需用（1+9）HNO_3浸泡 24h 或用热硝酸荡洗，然后用自来水、蒸馏水冲洗方可使用。对于消解液的要求是要清澈，赶酸完全（特别是氢氟酸等，对进样系统有腐蚀作用），盐含量低等。

将沉积物样品用浓硝酸或盐酸消化后，再用稀硝酸或稀盐酸浸取，这种简单的化学处理法不能充分地分离沉积物中的重金属，也就不能完全精确地反映沉积物中重金属的含量。现行沉积物的测定方法大都是参照土壤的测定方法，在消解和测定过程中，土壤与沉积物具有较大的差别。土壤中硅酸盐含量较高，沉积物中有机质、氮、磷、钾、钠含量较高，且具有较深的颜色，因此需要建立一套适合水体沉积物中重金属的监测方法。

《海洋监测规范 第 5 部分：沉积物分析》（GB 17378.5—2007）针对海洋沉积物重金属 Cu、Zn、Pb、Cd 的分析大部分是采用硝酸-高氯酸消解体系，实际上河流和湖泊沉积物的结构要比海洋沉积物的简单，干扰成分相对较少，可以参照海洋沉积物重金属的分析方法。《海洋沉积物与海洋生物体中重金属分析前处理 微波消解法》（HY/T 132—2010）则参照 EPA3051A 采用盐酸和硝酸混合酸，利用微波快速加热技术处理沉积物样品。

EPA3050B 提供了两种不同的消解程序。一种是火焰原子吸收光谱法（FLAA）或电感耦合等离子体原子发射光谱法（ICP-AES）对沉积物、淤泥和土壤进行前置处理。另一种是石墨炉原子吸收分光光度法（GFAA）或电感耦合等离子体质谱法（ICP-MS）进行前置处理。一般沉积物中的 Cu、Zn、Pb、Cd、Mn、Ni 使用 EPA3050B 的方法，用火焰原子吸收光谱法（FLAA）来测定，而 Cr 则必须使用石墨炉原子吸收分光光度法（GFAA）测定。对于存在硅酸盐中的沉积物中金属元素 Cu、Zn、Pb、Cd、Mn、Ni，则使用方法 EPA3052 中提供的完全消解模式。

EPA200.2 规定了地下水、废水、饮水用、沉积物以及土壤等完全态金属元素的样品的制作方法，针对沉积物样品制作的部分，制作步骤大概如下：

（1.0±0.01）g 样品加入 250 mL 烧杯 →4 mL（1+1）HNO_3 及 10 mL（1+4）HCl → 电热板回流 30 min（95℃）→冷却，迅速转移至 100 mL 容量瓶中→离心分离不溶物（或静置一晚上）→分析样品。

目前使用较多的总量分析前处理方法是酸分解法，主要包括电热板法、微波消解法以及高压密闭消解法。

二、国内分析方法综述

目前我国尚未建立河流与湖泊沉积物重金属监测技术方法体系，有关河流和湖泊沉积物重金属分析方法研究的报道比较多。

（一）全量分析方法

对于沉积物中重金属不涉及价态分析和形态分析内容，即重金属的总量分析，是把沉积物的矿物晶格和其中存在的有机物彻底破坏，使沉积物中的待测重金属全部进入试样溶液中进行分析测试。

田衎等综述了近年来的土壤/沉积物样品中重金属元素分析的前处理技术，包括电热板法、微波消解法、高压密闭消解法以及碱熔法，对各种前处理方法的优缺点进行了比较，并对前处理技术进行了展望。

早期我国沉积物重金属分析样品前处理的消解都没有采用上述消解方法，1985 年魏奎等采用浓盐酸-高氯酸在电沙浴下消化样品，消化后的样品残渣用 2% EDTA-1 mol/L CH_3COOH-0.2 mol/L NH_4CH_3COO 混合提取液浸取，静置沉降后的澄清液，用火焰原子吸收法测定 Cu、Zn、Pb、Cd，回收率和重现性较好。

对于河流沉积物的研究，朱兰保等采用盐酸-硝酸-氢氟酸-高氯酸处理沉积物样品，使用电热板加热消解，使用火焰原子吸收光谱法测定沉积物中的 Pb、Cd、Cu、Cr 和 Zn 五种重金属元素的含量，研究了测定不同元素的仪器最佳工作条件，以及方法的准确性和精密度。结果表明，该方法的加标回收率为 99.7%～102.2%，测定方法简单易行，结果准确可靠。王黎明研究了用氯酸-氢氟酸-硝酸混合酸体系消解河流沉积物样品，分三个不同温度阶段进行，最后加热到微沸（170℃左右）消解 1 h，由于在消解过程中产生二氧化氯（ClO_2），它具有很强的氧化能力，能提高对含有有机物的河流沉积物样品的分解效果。相比高氯酸-氢氟酸-硝酸混合酸体系，消解液澄清，没有油脂状物质残留，且能避免溅爆现象。用火焰原子吸收法测定了 Cu、Pb、Zn、Cd、Ni，测定结果令人满意，重现性较好。

戚文炜等通过利用微波消解-原子吸收法测定标准河流沉积物样品中重金属元素 Cu、Ni、Zn、Mn 的含量，优化了微波消解的工作条件，并与电热板消解法进行了比对试验。结果表明，微波消解法与传统方法相比无显著性差异，且高效快速、试剂消耗量少、节约能源。施风宁等通过微波消解程序、基体改进剂、仪器检测参数三个方面建立一套测定水体沉积物中 Cu、Zn、Pb、Cd 的检测方法，该方法在实际检测中具有良好的灵敏度、精密度及准确度，测定方法准确可靠。

（二）有效态分析方法研究

关于沉积物重金属不同形态的提取，众多学者提出了不同的方法和流程，主要包括单级提取法和多级连续提取法。单级提取法通常指的是生物可利用萃取法，直接以选择性化学试剂（5% HNO_3 或 1 mol/L HCl）萃取。该法操作简便，提取时间短，便于直观地了解沉积物的受污染程度，并判断其对动植物的潜在危害性。多级连续提取法就是利用反应性不断增强的萃取剂对不同物理化学形态重金属的选择性和专一性，逐级提取颗粒物样品中不同有效性的重金属元素的方法。研究者常用的多级连续提取方法有 Forstner 法、Tessier 法及欧共体标准物质局（BCR）法，其中以 Tessier 和 BCR 法最为权威。Forstner 法将重金属形态分为可交换态、碳酸盐态、易还原态（主要是还原物）、中等还原态、可氧化态、残渣态。Tessier 法将重金属赋存形态分为可交换态、碳酸盐结合态、铁锰氧化物结合态、有机结合态和硫化物结合态、残渣态。BCR 法把重金属赋存形态分成乙酸可提取态、可还原态、可氧化态及残渣态。

一般认为，残渣态的重金属被包含在矿物晶格中，性质非常稳定，对沉积物中重金属的迁移和生物可利用性贡献不大，因此一般认为对环境是安全的，铁锰氧化态就是金属被

Fe、Mn 氧化物包裹或本身成为氢氧化物沉淀的部分，这部分金属属于较强的离子键结合的化学形态，当水体中氧化还原电位降低或水体缺氧时，这种结合形态的重金属键可以被还原，具有潜在的危害性。国内一般将残渣态归为非有效态，其他归为有效态。

冯素萍等通过原子吸收光谱法、透射电镜法等综合测试分析方法，成功地分析了河底沉积物的主要成分和次要成分，推断出污染物的结合态和分子形态。

徐争启等采用原子吸收光谱法研究了金沙江攀枝花段水系沉积物中重金属的形态及分布特征。在 Tessier 连续提取法的基础上，选择五步连续提取，研究发现，Cu 元素的形态以残渣态和有机物结合态为主，离子交换态和碳酸盐结合态较少；各形态含量大小依次为：残渣态＞有机物结合态＞铁锰氧化物结合态＞碳酸盐结合态＞离子交换态。Pb 元素的形态以残渣态和铁锰氧化物结合态为主，离子交换态和有机物结合态较少；各形态含量大小依次为：残渣态＞铁锰氧化物结合态＞碳酸盐结合态＞有机物结合态＞离子交换态。Zn 元素的形态与铅的形态较为相近，以残渣态和铁锰氧化物结合态为主，离子交换态和碳酸盐结合态较少，有机物结合态较之铅高，碳酸盐结合态比铅低；各形态含量大小依次为：残态＞铁锰氧化物结合态＞有机物结合态＞碳酸盐结合态＞离子交换态。总之，沉积物中各重金属的形态以残渣态为主，离子交换态含量很少。同时也说明原子吸收光谱法完全可以用来研究重金属形态特征，在环境研究中具有重要意义。

根据徐争启等的研究，连续提取的 5 种形态之和小于全量 30%左右，结合 Anderson（1974）的观点，在环境研究中，没有必要将样品全部溶解，用王水溶解就足够了。这是因为，污染作用通常发生在沉积物颗粒表面和原生沉淀物中，王水不能溶解的那部分元素对环境而言毫无意义。

第二节　原子荧光光谱法在沉积物砷、汞分析方面的应用

沉积物作为水环境中重金属的主要蓄积库，反映了水体受重金属污染状况，同时，在环境条件改变时，束缚在沉积物中的重金属可被释放出来，造成二次污染。进入水体环境中的重金属污染物通常沉积于水系沉积物中，并且对环境生态和人类食品的安全影响日益严重。砷和汞可在人体内积累，是致癌、致畸形物质，对沉积物中砷和汞含量的监测成为了环境监测的重点。

原子荧光光谱法监测砷和汞具有谱线简单、基体干扰小、检出限低、运行成本低等优点，已经成为当前监测环境样品中砷和汞含量的常规方法。

一、国内外相关标准分析方法

（一）主要国家、地区及国际组织相关分析方法现状

目前在沉积物的前处理方法方面，各国均对应不同的方法标准。美国 EPA 各方法采用 HNO_3+ HF+ HCl 或 H_2O_2（全消解）、HNO_3+H_2O_2（ICP-MS/GFAAS）、HNO_3+H_2O_2+HCl（ICP-AES/FLAAS）、HNO_3+HCl、HNO_3 等酸体系，日本采用 HCl+HNO_3+$HClO_4$、HCl+HNO_3 等酸体系，欧洲 DN 38414－S7 王水法，英国采用 HNO_3 法等。

对于沉积物中砷和汞的前处理方面，常用的前处理方式有水浴消解、电热板消解、高压罐消解和微波消解四种方法。就四种前处理方法的可操作性而言，水浴消解操作简单，易控温，易挥发性元素损失少；电热板消解土壤样品耗时，重现性较差；高压罐消解有一定的危险性，需要人工调节消解时间和温度，转移时酸残留量较大，对人体有危害，定容后也需要离心或静置，方可上机测定。微波消解是一种内加热，样品与试剂接触面大，密闭系统能避免待测元素的损失，保证测试结果的准确性，程序自动升温，消解时间短，消解液澄清，转移定容后试液可直接上机测定。

主要涉及的酸体系有：王水、硝酸-氢氟酸、硝酸-氢氟酸-高氯酸、硝酸-盐酸-氢氟酸等。

国外标准中对于大型仪器的应用起步比较早，ICP-MS 测定土壤、沉积物砷的方法也比较成熟。主要有下列标准：

EPA method 3052 Microwave assisted acid digestion of siliceous and organically based matrices；前处理方式：微波辅助酸消解；适用于全量分析；1994。

EPA method 6020 Inductively coupled plasma-mass spectrometry；前处理方式：酸消解；适用于全量分析；干扰及消除：常见离子对其不干扰；检出限：0.02 μg/L；精密度：12%～23%；1994。

EPA method 3051/3051A Microwave assisted acid digestion of sediments，sludges，soils，and oils；前处理方式：微波辅助酸消解；适用于全量分析；1998。

EPA method 3015/3015A Microwave assisted acid digestion of aqueous samples and extracts；前处理方式：微波辅助酸消解；适用于浸出毒理分析；1994。

国外用 X 射线荧光光谱法测定土壤中砷标准，主要有下列标准：

JIS K0470—2008 X 射线荧光光谱法，测量土壤中的铅、砷。

EPA 6200 提出了便携式 X 荧光光谱仪测定土壤、沉积物中锑、砷、钡、镉、钙、铬、钴、铜、铁、铅、锰、汞、钼、镍、钾、铷、硒、银、锶、铊、钍、锡、钛、锌、钒、锆

26种元素的标准方法，所检测仪器元素检测限高于波长色散型仪器。

国外标准中测定土壤汞的标准方法主要有冷原子吸收、冷原子荧光、微波消解-原子吸收法、微波消解-ICP-AES法、微波消解-ICP-MS以及酶联免疫法。目前测定土壤中汞最简单最直接的方法是利用测汞仪直接分析，可以不用对土壤样品进行消解前处理，还不需要任何化学试剂。

（二）国内相关分析方法研究

目前文献中测定土壤中砷的分光光度法主要是二乙氨基二硫代甲酸银光度法（简称Ag.DDC），这也是国家标准（GB/T 17134—1997）中推荐的方法。国内应用原子荧光法测定土壤中砷的主要标准有：《土壤质量 总汞、总砷、总铅的测定 原子荧光法 第2部分：土壤中总砷的测定》（GB/T 22105.2—2008）。

目前国内沉积物中砷、汞的全量消解方法主要有（1+1）王水。消解方式主要为水浴消解、电热板消解、高压罐消解和微波消解。环保部2012年发布了《土壤、沉积物 金属元素全量的酸消解 微波消解法》征求意见稿，标准规定了沉积物中砷、汞元素的提取，适用原子荧光光谱法的测定。

我国已颁布海洋沉积物监测方法标准，海洋局对海洋沉积物与海洋生物体中重金属推出了其行业标准和《海洋监测规范 》（GB 17378—2007），其中《海洋监测规范 第5部分：沉积物分析》（GB 17378.5—2007）制定了砷、汞分析的原子荧光法，方法适用于淡水和海水水系沉积物分析。

国内关于重金属形态分析的标准方法较少，分析方法主要集中在文献资料研究。国内关于沉积物重金属形态分析标准方法有《土壤和沉积物 13个微量元素形态顺序提取程序》（GB/T 25282—2010），该标准规定了土壤和沉积物中砷和汞弱酸提取态、可还原态、可氧化态、残渣态和水溶态五个形态顺序提取条件和提取程序，提取液中的待测元素砷、汞可用原子荧光光谱法进行测定。

二、国内相关研究进展

目前，国内利用原子荧光法测定土壤中砷、汞的方法很普遍、也很成熟，关于这方面的文献报道数不胜数。土壤中总砷、总汞的前处理方式主要有水浴、电热板、微波、振荡等。利用冷原子吸收法测定土壤中汞的研究报道也比较多，包括土壤中总汞、有效态汞以及汞的形态分析。但是关于河流和湖泊沉积物的监测技术还存在明显不足，相关分析方法、研究报道比较少。

（一）原子荧光光谱法在沉积物砷分析中的应用

黄慧珍采用原子荧光光谱法测定水系沉积物中的砷，其测定结果满意，用该方法测定水系沉积物中的砷，方法简单、检出限低、重现性好。

郭敬华等采用原子荧光光谱法测定土壤和水系沉积物国家标准物质中的砷，采用王水浸提法和硝酸-高氯酸-氢氟酸混合酸消解法处理样品进行比较，两种前处理方法砷的测定值与标准值相符，均可以满足土壤和水系沉积物样品中砷含量的测定要求，单纯测定样品中砷含量时，王水浸提法更好。

（二）原子荧光光谱法在沉积物汞分析中的应用

毛晓红等采用氢化物发生-原子荧光光谱法测定汾河沉积物中的总汞，通过实验证明采用王水水浴加热消解法对总汞的消解程度完全而且测定结果比较稳定。选择了最佳实验条件，检出限为 0.0074 μg/L，加标回收率为 84%～117%。标准参考样品测定结果表明，该方法准确可靠，精度好。

王彬等采用微波消解-原子荧光光谱法测定沉积物中的痕量汞，利用 10% HCl-50% HNO_3-40% H_2O 和 30% HCl-20% HNO_3-50% H_2O 两种消解体系在 140℃条件下消解 5 min，沉积物样品消解完全，且样品消解过程中痕量汞无损失，GSD-9 及 GSD-10 的测定值与推荐值吻合，该方法试剂用量少，快速准确，灵敏度高，线性范围宽，适用于沉积物中痕量汞的测定。

综上所述，原子荧光光谱法在土壤和沉积物砷、汞元素分析测定的关键环节主要集中在样品前处理技术和原子荧光仪器稳定工作条件两个方面。

重金属分析结果的质量很大程度上取决于样品的预处理，由于土壤和底泥沉积物样品基体复杂，且部分元素在预处理中易损失或被污染。而针对土壤和沉积物样品前处理方法较多采用微波消解法与传统消解方法，相比较而言，微波消解法具有制样速度快、操作简便安全、样品重现性好、同时可消解多个样品等优点，已成为近年来发展迅速的消解方法，但是二者共同之处在于消解体系的正确选择。目前，文献中出现较多的消解体系主要有王水酸系。

原子荧光仪器稳定工作条件主要需要考虑的是校准曲线。元素谱线对分析结果非常重要，通常以谱线灵敏度高、光谱干扰少、仪器检出限低等为原则选择元素的分析线。

第三节 电感耦合等离子体发射光谱法在沉积物重金属分析方面的应用

水体沉积物不仅可以保留流域天然地质信息，而且能反映人为作用对环境的影响。沉积物作为水体污染物的归宿和储备库，在某些条件下，能以各种形态存储99%的水体中的重金属，当外界条件发生变化时，沉积物中的重金属又会重新向水体释放，形成二次污染。沉积物中重金属的含量分布作为水体环境评价中的一个重要指标，可以反映所在流域常年的污染状况、污染特征和潜在风险，也可追踪可能的重金属污染源，评价人为活动对河流污染物的贡献大小。因而研究与评价河流沉积物中的重金属污染有非常重要的意义。

沉积物中重金属元素的测定方法很多，除常规的化学分析法，如采用重量法、比色法、容量法、X 射线荧光光谱法等多种方法外，电感耦合等离子体发射光谱法（ICP-AES）和电感耦合等离子体质谱法（ICP-MS）可以同时测定样品中的多种元素，具有操作简便、检出限低、线性范围宽、干扰小、分析结果准确可靠等优势，已经进入环境监测领域。

一、国内外相关标准分析方法

（一）主要国家、地区及国际组织相关分析方法现状

目前在沉积物的前处理方法方面，各国均对应不同的方法标准。美国 EPA 各方法采用 HNO_3+ HF+ HCl 或 H_2O_2（全消解）、HNO_3+H_2O_2（ICP-MS/GFAAS）、HNO_3+H_2O_2+HCl（ICP-AES/FLAAS）、HNO_3+HCl、HNO_3 等酸体系，日本采用 HCl+HNO_3+$HClO_4$、HCl+HNO_3 等酸体系，欧洲 DN 38414－S7 王水法，英国采用 HNO_3 法等。

目前美国 EPA 在沉积物中重金属监测方面已组织制定了多个前处理与分析方法。前处理方面，EPA3000 系列样品消解方法制定了一套全面的 QA/QC 措施、方法的校准和标准化措施和操作步骤的制定原则。分析方法方面，EPA 方法系列中使用 ICP-AES 的常见分析方法主要有 EPA200.7 电感耦合等离子体-发射光谱法测定水和废物中的痕量元素和 EPA6010C 电感耦合等离子体发射光谱法。

EPA3050B 方法是用酸溶沉积物、污泥和土壤样品，FLAA/ICP-AES 法测定铜、铅、镉、锑等 22 个元素，GFAA/ICP-MS 法测定砷、铍、铅、镉、铊等 10 个元素。样品用硝酸（及过氧化氢）低温回流消解，用于 GFAA/ICP-MS 法测定，而 FLAA/ICP-AES 测定的样品，除硝酸（及过氧化氢）外，还可加入一定量的盐酸。此消解方法也是该条件下的可

溶解的金属元素。

EPA3051A 方法是用微波酸溶沉积物、污泥、土壤和油脂类样品，FLAA、ICP-AES 或 ICP-MS 测定其中 21 种元素，可作为 3050 方法的替代方法。样品在硝酸条件下微波加热，提取有效态元素。

EPA3052 方法是用微波酸溶处理硅土和有机体类介质样品，样品在硝酸-盐酸-氢氟酸-（过氧化氢）条件下微波加热，FLAA、GFAA、ICP-AES、ICP-MS 或其他检测技术测定其中砷、镉、铅、汞、铊等 26 种元素。

ISO14869-1 方法是测定土壤中元素总量的消解方法，属四酸消解前处理方法，样品制备后，可用 AAS、ICP-AES 及 ICP-MS 等方法检测其中的铝、钡、镉、钙、铯、铬、钴、铜、铁、钾、锂、镁、锰、钠、镍、磷、铅、锶、钒和锌等元素。与《区域地球化学勘查样品分析方法》前处理方法类似，仅多了灰化步骤。

EPA method 6010C 方法是用 ICP-AES 法测定溶液中 30 多种金属及非金属元素，可分析饮用水、地表水、生活及工业废水、土壤底泥、固体废体物以及生物体中铝、锑、砷、砷、钡、铍、硼、镉、钙、铬、钴、铜、铁、铅、锂、镁、锰、汞、钼、镍、磷、钾、硒、二氧化硅、银、钠、锶、铊、锡、钛、钒、锌等元素。

EPA method 200.7 是用 ICP-AES 法测定溶液中金属及部分非金属。可测定水、废水及固体废弃物等中铝、锑、砷、钡、铍、硼、镉、钙、铬、钴、铜、铁、铅、锂、镁、锰、汞、钼、镍、磷、钾、硒、可溶性硅（二氧化硅）、银、钠、锶、铊、锡、钛、钒、锌、（铈、钇）等元素。

（二）国内相关分析方法现状

目前国内沉积物全量消解方法主要有 HNO_3+HCl+$HClO_4$、HCl+HNO_3+$HClO_4$+HF、HCl+HNO_3+HF、王水（如汞、砷、硒、锑、铋）等酸体系。消解方式主要为电热板、微波消解、加压酸分解法。环保部 2012 年发布了《土壤、沉积物 金属元素全量的酸消解 微波消解法》征求意见稿，标准规定了沉积物中铜、铅、锌、镉、镍、铬、砷、汞、硒、钴、钒、锑共 12 种金属元素的提取，适用 ICP-AES 法等测定。

我国已颁布海洋沉积物监测方法标准，海洋局对海洋沉积物与海洋生物体中重金属推出了其行业标准和《海洋监测规范 》（GB 17378—2007），分为分析方法和监测技术方法两部分。《海洋沉积物与海洋生物体中重金属分析前处理 微波消解法》（HY/T 132－2010）列出了海洋沉积物中铜、铅、镉、锌和铬的微波消解前处理方法以及 ICP-AES 等测试方法。但是目前国内尚缺河流、湖泊沉积物重金属电感耦合等离子体发射光谱法技术方法体系。

国内关于重金属形态分析的标准方法较少，分析方法主要集中在文献资料研究。国内关于沉积物重金属形态分析标准方法有《土壤和沉积物 13 个微量元素形态顺序提取程序》

（GB/T 25282—2010），以欧共体标准局顺序提取方案为基础，在其顺序提取弱酸提取态、可还原态和可氧化态三个形态的基础上，增加残渣态和水溶态，规定了沉积物中砷、镉、钴、铬、铜、汞、钼、锰、镍、铅、锑、硒、锌元素 5 个形态顺序提取程序。酸提取方法主要有《水和废水监测分析方法》（第四版增补版）中 HNO_3 浸溶法（回流）、0.1 mol/L HCl 浸提法（水平振荡），《土壤元素的近代分析方法》中 HCl+HNO_3 溶浸法（振荡）、HNO_3 浸溶法（电热板）、0.1 mol/L HCl（水平振荡）法。

二、国内外相关研究进展

国内科研工作者针对电感耦合等离子体发射光谱法测定沉积物中重金属的技术研究已经开展多年，主要体现在以下两方面：一是沉积物中重金属全量的测定技术研究；二是沉积物中重金属的有效态分析技术研究。

（一）电感耦合等离子体发射光谱法在沉积物重金属全量分析中的应用

刘亮等建立了电感耦合等离子体-发射光谱法同时测定土壤、岩石及水系沉积物中 B、Ba、Be、Cd、Ce、Co、Cr、Cu、La、Li、Mn、Ni、Pb、Sc、Sr、Ti、V、Zn、Mo 19 种微量元素的方法。采用 HNO_3-$HClO_4$-HF 酸体系电热板消解样品，HCl（1+1）溶解残渣。通过大量干扰实验，选择合适的测定元素波长，并对背景校正位置进行了优化。该方法定量限能够满足土壤、岩石及水系沉积物中化探分析的要求。唐荣明采用王水水浴加热处理样品，用电感耦合等离子体发射光谱法同时测定了尾矿坝库沉积物中的 Pb、Zn、Ag、Cu、Mg、Mn、As、Cd、Hg 9 种元素，方法的回收率在 94.7%～103.0%，RSD 在 1.0%～4.2%。该方法简单快捷，能同时测定多种元素，精密度好，检出限低。沙艳梅等采用 HNO_3-HCl-$HClO_4$-HF 混酸体系电热板消解样品，用电感耦合等离子体发射光谱法同时测定土壤和水系沉积物样品中 Al、Fe、Ca、Mg、K、Na、P、Ba、Be、Cd、Ce、Co、Cr、Cu、Li、Mn、Mo、Ni、Pb、Ti、V、W、Zn 23 种常量和微量元素。结合多元光谱拟合技术校正光谱干扰，改善方法的检出限及精密度。结果表明，方法的回收率为 94.0%～103.4%，精密度（RSD，n=10）低于 3.0%。方法经国家一级标准物质验证，测定值与标准值基本相符。张华昌等采用过氧化氢-硝酸-盐酸-氢氟酸的混酸体系进行微波消解，电感耦合等离子体发射光谱法快速测定底泥中微量元素 Cu、Pb、Zn、Cd、Cr、Ni、Mn 含量，研究结果表明方法快速简便、准确度高、精密度好，可用于各类底泥中微量元素的测定。王龙山等通过对岩石、水系沉积物和土壤国家一级标准物质采用偏硼酸锂熔矿分解样品，超声波振动提取，电感耦合等离子体发射光谱法同时测定硅、铝、铁、钙、镁、钾、钠、磷、锰、钛等组分，方法的准确度、精密度能够满足样品中各元素定量分析的要求。

综上所述，电感耦合等离子体发射光谱法在沉积物重金属分析测定的关键环节主要在样品前处理技术和ICP-AES仪器工作条件两个方面。

重金属分析结果的质量很大程度上取决于样品的预处理，由于土壤和底泥沉积物样品基体复杂，且部分元素在预处理中易损失或被污染。而针对土壤和沉积物样品前处理方法较多采用微波消解法与传统消解方法，相比较而言，微波消解法具有制样速度快、操作简便安全、样品重现性好、同时可消解多个样品等优点，已成为近年来发展迅速的消解方法，但是二者共同之处在于消解体系的正确选择，针对待测元素的不同，需要不同的酸解体系，目前，文献中出现较多的消解体系包括有：①HNO_3酸系；②HNO_3+H_2O_2酸系；③王水酸系；④王水+H_2O_2酸系；⑤HNO_3+$HClO_4$+HF酸系；⑥反王水+氢氟酸+高氯酸混合酸系；⑦过氧化氢+硝酸+盐酸+氢氟酸混酸体系；⑧HNO_3+HCl+HF+H_3BO_3混合酸体系；⑨盐酸+氢氟酸+硝酸体系等。

ICP-AES仪器稳定工作条件需要考虑：①酸度的选择。实验显示利用等离子体发射光谱测试样品时，酸的含量会直接影响喷雾器的效果，而使测定结果产生误差，这是由于硝酸等无机酸的浓度较高会导致溶液物理性质的变化，可能形成酸的不溶物。②校准曲线。元素谱线对分析结果非常重要，通常以谱线灵敏无重叠、光谱干扰少、仪器检出限低、信背比高等为原则选择元素的分析线。③元素间的干扰。土壤和沉积物中存在的主要无机元素有钾、钙、钠、磷等元素，对所测元素产生一定的基体效应。为消除这类干扰可采取的方法有：a. 标准和样品溶液需进行基体匹配，然后再进行样品分析；b. ICP对每个元素都同时选择多条特征谱线，利用软件自身扣背景功能降低受干扰的程度；c. 对样品进行加标回收；d. 标准样品分组配制，避免一些元素互相干扰。在测定过程中，必须调整仪器使其至最佳状态，建立合理的标准曲线线性范围，减少测量过程中各种不确定度分量，使ICP-AES测定方法更规范和合理，从而提高样品分析的准确度。

（二）电感耦合等离子体发射光谱法在沉积物重金属形态分析中的应用

环境中重金属元素对生态系统和人类健康的危害不仅受到总量的影响，更取决于重金属元素的存在形态及比例。重金属元素总量虽然可以说明重金属元素的累积状况，但并不能很好地反映其活动性和生物可利用性，重金属元素化学形态分布是决定生物有效性的基础，也是评估重金属元素迁移性的有效方法。目前土沉积物和土壤中重金属元素化学形态分析多采用连续提取形态分析法，如Tessier形态分析法或在此基础上改进的BCR法。采用连续提取形态分析法对沉积物中重金属元素的存在形态进行研究，可以更好地了解环境介质中重金属元素的迁移和转化规律，分析其生物可利用性并评估重金属元素的环境效应。

Tessier法将重金属形态分为可交换态、碳酸盐结合态、铁锰氧化物结合态、有机物结合态和残渣态 5 种形态；Cambrell 将重金属形态分为水溶态、易交换态、无机化合物沉淀态、大分子腐殖质结合态、氢氧化物沉淀吸收态或吸附态、硫化物沉淀态和残渣态 7 种形态；Shuman 将重金属形态分为交换态、水溶态、碳酸盐结合态、氧化锰结合态、无定形氧化铁结合态和硅酸盐矿物态等 8 种形态；Forstner 将重金属形态分为交换态、碳酸盐结合态、无定形氧化锰结合态、有机态、无定形氧化铁结合态、晶型氧化铁结合态、硫化物沉淀态和残渣态 7 种形态。

由欧盟的“标准、测量与测试规划”提出的 BCR 连续提取方法（图 3-1）得到了广泛的应用。分为四种形态：酸可溶解态（交换态和碳酸盐结合态）、可还原态（铁锰氧化物结合态）、可氧化态（有机结合态和硫化物结合态）、残余态。残余态被认为是最不易活动的形态，具有较低的潜在生物有效性；酸可溶解态易溶、对有机体有较大的潜在毒性；而可还原态和可氧化态在一定的物理化学条件下会释放出来显示生物有效性。

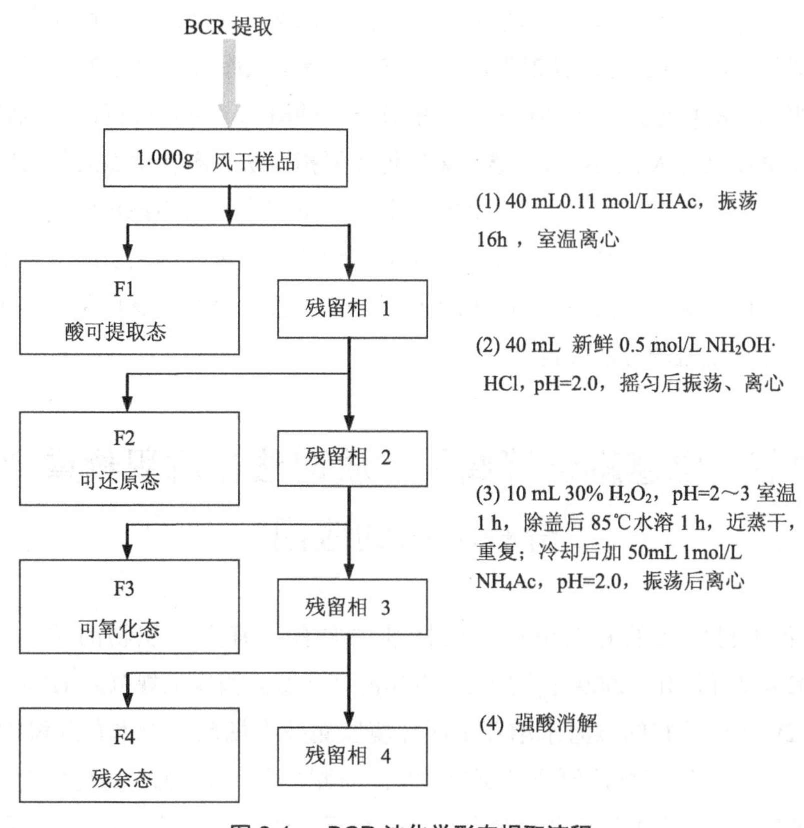

图 3-1 BCR 法化学形态提取流程

朱光旭等研究了北京南沙河沉积物中重金属的污染特征，采集了表层沉积物样品，分析重金属元素的含量和形态，采用改进的三步提取法（BCR 法），ICP-AES 测定 Cr、Cu、Ni、Pb、Zn、Fe 和 Mn 含量。形态分析表明，南沙河沉积物中 Pb 具有较高的可还原态含量，表现很强的潜在危害；Zn 主要分布在可氧化态和可还原态，潜在生态风险较大；Cu 和 Ni 具有一定的潜在生物危害，Cr 则相对安全。李小虎等采用 BCR 法连续提取过程对大型金属矿山周围土壤和水体沉积物中 Cd、Cr、Cu、Ni、Pb 和 Zn 化学形态的进行分析，ICP-AES 法测定。结果表明，土壤和水体沉积物中不同重金属元素化学形态分布有很大差异。总体而言，Cd 以弱酸提取态为主（约占 60%），Cr 以残渣态为主，占 90%以上，Cu 以可氧化态为主（约占 60%），Ni 和 Pb 以可还原态为主，分别约占 50%和 60%，Zn 以残渣态为主，约占 45%。刘恩峰等采用 BCR（SM&T）方法对山东南四湖及主要入湖河流丰水季节表层沉积物中 Cr、Cu、Mn、Ni、Pb、Zn 6 种重金属元素的酸提取态、可还原态、可氧化态及残渣态进行了连续提取，采用 ICP-AES 进行测定，分析了各水体单元表层沉积物重金属元素的形态组合特征、人为污染状况及潜在生态风险。刘月利等利用 Tessier 形态分类法电感耦合等离子体发射光谱法测定南京秦淮河水体及沉积物中的重金属 Cd、Cr、Cu、Pb、Zn 的含量，界定其污染现状及生态风险，以期为秦淮河水环境综合整治提供参考。张芬等采用 BCR 连续提取法对浙江省临安市的青山水库 8 个样点的表层沉积物样品重金属不同形态（酸提取态、可还原态、可氧化态、残渣态）进行分析，ICP-AES 法测定 As、Cr、Cu、Pb、Zn、Mn、Ni 等元素，采用地积累指数法和潜在生态风险指数法，对青山水库不同采样点表层沉积物中重金属的污染程度和潜在毒性与生态风险进行评价。

电感耦合等离子体发射光谱法是简便、准确、快速进行多元素测试的有效手段，具有灵敏度高、分析时间短、分析效率高、所需样品少等优点，将会广泛应用于多领域的液、固成分检测，在环境监测方面显得尤为重要。

第四节　电感耦合等离子体质谱法在沉积物重金属分析方面的应用

目前，我国已颁布的有关沉积物的标准主要有：海洋沉积物的质量标准（GB 18668—2002），环保部门 2009 年实施的《近岸海域环境监测技术规范》（HJ 442—2008），国家海洋局 2002 年发布的《海水增养殖区环境监测技术规范》中也有沉积物的质量规定。国家颁布的海洋沉积物监测方法标准《海洋监测规范 第 5 部分：沉积物分析》（GB 17378.5—2007），规定了海洋沉积物监测项目的分析方法，并对样品采集、储存、运输、预处理、测定结果和计算等提出技术要求；《海底沉积物化学分析方法》（GB/T 20260—2006）规定了 58 种物质的分析方法；《海洋沉积物与海洋生物体中重金属分析前处理 微波消解法》（HY/T 132—2010）列出了海洋沉积物中铜、铅、镉、锌和铬的微波消解前处理方法以及原子吸收法、ICP-AES、ICP-MS 等测试方法。

就整个监测技术方法体系而言，目前我国尚未建立河流与湖泊沉积物重金属监测技术方法体系，目前没有颁布有关河流与湖泊沉积物监测方法的国家或行业标准。对于ICP-MS来说，国内学者研究方向大致分为两大类：ICP-MS 在沉积物标准样品分析的应用和ICP-MS 在河流与湖泊中沉积物分析的应用。

一、ICP-MS 在沉积物标准样品分析的应用

黄慧珍采用电感耦合等离子体质谱法测定土壤、水系沉积物等地球化学样品中 Cu、Zn 等元素。方法准确度、精密度均满足多目标地球化学调查对样品分析方法的要求。林立等采用不同混合酸消解水系沉积物和土壤标准参考物，用 ICP-MS 测定 4 种金属元素（Cd、Be、Mo、W）的含量。各元素的测定值与推荐值相符。贾双琳等采用电感耦合等离子体-质谱仪测定对土壤、水系沉积物样品中的 15 种稀土元素分量以及锂、铍、钛、锰、钴、铷、锶、钼、镉、铯、钨、铊、铀等 28 种元素进行同时快速测定的方法。通过测试 3 种土壤及 3 种水系沉积物国家标准物质对方法的准确度和精密度进行考核，28 种元素测试值与推荐值吻合。王君玉等（2011）建立了地质样品中 15 种稀土元素及其常规微量元素一次溶矿、一次测定的分析方法，提高了分析质量。方法对易挥发元素、难溶元素的影响，对岩石标准物质（GBW07106）、水系沉积物标准物质（GBW07303）和土壤标准物质（GBW07429）的测定值与标准值相一致。门倩妮等以铑（Rh）作为内标校正体系，用四酸溶样-电感耦合等离子体质谱法对水系沉积物中的镍进行了测定，分析了测定过程中的不确定度来源，重点对其主要不确定度分量和合成进行了评定。结果表明，样品的称量、试液的定容以及标准的配制过程是引入不确定度的主要因素。王荔等对 10 种 GSS 系列土壤及沉积物标准物质中多种元素进行定值的方法和结果。建立了电感耦合等离子体质谱法时土壤及沉积物标准物质中多种元素定值的方法。用该方法对 4 种土壤标准物质进行测定，绝大部分元素的测定结果与标准值的相对误差小于 10%，相对标准偏差小于 10%，对 10 种土壤及沉积物待定值标准物质进行定值，绝大部分元素测定结果的相对标准偏差小于 10%。李冰等采用电感耦合等离子体质谱法直接同时测定溶液中的碘、溴、硒、砷。用土壤和沉积物等地质标准物质分析验证了方法的准确度和精密度，绝大多数分析结果在标准值的允许误差范围之内。王庚等比较了王水回流、密闭容器消解及微波消解 3 种不同方法对海洋沉积物的消解效果，结果表明微波消解效果较好。并建立了电感耦合等离子体质谱测定沉积物中 Cr、Co、Ni、Cu、Zn、Mo、Cd、Sn、Hg、Tl、Pb、U 12 种重金属元素的分析方法，方法分析了标准物质 MESS-3，测定值与参考值吻合较好，相对标准偏差（RSD）为 1.2%～5.7%。史军采用电感耦合等离子质谱（ICP-MS）测定样品中微量银，建立了岩石、土壤、水系沉积物中的微量银的分析方法，着重解决了 ICP-MS 测定银时干扰因素的

校准方法，此法可较好地满足地质样品中微量银的分析。其具有简单、快速、检出限低、灵敏度高等优点。陶冠红等采用激光熔蚀-电感耦合等离子体质谱法（LA-ICP-MS）测定了底泥沉积物中的总汞，沉积物样品经高压压坯后直接进行激光熔蚀测定，并对内标选定、样品粒度以及汞的形态等影响因素进行了研究，以 2 个底泥标准样和 1 个土壤标准样的测定结果来绘制标准曲线，并用于实际样品的测定，方法简便实用。刘晔等应用高温高压密闭溶样－电感耦合等离子体质谱法分析了国家地质标准物质的 18 种岩石（GBW07103～GBW07125）、19 种沉积物（GBW07301～GBW07318）和 19 种土壤（GBW07401～GBW07430）中 36 种痕量与稀土元素。结果表明，除个别标准样品中的几个元素（Ni、Cr、Pb、Co、Cu、Sc、Yb、Lu）外，其余国家标准物质中 36 种元素测定结果的相对标准偏差均小于 10%；绝大部分元素测定值的相对误差小于 10%，测定值与参考值能较好地吻合。王荔等探讨了电感耦合等离子体质谱测定土壤元素的基体效应及元素间的基体干扰，建立了测定土壤中元素的 ICP-MS 方法；对 GBW07410～GBW07416 土壤、沉积物系列标准物质进行定值，测定结果与 XRF 分析结果比较，同时用于 GBW07404、GBW07405、GBW07408、GBW07309 管理样分析，结果令人满意。刘翠梅等考察了微波消解-电感耦合等离子体质谱（ICP-MS）法同时测定土壤、沉积物等样品中的 12 种元素的方法。结果表明，由 3 mL HNO_3-1 mL HCl-1 mL HF 组成的混合酸对土壤、沉积物具有较好的消解能力。5 种标准物质的测定结果表明，该方法快速简便、准确度高、精密度好，是一种土壤、沉积物样品中多元素同时测定的广谱方法。俞裕斌等采用不同的微波消解程序和不同混合酸消解近海沉积物标准参考物（GBW07314），用 ICP-MS 测定 16 种金属元素（Al、Ba、Cd、Co、Cr、Cu、Fe、K、Mn、Mo、Ni、Pb、V、Zn、Ca 和 Mg）的含量。依据回收率，比较了消解程序、混合酸组成、用量对 GBW07314 的消解效果。结果表明，由 6 mL HNO_3-2 mL HF-2 mL H_2O_2 组成的混合酸对沉积物具有很好的消解能力，微波加热 20 min 能迅速有效消解沉积物；除 Al 外，GBW07314 中各元素的测定值与推荐值相符。王彦美等采用微波消解-电感耦合等离子体质谱（ICP-MS）法同时测定海洋沉积物中的 Cr、Co、Ni、Cu、Zn、Cd、Pb7 种微量元素。对 7 种不同类型的海洋沉积物标准物质进行了测定，测定结果与标准值一致。

二、ICP-MS 在河流与湖泊中沉积物分析的应用

张栋等利用电感耦合等离子体质谱仪（ICP-MS）测定了渤海南部 21 个站位表层沉积物中 Cr、Cu、Zn、Cd 和 Pb 5 种重金属浓度，比较分析了重金属来源及分布特征，同时应用 Hakanson 潜在生态危害指数法进行潜在生态风险评价。结果表明，调查区域为轻微生态危害，各站位重金属综合潜在生态风险指数均小于 150，为轻微生态危害。辛文彩等采

用电感耦合等离子体质谱法测定海洋沉积物中 34 种痕量元素，通过分析 4 个海洋沉积物标准物质对所提出方法的准确度和精密度做了考核，所得测定结果与标准物质的认定值相吻合，各元素测定结果的相对标准偏差均小于 10%。王小菊等采集洪湖湿地两个具有代表性的湖底沉积柱进行对比，应用电感耦合等离子体质谱（ICP-MS）考察了沉积柱中微量元素及稀土元素的纵向分布特征。不同簇类的微量元素在两个沉积柱中呈现不同的纵向分布特征，微量元素富集层位存在明显的差异，表明沉积柱中微量元素的富集与沉积环境相关，沉积柱中微量元素及稀土元素的纵向分布特征可以直接记录人类现代工农业活动对洪湖湿地的影响。高晶晶等采用电感耦合等离子体质谱测定海洋沉积物中 15 种稀土元素。研究了消解方法、酸体系和质谱干扰对稀土元素测定的影响。15 种稀土元素的方法检出限为 3～15 ng/g。使用水系沉积物标准物质 GBW07309 和 GBW07311、海底沉积物标准物质 GBW07313 进行验证，测定值与标准值基本吻合，相对标准偏差和相对误差均低于 5%。王志广等建立了普里兹湾沉积物中微量元素的电感耦合等离子体质谱(ICP-MS)测定方法。从样品分析数据可以看出：8 个站位 10 种元素总量变化范围为 493.41～1481.02 μg/g，总量最大值是最小值的 3.0 倍。元素 Ba、Mn 在总量中占了很大比例，V 次之，而 As、Mo、Ag、Cd 的含量很少。大部分元素检出限可达 ng/L，仅 Co、Mo 2 种元素的检出限稍高；各元素线性良好，相关系数 $r>0.9998$。方法的 RSD＜5.0%，适用于普里兹湾沉积物中微量元素的定量分析。鲍志诚等利用电感耦合等离子体质谱（ICP-MS）分析技术，对湘江入湖河段沉积物进行主元素和重金属元素分析。结果显示不同的矿物相可能引起不同种类的重金属污染。

综上所述，ICP-MS 技术具有灵敏度高、检出限低、精密度好、动态线性范围宽、可同时进行多元素快速分析等优点，在沉积物分析方面越来越显示出其优越性，适合于大批量沉积物中重金属元素的测定。

第五节　沉积物监测质量保证与质量控制

一、质量保证工作的发展和现状

GB/T 19001—2008 中对质量控制的定义是，是质量管理的一部分，致力于满足质量要求。GB/T6583（ISO/IEC 8402）中有关质量控制的定义，是指为达到质量要求所采取的作业技术和措施，这里更加强调目的在于监视整个分析过程，并排除质量控制活动过程中所有阶段导致分析结果不满意的因素，以此取得预期的经济效益。

（一）质量保证工作的发展

为了保证分析数据的质量，对各环节都必须做出严格的技术规定，这些规定的执行就构成了质量保证基础工作。质量保证工作源于分析化学，它的产生和发展经历了以下三个阶段。

第一阶段是理论建设阶段：追溯质量控制的源头可以到 20 世纪初，1908 年戈塞特（Gosset）发表的关于平均值误差的文章，介绍了“Student's-t”参数。该参数，可以定量地比较两个项目的分析结果。

1924 年，休哈特（Shewhart）首次将质量控制图用于工业生产管理。质量控制图对分析的准确度和精密度质量参数提供了连续的判断和监督，质量控制图的使用对质量保证工作的进步起到了极大的促进作用。

在初始阶段，学者和科学家进行了大量的质量保证及管理的理论准备工作。

第二阶段是统计学质量管理阶段：1940 年以后，大批关于分析化学中应用数理统计的文章陆续发表，其中很多都涉及了使分析结果合理化的数理统计方法。1947 年，桑德曼及贝尔克（Sunderman and Belk）将休哈特质量控制图用于控制分析数据。1950 年，利维和杰宁斯（Levey and Jenings）首先报道了一个典型的实验室内质量控制系统。1963 年，范德格林顿（Vander Grinten）发表了由威纳（Wiener）的控制理论导出的一些简单方程，提供了对待测物的测量质量进行定量评价的手段。其后，范德格林顿和凯特曼（Kateman）共同发表了质量参数可测性的文章。1971 年，里曼斯（Leemans）在分析文献中发表了这方面应用结果的文章。1976 年，霍华斯（Richard J. Howarth）和汤普森（Michael Thompson）指出用某一确定的分析方法测试基体相同或相似的样品时，分析结果中标准偏差随待测组分浓度的升高而增大，并由此建立了标准偏差随浓度变化的线性方程。

美国著名管理学家朱兰博士提出的质量三部曲：质量计划、质量控制和质量改进。质量控制可以为掌握何时采取必要措施纠正质量问题提供参考和依据，是“三部曲”中的重要环节。

第三阶段是全面质量管理阶段：起因于 1970 年分析化学界出现了关于“分析化学中的重要问题”的争论。当时一般的观点认为：要得到能用以表示分析结果的有效数据，一是必须有仪器、方法和技术熟练人员；二是必须研究和发展分析方法；三是强调整体水平。这些观点已经成为现在所有分析人员的共识。

1980 年，国际标准化组织（International Organization for Standardization，ISO）成立质量管理和质量保证标准化技术委员会。1987 年，ISO 出版了第一版质量体系标准，即 ISO 9000 系列标准。1994 年 ISO 发布第二版 9000 系列标准，2000 年年底 ISO 发布第三版 9000 系列标准，其中质量管理思想可以指导环境监测中数据分析工作。2008 年年底，ISO 发布了现行的第四版 9000 标准。

（二）国外实验室质量控制现状

美国环境监测实验室通用的分析过程质控程序有：①对仪器进行调谐（tuner calibration）；②空白校正（ICB：initial calibration blank）；③绘制工作曲线（ICS：initial calibration standard），顺序为：ICS1#（中间点）、ICS2#（最低点）、ICS3#（最高点）、ICS4#（次低点）、ICS5#（次高点）；④第二来源标样校准（second source standard verification）；⑤实验室控制样（LCS：laboratory control sample）；⑥样品分析（samples）；⑦加标样（MS：matrix spikes）和加标平行样（MSD：matrix spikes duplicate）；⑧最终校准（ECCV：end continuing calibration verification），在未知样品分析结束后，再用标样进行一次校准，以确认前一段的分析过程处于受控状态。此外质量控制图的运用也相当广泛，如质控样质量控制图、空白实验值质量控制图、平行双样控制图、加标回收（准确度）控制图等。

日本环境监测实验室的质量控制包括四个方面：一是环境测定分析统一精密度管理，二是分析仪器性能评价与维护管理，三是分析结果可信度的控制管理，四是数据管理与评价等。相关内容有分析仪器的检出限和定量下限、分析方法的检出限和定量下限、样品测定时的检出限和定量下限、分析方法的操作空白实验结果、加标回收率实验室结果、平行测定结果、运输空白实验结果等。

（三）国内实验室质量控制现状

国内实验室质量控制目前多集中在分析过程质量控制。主要包括实验室内质量控制和实验室间质量控制。

实验室内质量控制又称内部质量控制，主要围绕人、机、料、法、环开展。即对实验室工作人员的质量控制、仪器设备质量控制、环境条件的质量控制，试验方法、使用的材料（如实验材料、标准物质的质量控制）、分析过程的质量控制等方面。目的在于提高分析测试的质量，保证数据的可靠性。

实验室间质量控制又称外部质量控制。主要包括：实验室的认证认可[计量认证、审查认可（验收）和实验室认可]，同类实验室之间进行比对，能力验证活动三种方式。

外部质量控制实际是实验室间测量数据的比对。它是以实验室内部质量控制为基础。它可以通过共同分析一个统一样品来实现，也可以用对分析测量系统的现场评价方式进行。施行实验室间质量控制可以协助各实验室发现一些室内不易核对的问题，提高分析结果的总体可信度，加强实验室间数据可比性，进而提高实验室分析的能力。

二、环境监测实验室质量控制现状

环境监测质量保证和质量控制技术是保证环境监测数据具有代表性、准确性、精密性、可比性和完整性的重要基础，是环境监测工作的重要组成部分。因此，在对环境样品监测的过程中，质量保证和质量控制工作显得尤为重要。

环境监测实验室质量控制是环境监测质量保证的重要组成部分，控制着监测的全过程，从监测方案的制订开始，贯穿于布点、采样、运输与保存、样品的流转、分析、数据处理各个过程。具体控制要点详见图 3-2。

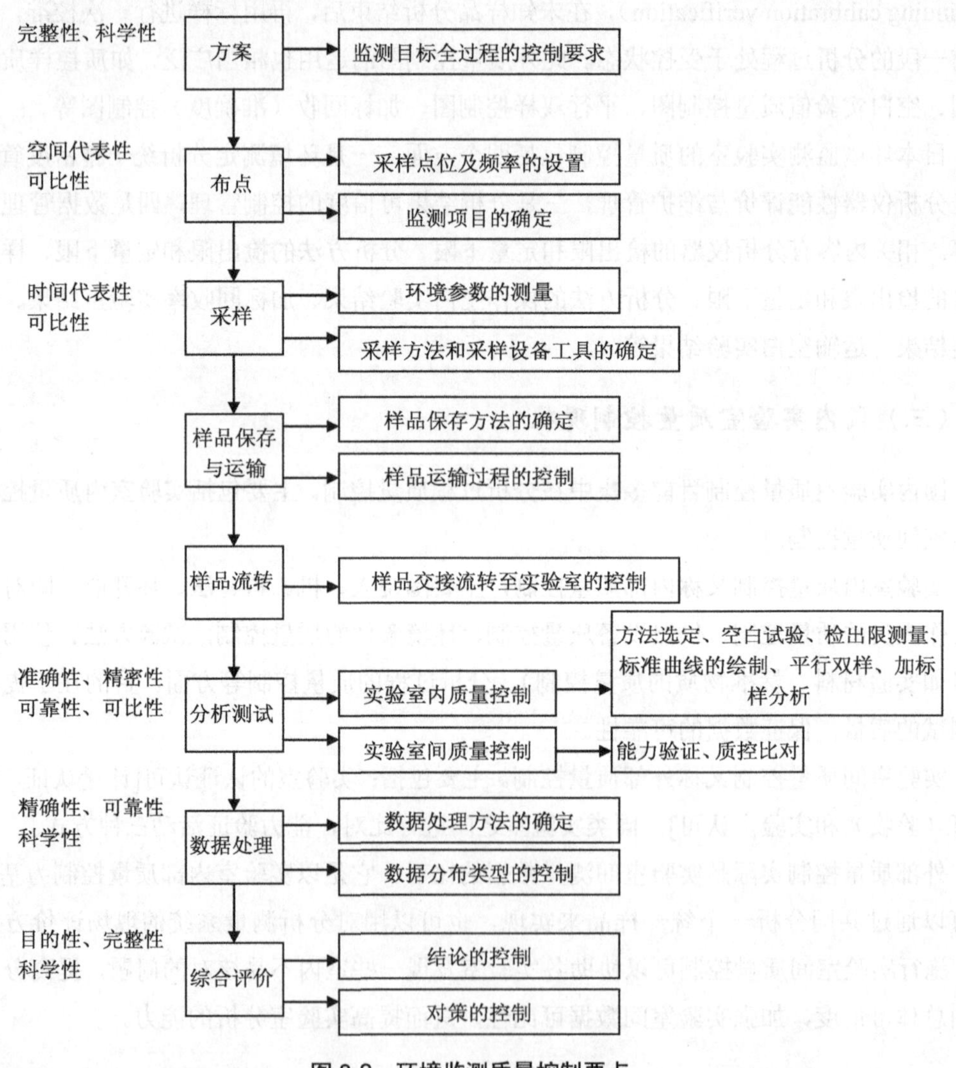

图 3-2　环境监测质量控制要点

（一）采样过程质量控制

目前，环境监测质量控制工作仍然普遍存在“重结果、轻过程”的问题，即片面重视实验室样品分析的质量控制，对样品采集、保存运输、交接流转、样品前处理等过程中缺乏统一规范和有效的手段，直接影响了环境监测数据的可靠性。

现场采样测试阶段可能引起的误差值对整体监测数据和信息质量误差起到决定性作用，这点已得到业内的广泛认同。如何做好现场采样质量控制也成为环境监测全过程质量控制的重中之重。

国家已出台相应的采样技术规范，包括气体采样、水体采样、土壤采样、固废采样、噪声监测等。例如，废气采样包括采样器、传感器校准和日常维护等。空气采样包括对采样器的流量校准，吸收液、滤膜的保存等。水体采样包括采样位置的布设、采样频率、采样容器的选择及洗涤方法、固定剂的选择及样品保存时限等。土壤采样包括对布点方式、样品采集方式、采样容器等。

但采样过程是实践操作性强的过程，即使有技术规范的指导，对质量控制起到规范性作用，但涉及具体的采样活动时，仍必须针对实际情况而具体对待。很多工作者根据工作经验总结了一些具体分析项目的采样质量保证措施。目前广泛采用的质控措施有采集平行双样、现场空白样、现场加标为主。以上质控措施，简单易行，基本满足日常监测质控的需要，能够判断采样过程的精密度，但是单次采样带来的误差仍得不到很好的解决。随着对采样过程质量控制研究的进一步深入，对监测方案的对比，实验室间采样质量控制的研究也已开展。

（二）分析过程质量控制

环境监测分析过程的质量控制，相对于采样，发展比较完善，方式多元化。主要体现在分析方法的选择、分析过程的控制等。分析质量控制主要包括三个方面：校准曲线、精密度检验和准确度检验。常规环境监测中校准曲线的制作通常应与样品分析同时进行，并分析其相关系数、截距和斜率。精密度控制方法主要是对平行样精密度控制和空白试验。准确度控制方法主要有标准溶液控制、加标回收实验、质量控制样测定等。

注重实验室内部质量控制的同时，实验室还应定期参加各种能力实验室间比对，如能力验证、定值测试等活动，以保证实验室内质量活动正常有序的开展。

三、沉积物重金属监测中的质量控制综述

水系沉积物作为环境监测实验室监测的要素之一，因此对其监测的全过程应给予质量

控制。

（一）点位布设质量控制

目前，国内对沉积物采集点位布设的研究较少。因此，采取何种质量控制手段，体现监测目标的空间可比性及代表性，成为点位布设的重点。《水和废水监测分析方法》（第四版增补版）（以下简称“第四版”）中采样布设为与水质断面一致，采样点位于垂线的正下方，湖（库）采样点应设在主要河流及污染源排放口与湖（库）水混合均匀处。《海洋监测规范　第 3 部分：样品采集、贮存与运输》（GB 17378.3—2007）中采样点位布设和第四版大致相同，但 GB 17378.3—2007 中特别强调了监测目的在点位布设中的要求。

由此，实际开展工作时，应结合监测目的，在监测计划中明确监测点位，以实现点位布设的空间可比性和代表性。

（二）样品采集、运输、流转质量控制

为了满足样品的代表性要求，第四版和 GB 17378.3—2007 都要求采集混合样品，即采样点周围采集 2～3 个样品，并混合均匀。GB 17378.3—2007 要求采集现场双样，制备成质控样，质控样应放入相同样品容器，与分析样品同样条件下储存、运输直至分析。样品采集后应低温冷藏保存。

GB 17378.3—2007 对样品的采集深度、采样器的使用清洗、重新采集要求做出了规范。第四版对样品保存时效做出了要求：重金属分析除去六价铬和汞，在用 HNO_3 调至 1%时，可保存 6 个月。

第四版、《海洋监测规范 第 5 部分：沉积物分析》（GB 17378.5—2007）和《地质矿产实验室测质量管理规范 第 5 部分：多目标地球化学调查（1∶250000）土壤样品化学成分分析》（DZ/T 0130.5—2006）同时对样品的登记、运输、接收的质量控制，做出了相应规范。要求样品采集过程贴上样品标签，保证样品信息完整性；运送至实验室的过程中有押运人员，防止样品损坏或受沾污；样品运送至实验室后，交接样品双方核对样品，填写样品单，办妥交接手续。

（三）样品分析质量控制

样品的分析过程可以分为样品的制备、样品的分析过程。

1．样品的制备质量控制

样品的制备质量控制包括：样品晾干或烘干过程中，应注意温度的控制，以减少易挥发性物质的损失。样品研磨后充分混匀，用四分法缩分分取样品装瓶后送至实验室，其余样品装瓶作为副样保存。样品研磨过程中应注意研磨仪的清洗，避免样品交叉污染。

2．样品分析过程的质量控制

样品分析过程的质量控制包括：分析方法的建立和选择、使用不同级别的标准物质或控制样品进行内部质量控制、接收或参加实验室间的对比试验和能力验证、使用相同和不同分析方法进行重复性试验、制作质量控制图标。

（1）分析方法的选择

分析方法是为进行分析工作所规定的依据和程序，是确保分析数据质量最重要的因素，不同的分析其适用范围不同。分析方法的参数包括检出限、精密度、准确度、测量范围、干扰允许等。

方法检出限（C_L）：按照国际纯粹与应用化学联合会（IUPAC）规定，检出限系指某一分析方法在合理的置信度下（一般为 95%），能检出与背景空白值相区别的最小测量值。

即

$$C_L = \frac{X_L - \overline{X}_0}{r} = \frac{KS_0}{r}$$

式中：X_L——区别背景或空白纸的最小测量值；

$\overline{X}_0$——空白样品测量信号值的平均值，空白测定次数一般为 12 次；

S_0——空白样品测量信号值的标准偏差；

K——根据选定置信度所确定的常数，一般选为 3；

r——分析校准曲线的斜率。

分析方法准确度：指分析方法的测量值接近于真值的程度。由于存在分析误差，一般将国家标准物质的标准值视为真值，并以此作为评价分析方法的准确度。

误差（E）$=C_i - C_s$

相对误差：$\text{RE}=\dfrac{C_i - C_s}{C_s}$

对数误差：$\lg C = \lg C_i - \lg C_s$

式中：E——测量值与标准值之间误差；

C_i——标准物质的 i 次测量值；

C_s——标准物质的标准值。

分析方法的精密度：是在一定的条件下，分析方法对样品进行多次测定，各次测定数据间的符合程度，反映多次测定值波动幅度的大小。主要有方差、标准偏差、相对标准偏差（RSD）、对数标准偏差。

（2）分析过程中质量控制

分析过程中质量控制主要有准确度控制、精密度控制（如平行双样等）、标准物质的选择、报出率的控制、重复性测试、异常点重复检验、标准溶液的控制、标准曲线的控制、空白试验、背景的扣除和干扰的校正、监控图的绘制。

（3）实验室间质量控制

为保证数据的准确性，可将制成的样品送至其他实验室进行样品分析。

（四）数据处理

数据应注意有效数字和数值的修订以及对异常数据的统计检验。常用的异常值检验方法有 Dixon 检验法、Grubbs 检验法、Cochran 最大方差检验法。两组数据差异的显著性检验有 t 检验法、F 检验法等。

综上所述，目前国内对沉积物的监测质量控制已有相应的规范文件，但是对河流沉积物监测的研究还存在不足，因此，需经过尽快开展实际工作，完成对河流沉积物监测质量控制的研究，以满足日常环境监测的需要。

参考文献

[1] 刘文新，汤鸿霄. 河流沉积物重金属污染质量控制基准的研究 I. C-B-T 质量三合一方法（Triad）[J]. 环境科学学报，1999，19（2）：120-126.

[2] Sina SN，Chuaa H，Lob W. Assessment of Heavy Metal Cations in Sediments of Shing Mun River，Hong Kong[J]. Environment International，2001，26（4）：297-301.

[3] 田衎，邢书才，杨郡，等. 土壤/沉积物中重金属元素分析的前处理技术研究进展[J]. 光谱实验室，2012，29（1）：247-251.

[4] 朱兰保，盛蒂. 火焰原子吸收光谱法测定淮河沉积物中的重金属元素[J]. 光谱实验室，2013，30（3）：1412-1414.

[5] 王黎明. 火焰原子吸收法测定河流沉积物中微量铜、铅、锌、镉、镍[J]. 环境监测管理与技术，1991，3（3）：46-47.

[6] 杨宏伟，焦小宝，郭博书. 黄河（清水河段）表层沉积物中 8 种重金属的存在形态[J]. 环境化学，2002，21（3）：309-310.

[7] 冯素萍，高连存，艾子平，等. 小清河底泥沉积物的形态分析（I）——主要成分及次要成分分析方法研究[J]. 山东大学学报（自然科学版），2001，36（3）：319-325.

[8] 徐争启，倪师军，庹先国，等. 火焰原子吸收光谱法分析沉积物中重金属元素的形态[J]. 分析试验室，2006，25（4）：1-4.

[9] US EPA method 3052，Microwave Assisted Acid Digestion of Siliceous And Organically Based Matrices[S].

[10] US EPA method 6020A，Inductively Coupled Plasma-Mass Spectrometry[S].

[11] EPA method 3051A/3051，Microwave Assisted Acid Digestion of Sediments，Sludges，Soils，and Oils[S].

[12] EPA method 3015A/3015，Microwave Assisted Acid Digestion of Aqueous Samples and Extracts[S].

[13] JIS K0470—2008，Determination of Arsenic and Lead in Clay and Sand Using Energy-Dispersive X-ray Fluorescence Spectrometry[S].

[14] EPA Method 6200，Field-portable X-ray Fluorescence Spectrometry for the Determination of Elemental Concentrations in Soil and Sediment[S].

[15] DIN CEN/TS 16175-2—2013. Sludge，Treated Biowaste and Soil-Determination of Mercury-Part 2：Cold-Vapour Atomic Fluorescence Spectrometry（CV-AFS）[S].

[16] DIN CEN/TS 16175-1—2013. Sludge，Treated Biowaste and Soil-Determination of Mercury-Part 1：Cold-Vapour Atomic Absorption Spectrometry（CV-AAS）[S].

[17] ISO 16772—2004. Soil Quality-Determination of Mercury in Aqua Regia Soil Extracts with Cold-Vapour Atomic Spectrometry or Cold-Vapour Atomic Fluorescence Spectrometry[S].

[18] DIN ISO 16772—2005. Soil Quality-Determination of Mercury in Aqua Regia Soil Extracts with Cold-Vapour Atomic Spectrometry or Cold-Vapour Atomic Fluorescence Spectrometry[S].

[19] BS ISO 16772—2004. Soil Quality-Determination of Mercury in Aqua Regia Soil Extracts with Cold-Vapour Atomic Spectrometry or Cold-Vapour Atomic Fluorescence Spectrometry[S].

[20] NF X31-432—2004. Soil Quality-Determination of Mercury in Aqua Regia Soil Extracts with Cold-Vapour Atomic Spectrometry or Cold-Vapour Atomic Fluorescence Spectrometry[S].

[21] EPA method 7470A. Mercury in Liquid Waste（Manual Cold-Vapor Technique）[S].

[22] EPA method 7471A/B. Mercury in Solid or Semisolid Waste（Manual Cold-Vapor Technique）[S].

[23] EPA method 245. 1. Mercury by CVAA[S].

[24] EPA method 245. 2. Mercury（Automated Cold Vapor Technique）[S].

[25] EPA method 3051/3051A. Spectroscopy Microwave Assisted Acid Digestion of Sediments，Sludges，Soils，and Oils[S].

[26] EPA method 3052. Microwave Assisted Acid Digestion of Siliceous and Organically Based Matrices[S].

[27] EPA method 3015/3015A. Microwave Assisted Acid Digestion of Aqueous Samples and Extracts[S].

[28] EPA method 4500. Mercury in Soil by Immunoassay[S].

[29] GB/T 17134—1997，土壤质量总砷的测定二乙基二硫代氨基甲酸银分光光度法[S].

[30] GB/T 22105. 2—2008，土壤质量 总汞、总砷、总铅的测定 原子荧光法 第 2 部分：土壤中总砷的测定[S].

[31] GB/T 25282—2010，土壤和沉积物 13 个微量元素形态顺序提取程序[S].

[32] 郭敬华，马辉，王水峰. 原子荧光光谱法测定土壤和水系沉积物国家标准物质中砷[J]. 岩矿测试，2009，28（2）：182-184.

[33] 毛晓红，郑养珍，白慧云，等. 氢化物发生-原子荧光光谱法测定汾河沉积物中的总汞[J]. 中国环境

监测，2008，24（1）：7-9.

[34] 王彬，郑成斌，王俊伟，等. 微波消解顺序注射冷蒸汽原子荧光光谱法测定沉积物中的痕量汞[J]. 光谱学与光谱分析，2012，32（4）：1106-1110.

[35] Salomons W，Stigliani WM. Biogeodynamics of Pollutants in Soils and Sediments[M]. New York，Springer-Verlag，1995.

[36] Kaplan DI，Powell BA，Duff MC，et al. Influence of sources on plutonium mobility and oxidation state transformations in vadose zone sediments[J]. Environmental Science and Technology，2007，41（21）：7417-7423.

[37] Singh KP，Malik A，Sinha S，et al. Estimation of source of heavy metal contamination in sediments of Gomti River（India）using principal component analysis[J]. Water Air and Soil Pollution，2005，166（1）：321-341.

[38] 曾艳，张维，陈敬安，等. 红枫湖入库河流沉积物中重金属污染状况分析[J]. 地球与环境，2010，38（4）：470-475.

[39] US EPA method 3050B，Acid Digestion of Sedimens，Sluges，And Soils [S].

[40] EPA method 3051A/3051，Microwave Assisted Acid Digestion of Sediments，Sludges，Soils，and Oils[S].

[41] US EPA method 3052，Microwave Assisted Acid Digestion of Siliceous and Organically Based Matrices[S].

[42] ISO 14869-1. Soil quality–Dissolution for the determination of total element content-Part1：Dissolution with hydrofluoric and per chloric acids. Switzerland：International Organization for Standardization[S].

[43] US EPA method 6010C，Inductively Coupled Plasma-Atomic Emission Spectrometry [S].

[44] EPA method 200. 7，Determination of Metals and Trace Elements in water And wastes by Inductively Coupled Plasma-Atomic Emission Spectrometry [S].

[45] GB/T 25282—2010，土壤和沉积物 13 个微量元素形态顺序提取程序[S].

[46] 刘亮，周丽萍，李中玺. ICP-OES 测定土壤、岩石及水系沉积物中的 19 种微量元素[J]. 光谱实验室，2013，30（5）：2184-2187.

[47] 沙艳梅，赵学沛，张歌，等. 多向观测电感耦合等离子体发射光谱法同时测定土壤和水系沉积物中常量和微量元素[J]. 岩矿测试，2008，27（4）：291-294.

[48] 张华昌，谭继承. 微波消解 ICP-AES 法快速测定水底底泥中的微量元素[J]. 环境科学与管理，2006，31（3）：159-160.

[49] Alonso E，Santos A，Callejon M，et al. Speciation as a screening tool for the determination of heavy metal surface water pollution in the Guadiamar river basin[J]. Chemosphere，2004，56（6）：561-570.

[50] Pagnanellia F，Moscardinia E，Giulianob V，et al. Sequential extract ion of heavy metals in river sediments of an abandoned pyrite mining area：Pollution detection and affinity series[J]. Environmental Pollution，

2004，132（2）：189-201.

[51] Houba V J G，Lexmond T M，Novozams ky I，et al. State of the art and future developments in soil analysis for bioavailability assessment [J]. Science of the Total Environment，1996，178（1）：21-28.

[52] Quevauviller P. Operationally defined extraction procedures for soil and sediment analysis. Ⅱ. Certified reference materials[J]. Trends in Analytical Chemistry，1998，17（10）：632-642.

[53] Tessier A，Campbell P G C，Bisson M. Sequential extraction procedure for the speciation of particulate tracemetals[J]. Analytical Chemistry，1979，51（7）：844-851.

[54] Rauret G，Rubio R，Lopez-Sanchez J F，et al. Specific Procedure for Metal Solid Speciation in Heavily Polluted River Sediments[J]. International Journal of Environment Analytical Chemistry，1989，35（2）：89-100.

[55] Rauret G，López-Sánchez J F，Sahuquillo A，et al. Improvement of the BCR three step sequential extract ion procedure prior to the certification of new sediment and soil reference materials[J]. Journal of Environmental Monitoring，1999，1（1）：57-61.

[56] Jeffrey R B，Irene J H，Patricia C. Reproducibility of the BCR sequential extraction procedure in a long-term study of the association of heavy metals with soil components in an upland catchment in Scot land [J]. Science of the Total Environment，2005，337（1-3）：191-205.

[57] 刘恩峰，沈吉，杨丽原，等. 南四湖及主要入湖河流表层沉积物重金属形态组成及污染研究[J]. 环境科学，2007，28（6）：1377-1383.

[58] 张芬，杨长明，潘睿捷. 青山水库表层沉积物重金属污染特征及生态风险评价[J]. 应用生态学报，2013，24（9）：2625-2630.

[59] 林立，李东雷，刘玺祥，等. ICP-MS 测定水系沉积物和土壤中 W、Cd 等金属元素[J]. 分析测试，2006，5：65-67.

[60] 贾双琳，赵平. ICP-MS 快速测定土壤-水系沉积物样品中的 28 种元素[J]. 光谱实验室，2012，29（6）：3845-3848.

[61] 王君玉，吴葆存，李志伟，等. 敞口酸溶-电感耦合等离子体质谱法同时测定地质样品中 45 个元素[J]. 岩矿测试，2011，30（4）：440-445.

[62] 门倩妮，刘玲，周远洋，等. 电感耦合等离子体质谱法测定水系沉积物中镍的不确定度评定[J]. 广东化工，2013，19（40）：154-156.

[63] 王荔，杨雁泽，林守麟，等. 电感耦合等离子体质谱法对 GSS 系土壤及沉积物标准物质中多种元素的定值[J]. 化学分析计量，2002，11（1）：1-4.

[64] 王庚，彭婧，史红星，等. 电感耦合等离子体质谱同时测定沉积物中 12 种重金属元素[J]. 环境化学，2011，30（11）：1944-1948.

[65] 刘晔，第五春荣，柳小明，等. 密闭高温高压溶样 ICP-MS 测定 56 种国家地质标准物质中的 36 种

痕量元素——对部分元素参考值修正和定值的探讨[J]. 岩矿测试，2013，32（2）：221-228.

[66] 王荔，杨雁泽，林守麟，等. 土壤沉积物系列标准物质中 38 种元素的 ICP-MS 定值[J]. 分析测试学报，2002，21（5）：9-12.

[67] 刘翠梅，施燕支，张兰，等. 微波消解-ICP-MS 法测定土壤、沉积物中多元素[J]. 首都师范大学学报（自然科学版），2009，30（1）：32-34.

[68] 俞裕斌，郑晓玲，何鹰，等. 微波消解-电感耦合等离子体质谱测定沉积物中的金属元素[J]. 福州大学学报（自然科学版），2005，33（2）：244-249.

[69] 辛文彩，林学辉，徐磊. 电感耦合等离子体质谱法测定海洋沉积物中 34 种痕量元素[J]. 理化检验，2012，48（4）：459-461.

[70] 王小菊，柴辛娜，胡兆初，等. 电感耦合等离子体质谱研究洪湖湿地沉积柱中元素纵向分布[J]. 分析科学学报，2009，25（3）：257-261.

[71] 高晶晶，刘季花，张辉，等. 高压密闭消解-电感耦合等离子体质谱法测定海洋沉积物中稀土元素[J]. 岩矿测试，2012，31（3）：425-429.

[72] 鲍志诚，彭勃，徐婧喆，等. 湘江入湖河段沉积物主元素组成对重金属污染的指示[J]. 地球化学，2012，41（6）：545-558.

[73] 中国环境监测总站《环境水质监测质量保证手册》编写组. 环境水质监测质量保证手册. 第 2 版[M]. 北京：化学工业出版社，1992：1-272.

[74] Douglas C. Montgomery . Introduction to Statistical Quality Control，5th edition[M]. John Wiley & Sons，Inc. 2005：12-15.

[75] 徐捷，吴诗剑，周亚康. 国外环境分析实验室质量管理[J]. 环境科学与技术，2005，28：61-62，75.

[76] 李国刚. 环境监测质量管理工作指南[M]. 北京：中国环境科学出版社，2010.

[77] GB/T 6379. 2—2004 测量方法与结果的准确度（正确度与精密度） 第 2 部分：确定标准测量方法重复性与再现性的基本方法[S].

[78] 刘开国. 环境监测采样质量管理对策和建议[J]. 化学工程和装备，2010，6：188-189.

[79] HJ/T 397—2007 固定源废气监测技术规范[S].

[80] HJ/T 194—2005 环境空气质量手工监测技术规范[S].

[81] HJ/T 91—2002 地表水和污水监测技术规范[S].

[82] HJ/T 164—2004 地下水环境监测技术规范[S].

[83] HJ/T 166—2004 土壤环境监测技术规范[S].

[84] 董德明，房春生，朱先磊，等. 环境样品采集和分析质量保证研究的现状与进展[J]. 吉林大学学报（自然科学版），2000（3）：85-90.

[85] 方建华. 环境监测采样中的质量控制[J]. 环境监测管理与技术，1993，5（3）：26-28.

[86] 张文平. 环境监测采样的误差来源及其质量保证[J]. 中国环境监测，1991，7（4）：11-14.

[87] Ramsey M H，Argyraki A，Thompson M. Estimation of Sampling Bias Between Different Sampling Protocols on Contam inated Land [J]. Analyst，1995，120：1353-1356.

[88] Ram sey M H，Argyraki A，Thompson M. On the Collaborative Trial in Sampling[J]. Analyst，1995，120：2309-2312.

[89] 国家环境保护总局. 水和废水监测分析方法（第四版增补版）[M]. 北京：中国环境科学出版社，2002.

[90] 刘庚胥，吴少华. 标准物质研制及在环境监测中的应用[J]. 环境保护科学，1997，23（6）：37-39.

[91] 陈怀玉. 环境监测质量控制技术探讨——准确度控制[J]. 中国环境监测，1999，15（5）：29-31.

[92] GB 17378. 3—2007　海洋监测规范 第 3 部分：样品采集、贮存于运输[S].

[93] GB 17378. 5—2007　海洋监测规范 第 5 部分：沉积物分析[S].

[94] DZ/T 0130. 5—2006　地质矿产实验室测质量管理规范 第 5 部分：多目标地球化学调查（1∶250000）土壤样品化学成分分析[S].

[95] GB 17378. 2—2007　海洋监测规范　第 2 部分：数据处理与分析质量控制[S].

第四章　生物中重点防控重金属监测技术研究进展

第一节　概　述

在没有人为活动干扰的情况下，自然界中的重金属含量一般取决于水、土壤与岩石等的相互作用，一般较低的话是不会对动植物与人体造成健康危害。但随着工业与农业等生产，造成排污量的逐年增加，重金属污染已然成为全球性的环境污染问题。重金属污染不仅对生态平衡、农作物生产和饮用水等安全构成了极大的威胁，而且通过生物放大进而危害到食物链中端及顶端的构成，影响大型动植物尤其是人类的身体健康。因此，重金属的污染监测一直是生物科学的研究重点问题。

在水环境中，颗粒物和底泥对于重金属具有吸附、迁移和掩埋等作用，分布在水体中的颗粒物、底泥和重金属具有不同的生物有效性。在土壤中，重金属不能降解和长时间积累，达到一定程度后就会影响植物的生长和发育，进而影响农作物的产量，并通过各种途径对环境产生危害，从而引起人类的广泛关注。

第二节　生物中重金属污染元素的来源及危害

一、重金属污染元素

人类至今在地球上共发现 110 种化学元素，金属就占有 80 余种。其中重金属是指密度大于 5.0g/cm^3 的金属，约为 45 种，如 Cu、Pb、Zn、Fe、Ni、Mn、Cd 和 Hg 等。当前国内外学者对于重金属的研究主要集中在 Pb、Hg、Cd、Cr 和 As 等元素。

1．铅

铅元素是自然界常见的元素之一，元素符号为 Pb，是一种软的灰色金属，在常温下为固态，铅属于亲硫元素，也具有亲氧性。在自然界中：当铅以无机化合物形式存在时，其化合价一般为二价；当以共价化合物存在时，铅也可以四价铅的形式存在。自然界中，铅通常以痕量存在。

铅是一种有毒元素，Pb 在人为活动影响下不断向环境和生物转移。Pb 污染环境介质后随各种途径进入农产品中，动物体内的铅有 90%来自农产品或食物。由于 Pb 有蓄积作用，进入人畜体内后主要分布于肝、肾、脾、胆、脑中，其中以肝、肾中的浓度最高，随后 Pb 就会从以上组织转移到骨骼，以不溶性磷酸铅形式沉积下来，人体内 90%～95%的铅积存在骨骼中，只有少量积存在肝、脾等脏器中。因为铅是一种慢性和积累性毒物，难以被发现，一旦表现出就比较严重，因此许多儿童体内血铅水平虽然偏高，但却未表现出特别不适和轻度智力及行为上的改变，所以铅被称为“隐形杀手”。Pb 可以致癌、致畸，铅及其化合物对人体有毒，摄取后主要储存在骨骼内，部分取代磷酸钙中的钙，不易排出。中毒较深时引起神经系统损害。

人类活动是当今引起土壤中铅含量升高，以至于铅污染事件发生的主要原因。土壤中铅的污染来源广泛，主要来自汽车废气和冶炼、制造以及使用铅制品的企业、农田污水灌溉、农药和化肥的施用等。人为来源主要有汽车尾气、矿山及冶炼烟尘等。在无铅锌矿区和冶炼区域，汽油和废油燃烧排放在人为来源中几乎占到一半。对于冶炼厂区，烟尘、粉尘、矿石等的堆积是大气和土壤中铅污染的罪魁祸首，铅锌冶炼厂高烟囱排放高浓度的铅尘进入大气，经过沉降可形成区域性土壤严重铅污染。

2．镉

镉（Cd）原子序数 48，银白色有光泽的金属，毒性较大。镉是ⅥB 族元素，密度 8650kg/m^3，熔点 320.9℃，沸点 765℃。可溶于酸，不溶于碱。在潮湿空气中发生缓慢氧化后失去金属光泽，加热时表面形成棕色的氧化物层，若加热至沸点以上，则会产生氧化镉烟雾。氧化态化合价通常为+1、+2。氧化镉和氢氧化镉的溶解度都很小，它们溶于酸，但不溶于碱。在高温条件下，镉能与卤素发生激烈反应，形成卤化镉。也可与硫直接化合生成硫化镉。镉可形成多种配离子，如 Cd（NH_3）、Cd（CN）、CdCl 等。

Cd 在自然界中常与锌、铅共生，地壳中镉丰度为 0.20mg/kg。镉是一种稀有元素，且分布分散，镉污染的人为因素主要是由于镉在电镀、颜料、塑料稳定剂、镍镉电池、电视显像管制造中的日益广泛应用。在酸性条件下，镉的溶解度增加，比其他重金属更易被植物吸收。

镉是人体、动植物生长的非必需元素，对人体有强烈的致癌性，主要危害人体呼吸系统、神经系统、骨骼组织等。镉的毒性高且蓄积作用较强，被镉污染的空气、水和食物对人体危害严重，且在人体内代谢较慢，引起人体器官损坏病变，引发多种疾病。

3．汞

汞（Hg）原子序数是 80。凝固点-38.8 ℃，沸点 356.7 ℃，密度 13.6 g/cm^3。汞是唯一在常温下呈液态并易流动的金属，质感犹如果冻。一般汞化合物的化合价是+1、+2。内聚力很强，在空气中稳定，汞蒸气有剧毒。溶于硝酸和热浓硫酸，但与稀硫酸、盐酸、碱都不起作用。能溶解许多金属，与其形成合金，统称汞合金（或汞齐）。汞以及化合物都是具有强毒、强致癌性的。

汞污染的人为来源主要有：①采矿、运输和加工含汞的矿石；②课题组及工业废水的排放；③燃料、纸和固体废弃物的燃烧；④农业耕作中不合理地施用含汞肥料和农药及污水灌溉；⑤熔炉的排放。

汞是毒性最强的重金属元素之一，其在环境、农产品中残留的监测是非常重要的。目前汞的检测方法仍然依赖传统仪器，与传统检测方法相比免疫检测方法具有检测快速、费用低、易于操作、简单易携且灵敏度高和选择性多等特点。国内学者通过研究谷胱甘肽（GSH）作为双功能螯合剂偶联 Hg^{2+} 和钥孔血蓝蛋白（KLH），获得完全抗原 KLH-GSH-Hg^{2+}。用该抗原在佐剂的辅助下免疫 BALB/C 小鼠。这项技术为环境中汞离子检测试剂盒的开发创造了条件，为今后开展相关 ELISA 检测方法的研究探索了道路。其具有污染持久性、生物富集性和剧毒性等特点，对环境及人体健康产生巨大的危害。微量的汞在人体内不致引起危害，可经尿、粪和汗液等途径排出体外。如数量过多，即可损害人体健康。汞和汞盐都是危险的有毒物质，当前汞已被各国政府及 UNEP、WHO 及 FAO 等国际组织列为优先控制且最具毒性的环境污染物之一。

4．砷

砷（As）原子序号 33，它是一种有毒类金属，有黄、灰、黑褐三种同素异形体。其中灰色晶体具有金属性，脆而硬，具有金属般的光泽，并善于传热导电，易被捣成粉末。密度 5.727 g/cm^3。熔点 817 ℃（28 atm），加热到 613 ℃，便可不经液态，直接升华，成为蒸气，砷蒸气具有一股难闻的大蒜臭味。砷的化合价为+3 和+5。不溶于水，溶于硝酸和王水，也能溶解于强碱。

砷含量受人为活动的影响也很显著，包括工矿业活动、废弃物排放和燃煤等以及农业活动。形态有无机和有机两种，无机态砷的毒性大于有机态砷，其中三价砷的毒性是五价砷的 60 倍。砷（As）是一种变价的非金属元素，它的化合物多数对人、畜、禽有很强的毒性，可致病、致畸、致突变和致肿瘤等。当人体摄入砷超过一定剂量时就会引起急性或者慢性中毒，如长期饮用含砷量 0.8mg/L 的水或每日进食中含砷近 3mg 达 2～3 周便可引起中毒。砷已被国内外列为优先污染物，在我国污灌引起的土壤污染中，砷居第 5 位。

5．铬

铬（Cr）是银白色带有光泽的金属，相对原子质量为 52.01，沸点 2672℃。常见的铬化合物有：二价铬、三价铬、六价铬。六价铬呈浅蓝色，主要为铬酐、铬酸钾和重铬酸钾等，具有较强的氧化作用，可被还原成三价铬。所有铬的化合物都有毒性：六价铬的毒性最大，三价次之，二价毒性最小。Cr（Ⅵ）以阴离子的形态存在，一般不易被土壤所吸附，具有较高的活性，对植物易产生毒害，Cr（Ⅵ）被认为具有致癌作用；而 Cr（Ⅲ）极易被土壤胶体吸附和形成沉淀，其活动性差，产生的危害相对较轻，对动植物和微生物的毒性一般 Cr（Ⅵ）比 Cr（Ⅲ）大得多。

Cr 人为污染来源主要是工业含铬废气和废水的排放。工业废水中主要是六价铬的化合物，常以铬酸根离子（CrO_4^{2-}）存在。煤和石油燃烧的废气中含有颗粒态铬，煤中含铬量平均约为 10mg/kg。铬主要用于制不锈钢、汽车零件、工具、磁带和录像带、电镀、制革、制药、研磨剂、防腐剂、染料、媒染剂以及催化剂合成等工业。

Cr 是人和动物的微量营养元素之一，但人和动物摄入铬过多，对人和动物都是有害的。三价铬和六价铬对人体健康都有害，被怀疑有致癌作用。一般认为六价铬的毒性强，更易为人体吸收，而且可在体内蓄积。环境中的铬及其化合物可通过呼吸道、消化道、皮肤及黏膜等途径，随空气和食物等介质进入体内。铬主要在动物小肠中部分被吸收，六价铬可穿过红细胞膜与血红蛋白结合，而三价铬不能透过红细胞膜。经食道摄入的铬主要分布在肝、肾、脾和骨骼内，吸入的铬主要沉积在肺内，其次分布在脾脏等。

近年来，我国重金属污染现状十分严峻，危害重大的重金属污染事件日益频发。传统分析化学与环境监测通常只测定样品中待测定元素的总量或总浓度，但金属的环境效应，不仅与其总量有关，更大程度上由其形态决定，不同的形态其环境效应或可利用性也不同，只依靠元素的总量信息很难表征其污染特性和危害，如水体中污染物的存在形态和形态转化与生物有效性的关系，可为评定水体环境质量，确定水环境容量和生态影响等方面提供科学依据。

二、生物体内重金属污染元素的来源和危害

1．来源

重金属生物污染主要是指通过各种途径进入环境中的汞（Hg）、镉（Cd）、铅（Pb）、铬（Cr）、砷（As）、锌（Zn）和铜（Cu）等重金属及其化合物对环境造成的危害。例如，进入水环境中的重金属可被鱼类等各种水生生物吸收，在鱼体中富集，并经食物链传递或放大，使本来为人们提供蛋白质等营养的生物（如鱼、虾、蟹、贝等），反而成为有毒重金属的浓缩体，食用后影响或潜在影响人类的健康。

2．污染特点

一般来说，水生生物的重金属污染程度往往和它生活水域的污染水平有关。

重污染水域的水生生物体内污染物水平比较高；而较少接纳工业废水的水环境，水生生物的污染物水平相对较轻。Lin 曾比较了 8 个水塘中的遮目鱼（milkfish）对 As、Zn 和 Cu 的富集情况，发现遮目鱼鱼肉中 3 种重金属的含量与水塘水体的浓度呈显著正相关（$r>0.9$）。

采矿区、重工业生产基地等是重金属污染比较严重的地区。Dniester 河是欧洲最大的河流之一，位于摩尔多瓦，该河流受到水力发电、农业污染输出、工业废水排放等人为活动的严重影响。Sapozhnikova 等采集了 Dniester 河的野生鱼，研究其中的重金属污染。发现这些鱼的鱼肉中重金属浓度总体偏高，Zn、Cu、Cd、Pb 的浓度范围分别为 6.9～10.3 μg/g 湿重、1.8～4.8 μg/g 湿重、0.02～0.04 μg/g 湿重、1.1～3.2 μg/g 湿重。欧洲东北部地中海的乌颊鱼（*Sparus auratus*）、沙银白鱼（*A.hepsetus*）和乌鱼（*M. cephalus*），体内 Zn、Cu、Cd、Pb、Cr 的浓度范围分别为 26.7～37.4 μg/g 干重、2.8～4.4 μg/g 干重、0.4～0.66 μg/g 干重、5.3～6.1 μg/g 干重、1.2～2.2 μg/g 干重，重金属污染比较严重。非洲的 Tanganyika 湖临近采矿区，主要为非洲中东部国家布隆迪、刚果、坦桑尼亚、赞比亚等提供水产品，Chale 等发现 Tanganyika 湖收集的三类鱼（*L. marie*、*L. stappersii*、*L. miodon*）体内重金属 Zn、Cu、Cd、Pb 的浓度范围分别为 16～101 μg/g 干重、3.4～4 μg/g 干重、0.25～0.38 μg/g 干重、4.6～5.0 μg/g 干重，主要污染物为 Pb，浓度水平与欧洲地中海地区的接近。澳大利亚的 Wills 河、美国卡罗莱纳州的 Savannah 河的水生生物重金属水平较低，比欧洲重工业区临近水域的污染水平低约一个数量级。轻污染或无污染水域的鱼，体内 Hg 一般在 0.03～0.3 μg/g 湿重，Pb 在 0.02～0.2 μg/g 湿重，Cd 在 0.006～0.01 μg/g 湿重，Cu 在 0.3～1.1 μg/g 湿重、Zn 在 2.2～10 μg/g 湿重。

总体来说，我国鱼类的重金属污染程度处于世界中等水平。Qiu 等对我国南方大亚湾地区鱼类进行重金属污染研究，发现 Cd、Pb、Cr、Hg 的浓度范围分别为 0.011～0.013 μg/g 干重、2.2～3.8 μg/g 干重、0.36～0.55 μg/g 干重、0.18～0.23 μg/g 干重。Zheng 等检测了北方葫芦岛地区海产品中的重金属浓度，Pb、Hg 浓度分别为 0.046 μg/g 干重和 0.16 μg/g 干重，浓度高于广东大亚湾地区鲷鱼肌肉中的 Pb、Hg（2.2 μg/g 干重、0.23 μg/g 干重）。综合现有的研究文献，我国北方鱼产品的重金属污染一般略高于南方地区。Zheng 等认为这主要是由于我国北方特别是东北地区是传统的重工业生产基地，环境介质中的重金属水平相对较高。

Yu 等依据文献数据系统比较了我国及其他国家的鱼类重金属污染水平，提出淡水鱼中的重金属浓度往往低于海洋鱼类或沿海地区鱼类。

3．分布特征

不同水生生物对同一金属的富集往往存在差异，同一水生生物的不同组织对重金属的富集程度也存在区别。Fernandes 等研究了葡萄牙 Esmoriz–Paramos 沿海潟湖的特有鱼种——跳鲅（*Lizasaliens*）对 Cu、Zn 的富集情况，发现肝、鳃、肌肉三种器官组织中的 Cu、Zn 浓度存在显著差异。Cu 浓度最高，是鳃和肌肉的 30～96 倍，肌肉中的 Cu 浓度小于 2.64mg/kg；Zn 在鳃中的浓度水平显著高于肝和肌肉，平均水平约为 114mg/kg。Rashed 监测了 Nasser 湖罗非鱼肉、鳃、胃、肠、肝、脊柱、鱼鳞中的重金属含量。结果显示鱼肝中容易积累 Zn 和 Cu，Mn 在鱼肠和鱼胃中的含量最高，而 Co、Cr、Ni、Sr 在鱼鳞中最易富集。鱼肝和鱼鳃中的重金属浓度往往都比较高。Dural 等认为这主要是因为鱼鳃与水环境直接接触，暴露量较大；而鱼肝、鱼肾等器官具有代谢活性，有较强的重金属富集能力；由此造成这些器官组织中重金属水平偏高。

从生物学角度观察，金属以何种方式作用于生物体，主要决定因素是金属元素的存在形态和该形态的浓度水平，并非金属元素的总量。金属的形态包括价态、化合态、结合态和结构态。目前研究较多的是金属不同结合形态的分布特征。Jackson 等利用尺寸排阻色谱-电感耦合等离子体质谱联用技术（SEC-ICP-MS）研究了黑鲈体内金属的主要结合形态，发现在肝脏、鳃、生殖腺等组织中，Cu、Zn、Cd 主要以高分子量的金属硫蛋白（Metallothionein，MTs）结合形态存在，而 Se 主要存在形态为与低分子量蛋白质的结合态。生物体中富含巯基（—SH），在重金属刺激下，往往产生一类含有巯基的蛋白与其结合，MTs 就是这类蛋白。正常的脊椎动物组织中都含有一定量的 MTs 分子，与 MTs 分子结合的金属主要有锌、镉、铜等。体外研究发现，MTs 分子不仅能与这三种金属结合，还能与钴（Ⅱ）、Fe（Ⅱ）、Hg（Ⅱ）、Ni（Ⅱ）、Pb（Ⅱ）和 Pt（Ⅱ）等金属结合，产生诱导合成过程。Cd 和 Hg 等重金属被生物体吸收进入体内后，会产生多金属结合的金属硫蛋白。这种结合能力在不同器官组织中存在区别。

Hyllandt 等研究鳕鱼在不同 Zn、Cd 处理条件下金属与 MTs 的结合情况。发现腹腔注射 1mg/kg 的 Cd 后，体内几乎所有的 Cd 均与肝、肾产生的 MTs 结合；腹腔注射 10mg/kg 的 Zn 后，鱼肝中 Zn-MTs 生成量明显增加，但肾中 Zn-MTs 生成量并没有明显改变。不同的鱼体组织会影响金属和 MTs 的结合能力。

4．重金属的生物积累特性

生物积累是指生物通过吸附、吸收和吞食作用，从周围环境中摄入污染物并滞留体内。当摄入量超过消除量，污染物在体内的浓度会高于水体浓度。研究污染物的生物积累能力，对预测污染物在生物体内的含量和评估污染物的生态风险有重要的意义。

生物积累包括生物富集和生物放大。生物富集是生物机体对环境中元素或难分解化合物的浓缩，而生物放大是化合物在不同营养级生物中的浓缩转移现象。

富集和放大程度的大小可以分别用生物富集系数（bio-concentration factor，BCF）和营养级放大系数（trophic magnification factor，TMF）等表达。通过生物放大作用，可使污染物浓度急剧增加，对食物网中高营养级的生物（如海豚、海豹、鳄鱼、人类等）造成危害。

重金属的生物富集程度主要受生物物种等的影响。有研究提出浮游植物比浮游动物更易从水中富集重金属，这主要是由于浮游植物（如水藻等）表面细胞中富含羧基、氨基等基团，在这些基团影响下，金属富集能力增加。此外，浮游植物与水的接触量大也是导致浮游植物吸收金属能力增加的原因之一。

Hassen 等认为死亡后的水藻仍可以通过表面细胞的吸收富集重金属。一些研究则认为底栖动物对金属的富集能力明显高于鱼类。Mora 等的研究结果显示，底栖动物的生物富集因子 BCF 通常高于鱼类，认为这主要是由于底栖动物更易受水底污染较重的沉积物影响以及鱼类具有高的迁移性所致。同为底栖动物的螺和蚌，对金属的富集能力也存在区别。Yu 等的研究发现，由于螺（*Bellamya* sp.）对环境污染的容耐性更强，螺通常出现在污染较重的区域，而蚌（Corbiculidae）主要出现在污染相对较轻的区域；螺的 BCF 值高于蚌。他们还发现太湖中以小鱼为食的肉食性鱼翘嘴红鲌（*Erythroculter ilishaeformis*），体内 Cu、Zn、Cr、Cd、Pb 的 BCF 值均高于以水藻为食的黄颡鱼（*Pelteobagrus fulvidraco*），两者的 BCF 值相差 2.1～5 倍。鱼的不同器官组织特性也会影响鱼的重金属富集能力。张博润等认为鱼肝、鱼肾中存在的金属硫蛋白等，可以增加鱼肝、鱼肾结合重金属的程度，提高这些组织的富集能力。

影响鱼类对重金属富集能力的因素还包括鱼类生活习性、鱼类食物来源、鱼类营养级水平等。有文献提出饵食是鱼体内重金属的重要来源之一。

Onsanit 等对福建 8 个养鱼场的养殖鱼进行重金属污染特征研究，发现饵食组成对鱼的重金属浓度有很大影响。饲料喂养的养殖鱼，肌肉重金属水平普遍高于新鲜杂鱼喂养的，鱼内脏喂养的养殖鱼重金属水平最高。美国安康鱼是一种处于高营养级的捕食鱼类，它们能捕食体长相似的其他鱼类，捕食量占总饮食的 60%～95%。Johnson 发现，位于大西洋西北部安康鱼体内的重金属分布和鱿鱼、小安康鱼、比目鱼等（主要食物组成）类似。重金属的富集也受鱼龄和脂肪含量等的影响。在对中国南方鲷鱼和鲳鱼的重金属污染研究后，Qiu 等发现，鲷鱼体内的 Pb、Zn、Cd、Cr、As 浓度以及鲳鱼体内的 Pb、Cd、As 浓度，均随鱼体重的增加（即年龄增加）而下降；而鲷鱼和鲳鱼的 Hg 浓度则随体重的增加而增加。他们认为前者可能是由于鱼的成长稀释效应所致。Cu、Cd、Cr、Pb、Zn 浓度还和鱼的脂肪含量呈正相关性，Hg 浓度与脂肪含量呈负相关。

有关重金属生物放大（生物稀释）等食物链传递特性的研究较多。以 As 为例，一些研究发现 As 在不同食物链环境中常常表现出不同的食物链传递特性。在越南热带红树林生态系统和中国黄河三角洲地区淡水生态系统中，As 存在生物稀释作用，红树林地区生物体 As 浓度的对数值与 N 同位素标记值（δ15N）之间不存在线性关系，黄河地区水生生物的 As 浓度和它的营养级水平呈现下降的趋势。在海洋系统中，Asante 和 Nfon 等的研究结果显示，由高营养级物种组成的食物链中（食肉物种和杂食物种），As 污染存在生物放大作用；在低营养级物种组成的食物链中（水藻和食草物种），As 具有营养级稀释作用。Cheng 等以 δ15N 同位素标记法计算生物所处的营养级，研究了珠三角某鱼塘杂食性和肉食性食物链中 As 污染的传递特性。他们发现在浮游动物-草鱼-花鲢杂食食物链以及浮游动物-鲮鱼-桂鱼肉食性食物链中，As 浓度的对数值与 δ15N 数值间均呈现负相关的线性关系（$p<0.05$），据此认为在池塘养殖环境中 As 随食物链出现生物放大作用。这可能与养殖池塘环境食物链短、生物多样性低、食物来源复杂等因素有关。Hg 具有生物放大作用。Cheng 等研究了池塘养殖环境下 Hg 的食物链传递特点，发现由浮游动物、鲮鱼和桂鱼组成的肉食性食物链以及鱼食、浮游动物、草鱼和胖头鱼组成的杂食性食物链，Hg 的营养级放大因子 TMF 均大于 1，说明在上述食物链中 Hg 具有明显的生物放大作用。这和先前的文献报道结果也是一致的。

在 Jarman 等报道的海洋食物网、Power 等研究的加拿大 Sub-Arctic 河食物网以及 Kidd 等关于东非 Malawi 湖的研究中，都发现 Hg 在水生生态系统中具有生物放大效应，营养级放大因子值高于鱼塘生态系统的。Asante 等用 C、N 同位素标记法确定营养级，研究了海洋食物网中金属元素的生物放大性，发现在 Celebes 海的食物链中，Cd 存在生物稀释作用。可见，不同的金属元素在不同的生态系统中的食物链传递特性不同。

由于工业所产生的“三废”污染物通过水体、大气或直接向土壤中排放转移，以及化肥和农药的不合理施用，铅（Pb）、镉（Cd）、铬（Cr）汞（Hg）、砷（As）等几种重金属污染程度呈逐年显著增加趋势，且是对生物有显著毒性的重金属元素之一。国内外已有很多关于重金属对生物体的毒性试验方面的研究，例如，谢湘筠等研究了在水温 28.4～30.4℃的条件下，重金属铅、镉对方斑东风螺幼体的急性毒性影响，估算得到铅、镉对方斑东风螺幼体的安全浓度分别为 0.107mg/L、0.020mg/L。刘琼玉等研究了必需元素 Zn 及非必需元素 Pb 对菲律宾蛤仔的急性毒理作用，估算得到 Zn、Pb 对菲律宾蛤仔的安全浓度分别为 0.82mg/L、0.71mg/L。谭树华等研究了 Cr^{6+}和 Hg^{2+}对克氏原螯虾的急性毒性试验，表明克氏原螯虾具有强的耐 Cr^{6+}和 Hg^{2+}的污染能力。

国内外的现有研究都表明，重金属在生物体内的累积状况已经在不同的生物体中都有不同程度的反应，环境的污染对生物体组织造成的污染已经远远超过我们的预期，不容忽视。而且，不同类型水体由于污染途径和污染因子不同对生物产生的富集影响也不同，生物体会通过食物链将污染重金属元素进行转移和传递。污染的重金属会通过不同的方式对生物体产生多层次的毒性影响效应，所以对生物体中重金属水平的监测已经是迫切需要开展的工作，监测技术上的完善更是首要解决的问题，这对于环境风险影响的评价和管控具有非常重要的意义。

第三节 生物中重金属监测技术

一、生物中重金属采样制样监测技术研究状况

生物中重金属监测技术中采样部分研究较少，能查到的资料主要是国内外生物调查的指南、导则等，包括联合国粮农组织编写的水环境调查方法手册等材料。

水生生物样品来源主要包括两个方面：①向被监测水体的专业捕鱼队或当地市场购买新鲜鱼类样品（必须查明确系被监测水体中捕获的鱼）；②根据监测项目的需要，组织不同的网具进行有目的的捕捞，随机取样求取新鲜不变形鱼类样品。

在样品保存和制样中需要注意以下问题。

①样品的保存：鱼贝等样品在采样（要有代表性）后，一般要进行冷冻保存。在保存过程中，如若使用方法不当，往往会发生水分变化。据报道，像贻贝等贝类动物，如果放置在封口的聚乙烯袋中，无论是整体保存还是只保存软体部分，在 80 天内重量没有什么变化。但若放在玻璃盘中，则整体保存的贻贝在 60 天后失重 10%，而软体部分在 40 天后就只有原重的 13%。

②样品的制样处理：冷冻的样品通常在室温下解冻。可以将样品置于萨冉树脂网上，网下接一个烧杯，将解冻液滴收集于烧杯中，以备分析，不能弃去。化冻后的样品如用蒸馏水洗涤，洗涤液同样需要合并到液滴中进行分析，因为样品中一些可溶性金属离子会进入洗涤水中。鱼肉样品也可在真空冷冻干燥后研成粉末（粒度 50 目以下）。在样品的预处理中，还要防止其他杂质元素沾污样品。

③样品的干燥与灰化：用鱼贝的干燥重量成灰分量表示所含的微量金属浓度时，必须对样品进行干燥和灰化处理。不同的干燥方法对样品的失重结果是有影响的。据报道，将贻贝真空冷冻干燥 24 h，失重 82.8%，而用电热炉在 135℃恒温干燥 24 h，则失重分别为 84.1%、84.7%、85.2%。对于鳖鱼粉来说，真空冷冻干燥 24 h，失重 2.6%；用硅胶保干器干燥 10 天，失 2.3%，在电热炉中于 60℃、90℃、110℃、135℃恒温干燥 24 h，则失重分别为 2.8%、4.4%、9.3%、14.6%。对于要求挥发性物质（水除外）不能损失的样品，宜用真空冷冻干燥法或 90℃以下的恒温干燥法。不同的生物样品，应该采用不同的干燥方法，美国国家标准局对许多生物样品提供了干燥方法。使用的灰化方法不同，所得的灰分量也有差异。一般来说，用电热炉高温灰化至灰量恒重所需时间比较短，而用低温灰化炉可能

要 100 h 以上。灰化后，若要测定某些挥发性元素，如 Hg、Au 等，就要在低温灰化炉中灰化，否则测定结果会大大偏低。

采用合理的样品采集、保存和制样的方法对于准确分析和掌握生物体中重金属含量是非常重要的技术内容。

二、生物中重金属分析技术研究状况

近年来，生物中重金属的监测方法研究进展很快，归纳起来分析方法主要有：原子吸收光谱法、原子荧光光度法、电感耦合等离子体法、电化学方法和激光诱导击穿光谱法；酶抑制法、免疫分析法及生物传感器法也逐步应用在重金属检测方面。

1. 国外相关分析方法研究

（1）分析方法

近年来，重金属用于生物组织的检测方法研究进展很快，归纳起来分析方法有：原子吸收光谱法、原子荧光光度法、电感耦合等离子体法、电化学方法和激光诱导击穿光谱法。酶抑制法和免疫分析作为新兴的生物体内重金属含量监测的技术，也有很多研究应用。

在生物体中的重金属监测领域国外起步较早。20 世纪初，德国就开始利用底栖无脊椎动物中环节动物寡毛类的颤蚓指示淡水水域的污染。美国在 1986 年开展过特定流域生物体中的重金属污染情况的监测调查。分析了鸥、蚌、鼠及其食物中砷、硒、银、钡、钙、铁、锰、镍、铜、铅、锌、镉等重金属的含量，采用的是 SW-846 系列的分析方法。美国 EPA 国家危险管理研究实验室在 2007 年也开展了矿废物技术项目中有关重金属耐受植物的调查研究（EPA/ 600/ R-07/ 114），为在污染区的植物是如何影响人类健康及人类应该如何减少环境污染损害提供科学数据支持。科学研究主要关注重金属在生物介质中的迁移和富集情况及对不同生物类群产生的毒性影响，如铜、锌、铬、镉、汞在鱼类各组织器官中的积累顺序，镍、砷、锡在植物体内的运输与分配特征等。

20 世纪 80 年代有较大发展，美国等内外实验室重金属检测技术发展较为成熟，主要采用酸体系微波消解的前处理方式。测定方法包括原子吸收法、X 射线荧光法、ICP-AES 和 ICP-MS 等，美国 EPA 相关生物组织中重金属分析方法见表 4-1。目前美国与日本均发布了重金属标准分析方法，如《EPA method29-Metals Emissions from Stationary Sources》和《日本工业标准手册》。80 年代以来，世界发达国家建立的城市重金属污染监测技术和方法见表 4-1、表 4-2。

表 4-1 美国 EPA 生物体中重金属监测标准

方法号	方法标准
EPA method 1632	水体和生物组织中砷的测定
EPA method 7474	沉积物和生物组织中汞的测定 原子荧光法
EPA method 131.01	海洋生物组织中痕量汞的测定 冷原子吸收法
EPA method 132.1	海洋生物组织中痕量金属的测定 中子活化分析法
EPA method 140.1	海洋生物组织中痕量金属的测定 石墨炉原子吸收法
EPA method 151.1	海洋生物组织中痕量金属的测定 火焰原子吸收法
EPA method 155.1	海洋生物组织中痕量金属的测定 X 射线荧光法
EPA method 172.1	海洋生物组织中痕量金属的测定 ICP-MS
EPA method B-9001-95（CV-AAS）	水生生物材料中痕量金属的测定 石墨炉原子吸收法
EPA method B-9001-95（ICP-MS）	水生生物材料中痕量金属的测定 ICP-MS 法
EPA method B-9001-95（ICP-AES）	水生生物材料中痕量金属的测定 ICP-AES 法

表 4-2 国外检测方法统计

国家	As	Cd	Cr	Cu	Fe	Hg	Ni	Pb	V	Zn	Al	Sb
奥地利	GFAAS	ETAAS	ICP-AES	ICP-AES	ICP-AES	CVAAS	ICP-AES	ICP-AES	ICP-AES	ICP-AES	ICP-AES	GFAAS
白俄罗斯	INAA		INAA		INAA		INAA		INAA	INAA	INAA	INAA
比利时	ICP-MS	ICP-MS	ICP-MS	ICP-MS	ICP-AES	AMA	ICP-MS	ICP-MS	ICP-MS	ICP-MS		
保加利亚		ICP-AES	ICP-AES	ICP-AES	ICP-AES		ICP-AES	ICP-AES	ICP-AES	ICP-AES	ICP-AES	
克罗地亚	INAA	GFAAS	INAA	FAAS	INAA	CVAAS	INAA	GFAAS	INAA	INAA	INAA	INAA
捷克共和国	ICP-MS	ICP-MS	ICP-MS	ICP-MS	ICP-MS	AMA	ICP-MS	ICP-MS	ICP-MS	ICP-MS	ICP-MS	ICP-MS
丹麦	ICP-MS	ICP-MS	ICP-MS	ICP-AES	ICP-AES		ICP-MS	ICP-MS	ICP-MS	ICP-AES	ICP-AES	
爱沙尼亚		ICP-AES	ICP-AES	ICP-AES	ICP-AES		ICP-AES	ICP-AES	ICP-AES	ICP-AES		
芬兰	GFAAS	ICP-AES	ICP-AES	ICP-AES	ICP-AES	CVAFS	ICP-AES	ICP-AES	ICP-AES	ICP-AES	ICP-AES	
法国	ICP-MS	ICP-MS	ICP-MS	ICP-MS	ICP-MS	CVAAS	ICP-MS	ICP-MS	ICP-MS	ICP-MS	ICP-MS	ICP-MS
马其顿	INAA	GFAAS	INAA	FAAS	INAA	CVAAS	INAA	GFAAS	INAA	INAA	INAA	INAA
德国	ICP-MS	ICP-MS	ICP-MS	ICP-AES	ICP-AES	CVAAS	ICP-MS	ICP-MS	ICP-MS	ICP-AES	ICP-AES	ICP-MS
冰岛	ICP-MS	ICP-MS	ICP-MS	ICP-AES			ICP-MS	ICP-MS		ICP-AES		
意大利	ICP-MS	ICP-MS	ICP-MS	ICP-MS	ICP-AES	AMA	ICP-MS	ICP-MS	ICP-MS	ICP-MS		
拉脱维亚	GFAAS	FAAS	FAAS	FAAS	FAAS	CVAAS	FAAS	FAAS	GFAAS	FAAS		
立陶宛	GFAAS	GFAAS	GFAAS	GFAAS	GFAAS	CVAAS	GFAAS	GFAAS	GFAAS	GFAAS		
挪威	ICP-MS	ICP-MS	ICP-MS	ICP-MS	ICP-MS	CVAFS	ICP-MS	ICP-MS	ICP-MS	ICP-MS	ICP-MS	ICP-MS
波兰		FAAS		FAAS	FAAS		FAAS	FAAS		FAAS		
奥波莱地区	INAA		INAA		INAA		INAA		INAA	INAA	INAA	INAA

国家	As	Cd	Cr	Cu	Fe	Hg	Ni	Pb	V	Zn	Al	Sb
俄罗斯	INAA	INAA	INAA	INAA	INAA		INAA		INAA	INAA	INAA	INAA
塞尔维亚	INAA	FAAS	INAA	FAAS	INAA		INAA	FAAS	INAA	INAA	INAA	INAA
斯洛伐克		GFAAS		GFAAS	ICP-AES	AMA	GFAAS	GFAAS	GFAAS	ICP-AES	ICP-AES	
斯洛文尼亚	ICP-MS	ICP-MS	ICP-MS	ICP-MS	ICP-MS	CVAAS	ICP-MS	ICP-MS	ICP-MS	ICP-MS		ICP-MS
西班牙	AFS	GFAAS	FAAS	FAAS	FAAS	AMA	GFAAS	GFAAS	GFAAS	FAAS		
纳瓦拉	ICP-MS	ICP-MS	ICP-MS	ICP-MS			ICP-MS	ICP-MS	ICP-MS	ICP-MS		
瑞典	ICP-MS	ICP-MS	ICP-MS	ICP-AES	ICP-AES		ICP-MS	ICP-MS	ICP-MS	ICP-AES		
瑞士	ICP-MS	ICP-MS	ICP-MS	ICP-MS	ICP-AES	AMA	ICP-MS	ICP-MS	ICP-MS	ICP-MS		
土耳其	ICP-AES	ICP-AES	ICP-AES	ICP-AES	ICP-AES		ICP-AES	ICP-AES	ICP-AES	ICP-AES	ICP-AES	ICP-AES
乌克兰	ICP-AES	ICP-AES	ICP-AES	ICP-AES	ICP-AES		ICP-AES	ICP-AES	ICP-AES	ICP-AES	ICP-AES	ICP-AES
英国	ICP-MS	ICP-MS	ICP-MS	ICP-MS			ICP-MS	ICP-MS	ICP-MS	ICP-MS	ICP-MS	ICP-MS

（2）消解方法

重金属测定中消解的方法也是重要环节，目前用于生物组织消解的方法主要为高压密闭微波消解、干法灰化、湿法消解三种。

一般而言，鱼类样品的重金属以化合态存在，在检测重金属含量前，需要对鱼类样品进行预处理，使其中的重金属以离子状态存在才能客观准确地分析。传统的预处理方法主要包括湿法消解和干灰化法。湿法消解是在适量的鱼类样品中加入硝酸、高氯酸等氧化性强酸，结合加热破坏有机物。在消解过程中，该法易形成酸雾，且存在爆炸的危险；同时，在消解过程中会消耗大量的酸而可能引起较大的空白值。干灰化法是在高温灼烧下使有机物氧化分解，剩余的无机物供测定。此方法能够降低污染，但消化周期长、耗电多、被测成分易挥发损失；坩埚有时对被测成分具有吸留作用，降低回收率。微波消解作为样品分析的新技术，具有消化样品能力强、速度快、消耗化学试剂少、金属元素不易挥发损失、污染小及空白值低等优势，一次样品处理后可同时测定几种元素。顾佳丽分别采用高压密闭微波消解、干法灰化、湿法消解测定鱼类样品中的重金属含量发现微波消解测定标准样品的变异系数小，准确度高，空白值低，回收率较高，且所需的时间也较短。刘丹赤和邵长明分别采用湿法、干法和微波消解法对鱼类消解后测量体内重金属含量，结果表明微波消解法的鱼类样品重金属含量和回收率均高于干法和湿法，并且省时、消解完全、污染少，是鱼样消解较理想的方法。

目前各国常用的消解体系均不尽相同，美国 EPA 各方法采用 HNO_3+ HF+ HCl 或 H_2O_2（全消解）、HNO_3+H_2O_2（ICP-MS/GFAAS）、HNO_3+H_2O_2+ HCl（ICP-AES/FLAAS）、HNO_3+HCl、HNO_3 等酸体系，日本采用 HCl+HNO_3+ $HClO_4$、HCl+HNO_3 等酸体系，欧洲采用 DN 38414－S7 王水法，英国采用 HNO_3 法等。

EPA 3050B 方法是用酸溶沉积物、污泥和土壤样品，FLAA/ICP-AES 法测定铜、铅、镉、锑等 22 个元素，GFAA/ICP-MS 法测定砷、铍、铅、镉、铊等 10 个元素。样品用硝酸（及过氧化氢）低温回流消解，用于 GFAA/ICP-MS 法测定，而 FLAA/ICP-AES 测定的样品，除硝酸（及过氧化氢）外，还可加入一定量的盐酸。此消解方法也是该条件下的可溶解的金属元素。

EPA 3051A 方法是用微波酸溶沉积物、污泥、土壤和油脂类样品，FLAA、ICP-AES 或 ICP-MS 测定其中 21 个元素。可作为 EPA 3050 方法的替代方法。样品在硝酸条件下微波加热，提取有效态元素。

EPA 3052 方法是用微波酸溶处理硅土和有机体类介质样品，样品在硝酸-盐酸-氢氟酸-（过氧化氢）条件下微波加热，FLAA、GFAA、ICP-AES、ICP-MS 或其他检测技术测定其中砷、镉、铅、汞、铊等 26 个元素。

测定生物样品常用的几种消解体系主要还是：硝酸-高氯酸体系用于湿法消解；浓硝酸用于干法消解；硝酸-双氧水或硝酸-盐酸-双氧水用于微波消解。

2．国内相关分析方法研究

国内关于重金属检测标准已出台的有食品、水质、土壤和海洋生物等中，各检测方法见表 4-3～表 4-6。可见，国家对水、食品、土壤、海洋方面制定了重金属检测标准，但在植物中重金属检测方面没有相关标准，水生生物鱼类和贝类中重金属分析也还没有环境保护行业相关标准。

科研方面，国内也有许多关于生物中重金属的研究，如张先富等描述了镉在食物链中的迁移规律：农灌水（工业废水）—农田土壤—农作物—畜禽粮菜果等—人体；杨晓芸等对重金属在生物体内的积累特征进行了实验；国内在 Rühling 等苔藓监测大气重金属污染技术的基础上，开发苔袋法监测大气颗粒物，获得了较好的效果。《大气污染生物监测方法》中提到植物叶片中铜、铅、锌、镉、汞的监测分析方法，主要采用酸消解的方法，原子吸收分光光度仪测定。

国内关于苔藓植物监测大气重金属污染的研究起步较晚，技术相对滞后。吴虹玥、包维楷等使用微波消解、等离子体发射光谱法（AES）对苔藓植物进行重金属元素测定，结果发现：使用电感耦合等离子体发射光谱（ICP-AES）对苔藓植物重金属进行测定，准确度和精密度均令人满意。

顾培、巩万合等收集了红土壤地方的 65 个植物，经过普通消解和微波消解后用 ICP 测定 Al 等 6 种元素含量，经线性回归分析发现：两种消解方法对 Al 的消解具有很强的可比性；安丽、曹同等采用硝酸-高氯酸“湿化灰化“消解，用原子吸收光度法，成功比较上海佘山土生的 7 种不同苔藓植物体中 Cu、Pb、Cd、Zn、Cr 元素的含量；*G. Szarek-ukaszewska* 等对 Niepomice 森林的苔藓样品采用硝酸-高氯酸消解，用原子吸收分光光度法检测 Cd、

Cr、Cu、Fe、Pb、Zn 金属含量；肖华等用混酸（HNO_3：$HClO_4$＝4：1），电热板加热后，用原子吸收光谱（AAS）测草本植物体内的 Pb、As、Cd、Cu，Zn 含量；Harry Harmens 用全硝酸消解样品；Zdravko Spiric 等用浓硝酸和双氧水过夜浸泡后，经微波消解后，用 ICP-AES（Ag、Al、Ba、Ca、Cd、Cr、Cu、Fe、Li、K、Mn、Mg、Na、Ni、P、Pb、Sr、V、Zn）和 AAS（As 和 Hg）联合测定其中的 21 种金属元素；刘颖琪等用 HNO_3、HF、$HClO_4$ 混酸消解，经石墨消解后，用 ICP-MS 测土壤和植物体内的 Pb、Cd、Cr、Cu、Zn 元素含量；谭镭等用全硝酸加双氧水预处理后，经微波消解，用 ICP-MS 法测定金银花和白芷中 As、Cd、Pb、Cu、Hg 5 种有害重金属元素；田佩瑶、赵竹、陶晶、魏建荣用 ICP-MS 对室内空气 $PM_{2.5}$ 颗粒物中 24 种金属元素（Be、V、Al、Cr、Mn、Co、Ni、Cu、Zn、As、Se、Mo、Ag、Cd、Sb、Ba、Tl、Pb、U、Na、Mg、K、Ca、Fe）进行测定。

表 4-3　食品中重金属检测标准

食品金属标准	金属	检测方法
食品中总砷及无机砷的测定（GB 5009.11—2003）	砷	氢化物原子荧光光谱法、分光光度法
食品中铬的测定（GB 5009.12—2003）	铬	原子吸收石墨炉法、示波极谱法
食品中铅的测定（GB 5009.12—2010）	铅	石墨炉原子吸收分光光度法、火焰原子吸收光谱法、分光光度法、单扫描极谱法、氢化物原子荧光光谱法
食品中铜的测定 GB 5009.13—2003）	铜	原子吸收光谱法、分光光度法
食品中锌的测定（GB 5009.14—2003）	锌	原子吸收光谱法、分光光度法
食品中镉的测定（GB 5009.15　2003）	镉	石墨炉原子吸收分光光度法、原子吸收光谱法、分光光度法、原子荧光法
食品中锡的测定（GB 5009.16—2003）	锡	氢化物原子荧光光谱法、分光光度法
食品中总汞及有机汞的测定(GB 5009.17—2003)	汞	原子荧光光谱法、冷原子吸收光谱法、分光光度法

表 4-4　水质中重金属检测标准

水质金属标准	金属	检测方法
生活饮用水标准检测方法 金属指标（GB/T 5750.6—2006）	镍	原子吸收分光光度法
水质 总铬的测定（GB/T 7466—1987）	总铬	分光光度法、硫酸亚铁铵滴定法
水质 六价铬的测定　二苯碳酰二肼分光光度法（GB/T 7467—1987）	六价铬	分光光度法
水质 铜、锌、铅、镉的测定　原子吸收分光光度法（GB/T 7475—1987）	铜、锌、铅、镉	原子吸收分光光度法
水质 铁、锰的测定（GB/T 11911—1989）	铁、锰	火焰原子吸收分光光度法
水质 镍测定（GB/T 11912—1989）	镍	火焰原子吸收分光光度法
水质 总汞的测定（HJ 597—2011）	汞	冷原子吸收分光光度法

表 4-5 土壤中重金属检测标准

土壤金属标准	金属	检测方法
土壤质量 总砷的测定（GB/T 17134—1997）	砷	分光光度法
土壤质量 汞的测定（GB/T 17136—1997）	汞	冷原子吸收分光光度法
土壤质量 铅、镉的测定（GB/T 17140—1997）	铅、镉	火焰原子吸收分光光度法、石墨原子吸收分光光度法
土壤质量 镍的测定（GB/T 17139—1997）	镍	火焰原子吸收分光光度法
土壤质量 铜、锌的测定（GB/T 17138—1997）	铜、锌	火焰原子吸收分光光度法
土壤质量 总铬的测定（GB/T 17137—1997）	铬	火焰原子吸收分光光度法

表 4-6 海洋中重金属检测标准

生物金属标准	金属	检测方法
海洋监测规范 生物体分析	铬	分光光度法、无火焰原子吸收分光光度法
	锌	火焰原子吸收分光光度法、阳极溶出伏安法
	铜、铅、镉	火焰原子吸收分光光度法、无火焰原子吸收分光光度法、阳极溶出伏安法
	铁、锰	火焰原子吸收分光光度法
	砷	原子荧光法、分光光度法、催化极谱法
	汞	冷原子吸收光度法、原子荧光法
海洋监测规范 沉积物分析	汞	冷原子吸收光度法、原子荧光法
	铜、铅、镉	火焰原子吸收分光光度法、无火焰原子吸收分光光度法
	锌	火焰原子吸收分光光度法、
	铬	无火焰原子吸收分光光度法、分光光度法
	砷	原子荧光法、分光光度法、催化极谱法

以上常用的几种分析方法中，原子吸收分光光度法（AAS）是通过测量待测元素的原子蒸气在辐射能激发下所产生荧光的发射强度来测定待测元素的一种分析方法。原子荧光光度法的检出限低于原子吸收法，谱线简单且干扰少，线性范围较宽，但应用元素有限。石墨原子吸收分光光度法（GF-AAS）可以大大提高灵敏度，降低方法的检出限，虽然存在基体干扰因素，但仍具有很大的优势。

原子荧光光谱法（AAS）是通过测量气态基态原子对其特征谱线的吸收程度而进行定量分析的方法。线性范围较宽，应用元素有限，仅用于砷、锑、秘、硒、碲、锗、锡、铅、锌、锡、汞的分析。

电感耦合等离子体法包括电感耦合等离子体原子发射光谱（ICP-AES）和电感耦合等离子体质谱（ICP-MS）。电感耦合等离子体原子发射光谱（ICP-AES）是高频感应电流产生的高温将反应气加热、电离，利用元素发出的特征谱线进行测定谱线强度与重金属量成正比。ICP-AES 灵敏度高，干扰小，线性宽，可同时或顺序测定多种金属元素。电感耦合等离子体质谱（ICP-MS）分析技术是将电感耦合等离子体与质谱联用，利用电感耦合等离子体使样品汽化，将待测金属分离出来，从而进入质谱进行测定，通过离子荷质比进行无机元素的定性分析、半定量分析、定量分析，同时进行多种元素及同位素的测定，具有比原子吸收法更低的检测限，是痕量元素分析领域中最先进的方法，但价格昂贵，易受污染。Ashoka 等采用 ICP-MS 方法测定并比较不同消解方法对鱼类组织消解后重金属残留分析，测定 40 种金属元素，结果表明没有一种消解方法可以同时准确测定所有元素。Yang 等采用 ICP-MS 方法检测西藏高原高山湖泊和拉萨河中鱼类重金属（Mn、Co、Ni、Cu、Zn、As、Se、Cd、Pb）的蓄积情况，回收率为 80%～98%。

综合比较几种常见的重金属检测方法的优缺点（表 4-7），火焰原子吸收分光光度法、电感耦合等离子体发射光谱法均适用于重金属元素的常量分析，但是前者易受基体干扰，后者设备费用较高；石墨原子吸收分光光度法、电感耦合等离子体质谱法适用于重金属元素的微量分析，但是前者易受集体干扰，后者设备费用较高；冷原子吸收分光光度法适合于 Hg 元素的快速测定；分光光度法虽然适合常量和微量分析，但是方法不够自动化，不适于大批量测试需要。

表 4-7 常用重金属检测方法比较

方法	原理	优点	缺点	适用范围
火焰原子吸收分光光度法	由待测元素灯发出的特征谱线通过供试品经原子化产生的原子蒸气时，被蒸气中待测元素的基态原了所吸收	快速、分析范围广、灵敏度高、费用低廉	有基体干扰	常量分析
石墨原子吸收分光光度法	将试样注入在石墨管中，用通电的办法加热石墨管，使石墨管内腔产生很高的温度，使试样急速热解、气化，形成基态原子蒸气	试样量少	灵敏度不高，试样组成的不均匀性影响较大	微量分析
冷原子吸收分光光度法	将供试品溶液中的汞离子还原成汞蒸气，再由载气导入石英原子吸收池，进行测定	准确、快速	专门用于汞的测定	常量、微量分析
电感耦合等离子体质谱法	元素转化为正离子，质谱仪根据质荷比进行分离。对于一定的质荷比，质谱积分面积与进入的离子数成正比。即样品的浓度与质谱的积分面积成正比，通过测量质谱的峰面积来测定样品中元素的浓度	灵敏度高；速度快；谱线简单；干扰少；精密度好	设备费用高	微量分析
电感耦合等离子体发射光谱法	不同元素以其原子在激发或电离时所发射出的特征光谱来定性，通过测定特征光谱的强弱来定量	多元素同时分析、基体效应小、低背景干扰、准确性好	设备费用高、灵敏度低	常量分析
分光光度法	特定试剂反应，特定波长测定吸光度	原理简单，无须特殊设备	灵敏度低、安全性不高	常量、半微量分析

结合国内外已研究苔藓中重金属的含量（表 4-8），可见，重金属在苔藓体内含量属于微量或常量级别。为了更好地得到重金属元素的检出效果，在检测方法的选择中尽量选择灵敏度高、准确性好、反应迅速、操作简单的方法。

表 4-8 中国与欧洲各国苔藓中重金属含量结果 单位：10^{-6}

国家	Cd	Cr	Cu	Fe	Pb	V	Zn
中国	0.45	5.1	18.8	2 528	20.0	11.5	93.6
丹麦	0.27	1.5	6.9	544	12.1	2.9	38.9
英国	0.43	0.8	6.4	255	10.8	1.7	37.8
意大利	0.39	3.2	8.3	1 270	16.5		35.6
挪威	0.20	1.4	7.1	671	14.0	3.0	41.8
葡萄牙	0.22	2.2	9.2	1 200	17.4		39.0
瑞士	0.40	2.7	4.8	441	18.3	2.7	36.0

另两种适用于生物体重金属检测的方法也有其各自的特点。酶抑制法测定重金属的基本原理：重金属离子与形成酶活性中心的巯基或甲巯基结合后，改变了酶活性中心的结构与性质，引起酶活力下降，从而使底物酶系统中的显色剂颜色、pH、电导率和吸光度等发生变化，这些变化可直接通过肉眼或借助于电信号、光信号等加以区别。这项技术与传统检测技术相比，虽然对环境污染物只能做定性检测，且灵敏度和准确性也低于传统检测技术，但快速检测技术具有方便、快速、经济的优点，非常适合现场检测。

免疫分析法：重金属离子的免疫学检测是检测重金属离子的一种方法，与传统检测方法相比，省时、便携、费用低、易操作，能用于重金属离子的现场快速检测。重金属离子的免疫检测分为多克隆抗体免疫检测和单克隆抗体免疫检测，包括荧光偏振免疫检测、酶联免疫吸附检测和免疫传感器检测。其中基于抗重金属离子螯合剂复合物的单克隆抗体建立的免疫检测技术显示出很好的应用前景。

生物传感器用于测定水溶液中的毒性化合物。主要包括三个方面：酶传感器、特异性蛋白生物传感器、微生物传感器。

第四节 水环境重金属污染的生物监测

重金属污染中，水环境重金属所占比重较大，污染原因是由于未经处理的城市垃圾、污染的土壤、工业和生活污水，以及大气沉降物不断排入水中，使水体悬浮物和沉积物中的重金属含量急剧升高。虽然河流沉降物对排入水中的金属类污染物有强烈的吸附作用，但是当水体 pH、Eh（氧化还原电位）等条件发生变化时，吸附的污染物又会释放出来，导致城市水环境重金属的进一步污染。

对于水环境重金属污染监测，一般采取生物监测方法。根据不同的目的和要求，可以采用不同的生物监测方法，如对重金属污染的生物动力学分析、对某一生态系统中特定物种体内重金属含量的分析、对受污染指示生物的酶活性和组织病理学分析、对藻类光合色素含量的分析等。除选择适当的监测方法外，指示生物的选择也很重要，应优先选取分布广泛、易养殖、有丰富背景资料的生物。该生物应是一种重要的水生生态群的代表，在食物链中占有稳定地位，能从周围环境中积累重金属元素，并且其体内的重金属浓度与环境重金属浓度之间存在简单相关的关系。一般用于监测水环境重金属污染的指示生物有：水生藻类植物、浮游动物和底栖动物（如贝类、螺）等。

一、水生藻类监测水体重金属污染

藻类是水体的初级生产者，在水生生态系统的食物链中起着十分重要的作用。重金属通过各种途径进入水体后，一旦被藻类吸收，将引起藻类生长代谢与生理功能紊乱，抑制光合作用，减少细胞色素，导致细胞畸变、组织坏死，甚至使藻类中毒死亡，改变天然环境中藻类的种类组成。利用藻类监测重金属的研究表明：同一种重金属由于价态、化合态和结合态不同，对藻类的毒性也不同，藻类对重金属的富集存在特异性。因此，利用藻类监测重金属污染可能存在特异性，藻类植物富集重金属的机理仍需进一步研究。

二、浮游动物监测水体重金属污染

浮游动物包括原生动物、轮虫、枝角类和桡足类等动物，是水生生态系统的重要组成部分。浮游动物中许多种类对环境的变化较敏感，同时具有积累和代谢一定量污染物的作用。通过研究一定生态系统中浮游动物的种类、组成、数量的变动以及生物量的分布，计算与分析污染指数和多样性指数等数据，从而评价水环境的污染程度。

三、底栖动物监测水体重金属污染

底栖动物包括淡水寡毛类、软体动物、甲壳动物和水生昆虫类。大型底栖动物具有分布广、行动能力差、生活史长、体形较大、易于辨认等特点，已成为水体污染指示生物的主要选择对象，尤其是双壳贝类，已被国内外广泛应用于评价重金属污染。

四、鱼类监测水体重金属污染

鱼类是水体中食物链的最高一级，其体内的污染物水平可以有效地指示水体中重金属污染的程度，相较水体重金属水平的分析，生物体的污染水平可以更为直接地反映环境污染对于生物产生的影响，这些影响的数据可以有效地支撑生态风险的评价和管理，以及环境健康监测和环境健康风险管控，是评价污染效应的直接手段。

五、其他生物方法监测水体重金属污染

当重金属过量时，动物细胞内会合成金属结合蛋白（metallothionein）作为防御机制。采用测定金属结合蛋白浓度的方法监测环境中的重金属变化，可以准确地判断进入生物体的重金属浓度，测定值直接反映了进入细胞内的重金属比例，排除了复杂因素的干扰，此项技术已应用于双壳贝类和鱼类的重金属毒性实验之中。

第五节 重金属富集及对生物生长发育的影响

一般来说，水生动物对于重金属的吸收，主要通过以下途径：①通过表皮细胞或鳃等从周围环境水域中直接吸收重金属；②通过动物摄食吸收或吸附重金属的颗粒状物质被消化和吸收，为食物链传递。以贝类为例，一般来说，通过上皮细胞膜吸附和转运重金属的过程，主要有以下四种模型。

载体蛋白调解的转运：金属离子通过与膜蛋白结合，转运到细胞膜的内侧，然后离开膜蛋白，并进一步与细胞内非扩散性的生物分子结合，最后停留在细胞内，这个过程不需要能量。即使细胞内的金属离子含量比外界高，金属离子仍能被动地进入细胞内。

蛋白质通道的转运：膜上的某些蛋白质通过一定形式形成蛋白质通道而横穿细胞膜，该通道的“壁”是由蛋白质的亲水端交织构成，而蛋白质的疏水端则面向细胞膜上的脂类物质，整个蛋白质通道是个亲水项的离子通道。重金属通过该蛋白质通道，沿着离子浓度梯度而被泵入细胞内，而离子浓度梯度是通过离子在细胞内与某种生物分子的不可逆结合，造成细胞内金属含量比外界低，或通过离子泵把细胞内的金属泵出而产生离子浓度梯度，能量支出由 ATP 等高能量化合物的消耗来提供。

被动地脂溶解的转运：重金属直接溶解于细胞膜上的脂类物中，然后被转运到细胞内。这种转运过程的金属存在形式一般为金属烷化合物。

细胞内吞的转运：细胞膜上一部分内陷，同时包裹着含金属颗粒，然后这个内陷包通

过细胞膜而进到细胞内，在细胞内形成了胞内小泡。

以海洋甲壳动物为例，重金属在其中的主要积累方式为：

甲壳动物对于外界重金属的吸收率随着外界水域中重金属含量的升高而增加，但其体内总金属的含量却维持在一定的范围内。

甲壳动物对于外界重金属的吸收率随着外界重金属浓度的升高而增加，且体内总金属含量与外界金属浓度呈显著相关。

甲壳动物对重金属的积累类型介于上述两种类型之间，即对重金属积累后，一部分重金属以解毒的方式储存于其体内，而另一部分被排除于体外。

近年来，一方面是甲壳动物对于重金属吸收的研究更偏向于水向吸收，但重金属几乎都通过水和颗粒物进入动物体内，只有这两种途径对重金属在海洋生物体内积累以及被食物链传递等的各自贡献率有所不同；另一方面是海洋甲壳动物对重金属的解毒机制研究较少。所以，对于甲壳类动物的重金属吸收和代谢方面的研究势在必行。

对于动物、植物和微生物来说，其生长与发育一般受到好多的重金属元素限制，表 4-9 中列出了一些常见的动植物和微生物受到的重金属元素影响。

表 4-9　重金属元素对生物的影响与富集

动植物及微生物		生长受到限制或能够吸收的主要重金属元素	生长受到限制或能够吸收的次要重金属元素
鱼类	鲮鱼	Zn、Al	无
虫类	中华稻蝗	Cd	无
软体动物	蜗牛	Ge、Pb、Cu	无
植物	烟草	Cd、Pb	无
	桧柏	Cd、Zn、Cu、Hg	Cr、Pb
	宽叶香蒲	Pb、Zn	无
	茶树	Zn	无
蛙类	中国林蛙	Hg	无
虾类	对虾	Hg、Cu、Cd、Zn、Pb	无
微生物	氧化冶铁硫杆菌	Cd、Ni、Cu、Zn	Cr
	氧化硫硫杆菌	Ni、Cu、Zn	Cd、Cr

河蚬在水体中分布广，生活期长，对部分有毒物质及重金属有很强的富集作用，并且能在一定程度上反映水体的污染程度，对环境变化具有一定的指示作用。河蚬是一种滤食性的动物，以水中的浮游生物（如硅藻、绿藻、原生动物和轮虫等）为食，对毒物有很高的浓缩系数。

影响河蚬对于重金属富集的一些影响因素，见表 4-10。河蚬主要能够富集的重金属元素为 Cu、Zn、Pb、Cd、Cr、Ni。而相对于 Pb 和 Cd 元素来说，河蚬对于其他四种重金属元素的吸收能力更加明显，并且研究发现，对于大部分重金属元素，河蚬在夏季的吸收能力平均大于秋季。研究发现，在 Cu、Zn、Cd 元素在 1μg/L 的浓度时，河蚬对于 Cd 元素的吸收能力较强，而在 10μg/L 时，吸收能力较弱。

表 4-10 河蚬对于各种重金属元素的富集能力

富集主要重金属	Cu	Zn	Pb	Cd	Cr	Ni
富集能力	强	强	弱	弱	一般	一般
季节累计趋势	夏＞秋	夏＞秋	不明显	不明显	夏＞秋	夏＞秋
对于 Cd 的吸收能力	1μg/L 弱 10μg/L 强	1μg/L 弱 10μg/L 强	无	1μg/L 弱 10μg/L 强	无	无

目前，河蚬作为生物监测指示物指示生物的现场检测和室内试验研究中，往往由于复杂的因素影响导致结果难以解释，而且由于急性致死或慢性中毒试验等生物监测的持续时间延长，较难用于实时监测。由于河蚬不仅拥有食用价值，而且对于一些疾病拥有一定的价值，所以，关于这一领域的研究也很有必要和价值。

对于藻类植物来说，在水体环境中对于金属元素的富集能力相对较高，并且水体环境中不光藻类植物具有吸收重金属元素的能力，底泥也具有相类似的作用。

根据松花江哈尔滨段 2014 年下半年的藻类植物与底泥相对重金属元素的探究得知（图 4-1），2014 年下半年中，藻类植物和底泥受到环境的一些影响，其丰度和底泥量是持续上升的，从表中数据也可得出：随着藻类植物丰度和底泥量的上升，重金属元素 Cu 和 Pb 的含量反而相对呈下降的趋势，这样说明藻类植物和底泥对于重金属元素的 Cu 和 Pb 的吸收是有一定的作用的。

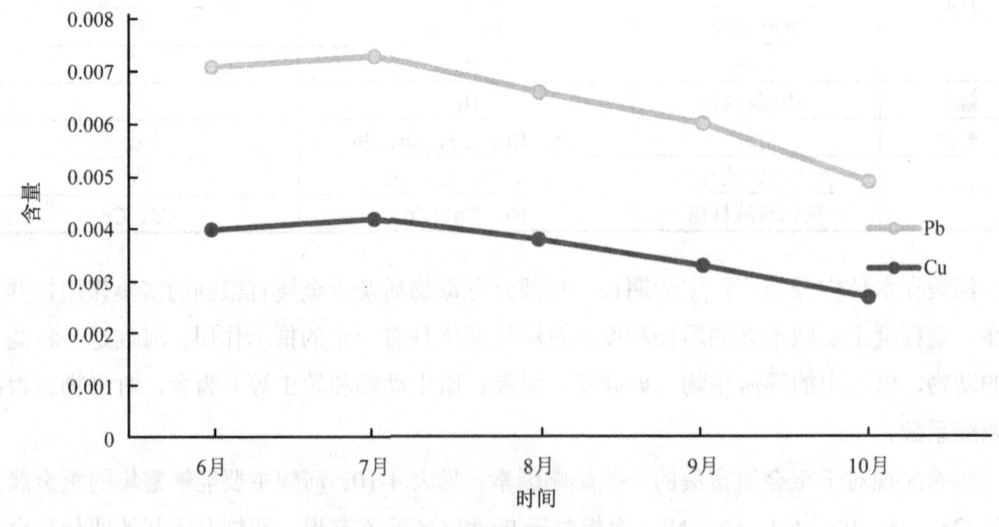

图 4-1 Pb 和 Cu 含量随时间变化趋势

水体中的Pb和Cu含量随着时间的变化而降低，一方面是受到了水体中底泥和藻类植物的吸附，但是从长时间的变化来看，藻类植物也会在积累重金属的过程中受到一定的毒害作用，从而衰老加速甚至死亡，所以如果运用藻类植物等来进行重金属元素的吸附和处理，需要掌握好一定的度，否则会事倍功半。由底泥、水体和藻类等组成的水系中，重金属可通过沉积、释放、积累和排泄等复杂过程构成其在生态系统内的迁移和转化。

除了水体重金属污染外，大气污染的环境效应也非常值得关注。对于大气的污染，苔藓植物是一种公认的指示大气污染的指示生物，由于其特殊的组织结构，使苔藓植物能有效反映大气污染的水平。苔藓植物对金属离子的吸附作用包括胞外离子交换吸附和胞内离子吸收两种形式。其中，苔藓植物对金属离子的胞外离子交换吸附是一个快速、主动的物理化学过程，不受苔藓生理活动的影响。将苔藓或地衣放在金属盐溶液中，不需要提供能量在数分钟内便开始进行离子交换。相反，苔藓对金属离子的胞内吸收则是一个缓慢的过程，随时间的增加，吸附量增多，此外其吸附速率还受温度及苔藓种类影响。一般苔藓植物并不将金属物质直接吸收到细胞中去，而是以离子交换或以微粒的方式将金属累积在细胞之外。苔藓植物受到重金属污染伤害时，叶片会产生明显的构造变化：①出现明显的黑斑或褐化现象；②叶片下表面产生特殊的银灰色光泽；③植物体内叶绿素遭破坏，导致苔藓植物叶片的褐化或白化；④苔藓类植物的叶片因叶细胞的破坏或崩溃，出现严重的黄萎症状；⑤长期污染下苔藓植物发生严重衰退，甚至消失。

以上这些都可见苔藓对于大气重金属污染的指示意义和对环境污染监控的价值。影响苔藓植物对大气重金属污染监测的因素主要有以下几个方面。

（1）苔藓植物种类

研究结果表明苔藓植物生态监测的灵敏度与苔藓植物的生活型有着密闭的关系。从垫状-层状-交织状-附生，其敏感度随之递增，例如，垫状丛生的金发藓科植物与成层生长的塔藓科植物对大气污染的反应较弱，树干附生的木灵藓植物反应较强。Chiaernezlli等对地衣的研究也表明，地衣中重金属含量与地衣种类及其形态结构特征有关，苔藓也与地衣相似，苔藓植物种类不同，其植物体内重金属的含量不同，这主要是因为：①苔藓植物体表面积不同，表面积越大，捕获颗粒态污染物的能力越强：②苔藓植物的表面结构特征不同，如多毛分枝结构等；③苔藓的持水力，持水力越强，越易吸附金属离子。

（2）暴露时间

苔藓植物在大气污染物中的暴露时间不同，苔藓体内的污染物含量不相同，暴露时间越长污染物含量越高。Grdenska K等的研究表明，苔藓植物体生长时间长的部分对某些金属元素的累积量更大。Jnoathna S等采用苔藓植物监测大气中的重金属，用于分析测定元素含量的苔藓材料只取其顶端部分，以使分析的苔藓植物样品在大气污染物中的暴露时间趋于一致，以减少由于暴露时间不同而造成的误差。

（3）含水量

苔藓植物对污染物的忍受能力与其含水量密切相关，干燥条件下的苔藓植物耐二氧化硫的能力比潮湿条件大。苔藓植物是含水量易变的植物，含水量低时，对污染物不十分敏感，含水量高时，新陈代谢活动比较旺盛，而苔藓又没有角质层和蜡质层的保护，从而成为敏感的类型。Syartt W.J 和 Wnasatll P.J 研究了细卷毛藓、台湾叉藓和卷叶藓等植物，在 0、20%、40%、60%、80%和 100%的相对湿度下，用 5 cm^3/m^3 的 SO_2 处理，发现 SO_2 对叶绿素的损害取决于湿度，湿度越大，损害越严重。但是在相同的条件下，细卷毛藓抗 SO_2 的浓度水平比其他种类高，他们认为，细卷毛藓具有相当高水平的叶绿素浓度和很高的 SO_2 转化效率，这就使其抗 SO_2 的污染能力比其他种大。Tadoa. H 在日本研究附生苔藓对 SO_2 的忍受能力时也得出相似的结论：在干燥条件下，苔藓植物耐 SO_2 能力比潮湿条件大。

（4）基质的影响

苔藓植物虽然主要从大气中吸收营养，但某些种类也可能受到基质的影响。不同污染区域的葫芦藓种群对 Cu 的忍受能力与原生境的 Cu 含量有关。苔藓植物不同的着生状况对大气污染的敏感度也存在差异，其敏感度从土生→石生→树干附生而递增，甚至相同的种类由于着生在不同的基质上，对大气污染反应的敏感度也明显不同，如柳叶青藓，生于石墙时对二氧化硫的忍受浓度为 0.002 cm^3/m^3，而生于树干时仅为 0.000 4 cm^3/m^3，这种附生苔藓植物生态监测的高敏感度与附生苔藓植物的生物学特性密切相关。附生苔藓植物个体小、叶表面积大，与空气的接触面大，易受污染物的干扰；叶多为单层细胞构成，污染物可以从叶片背腹两面直接侵入细胞，每个细胞所含污染物的平均浓度大于其他高等植物；附生苔藓植物不直接与土壤接触，因而不受土壤 pH 的影响，而且由于其整个生活周期的全部水分和养料来自雨水或空气中的凝结水，其中往往含有经过浓缩的污染物。另外，由于附生苔藓植物大多为多年生植物，全年受到大气污染物的影响。因此用作生物监测评价大气污染状况的苔藓，最好采用附生型苔藓做监测评价材料，以避免因环境因子影响而造成的分析困难。但项汀等（1989）的研究表明，在实际工作中，附生型苔藓常难采集，所以在环境条件一致的情况下，可用其他生长类型的苔藓（如土生型苔藓）代替。

（5）其他影响因素

影响苔藓植物吸收和积累污染物的因素还有距污染源距离、风、pH、生长形状、生长阶段以及生长季节等。此外，苔藓植物也能通过形态变化和排泄作用等对污染产生抗性。

综上所述，可以表明生物体对于重金属的富集或者吸附与环境污染水平有着非常密切的关系，生物体重金属的监测和分析对于监测和评价不同类型环境介质中重金属污染的水平和对生态环境产生的影响效应是非常有利的技术手段。相关监测技术的发展对于支撑环境生态风险评价和监管以及环境健康的监测和评价都有着非常重要的意义，并且可以与环境介质（水、气）的监测形成有效的交互支撑，以便更全面、更合理地阐释环境问题及其影响。

第六节 生物中重金属监测技术的支撑作用

由于重金属污染具有生物累积性、生物链间迁移性、长期性等特点，仅针对非生物环境介质的污染监测框架和分析技术体系已经不能满足我国重金属污染控制的管理要求，以及对环境质量和人类健康安全的评价需求。生物介质中的重金属污染程度不清楚，无法进行完整有效的环境重金属污染状况调查。因此，当前迫切需要建立生物监测的思路框架及配套的技术方法，客观反映生态系统中重金属污染的发展变化情况，为环境污染防治管理工作和未来环境发展规划等决策提供科学的支持。

截至目前，我国仅颁布了海洋沉积物质量标准（GB 18421—2001）（表 4-11），其中对海洋水体的保护目标划分为三类。第一类：适用于海洋渔业水域、海水养殖区、与人类食用直接有关的工业用水区；第二类：适用于一般工业用水区，滨海风景区；第三类：适用于港口水域和海洋开发区。但是尚未建立针对河流湖泊等水环境和大气环境中的生物体重金属监测技术方法体系及相关标准，为确保对流域水体的有效监控，亟须构建生物体中重金属监测技术方法，包括生物的采样技术和分析技术。生物组织中重金属元素的测定方法，相关文献和可参考的方法里有推荐相关常用的测定方法[石墨炉原子吸收法（GFAAS）、电感耦合等离子体质谱法（ICP-MS）、原子荧光光谱法（FAAS）、电感耦合等离子体发射光谱法（ICP-AES）、冷原子吸收法等]，这部分内容相对比较成熟，但是对于消解体系不同的研究和方法推荐了多种消解方式和样品制备方式[硝酸+双氧水、硝酸+双氧水+高氯酸的体系、硝酸+高氯酸、硝酸+盐酸或者硝酸+硫酸的体系（多用于是食品中水产品的测定）]，其各有优缺点；而且目前还没有用于组织污染的代表性生物样品的采集方法，以及没有针对苔藓类植物体内重金属的分析方法，所以针对生物体中重金属分析方法的研究非常重要。

表 4-11 海洋生物质量标准限值

标准名称	元素	标准值
海洋生物质量标准 GB 18421—2001	总汞	第一类 0.05mg/kg；第二类 0.1mg/kg；第三类 0.3mg/kg
	镉	第一类 0.2mg/kg；第二类 2.0mg/kg；第三类 5.0mg/kg
	铅	第一类 0.1mg/kg；第二类 2.0mg/kg；第三类 6.0mg/kg
	锌	第一类 20mg/kg；第二类 50mg/kg；第三类 100（牡蛎 500）mg/kg
	铜	第一类 10mg/kg；第二类 25mg/kg；第三类 50（牡蛎 100）mg/kg
	铬	第一类 0.5mg/kg；第二类 2.0mg/kg；第三类 6.0mg/kg
	砷	第一类 1.0mg/kg；第二类 5.0mg/kg；第三类 8.0mg/kg

国内外对重金属的毒性、检测方法及重金属在生物体内的富集以及它沿各种途径造成对人体的危害等各方面都非常关注，有关这些方面的研究和报道很多，但这仅仅是个开始，随着经济的快速发展，环境污染日趋严重，对重金属产生的危害问题必须进行更进一步的探讨和研究，有效利用各类环境介质中生物指示生物体内的积累数据，为环境生态风险评估和管理以及环境健康风险评价和管控等工作提供重要的信息，以求得到掌握和解决各类环境污染效应问题的一个妥善的解决办法。

参考文献

[1] 金蓝. 环境生态学[M]. 北京：高等教育出版社，1992.

[2] Maanan Mi. Biomonitoring of heavy metals using Mytilus galloprovincialis in Saficoastal waters，Morocco[J].Environ Toxicol，2007，22（5）：525-531.

[3] 谢湘筠，林勇斌，柯才焕，等. 重金属铅、镉对方斑东风螺幼体的急性毒性试验[J]. 漳州师范学院学报（自然科学版），2007，20（4）：93-96.

[4] 王瑞龙，马广智，方展强. 铜、镉、锌对唐鱼的急性毒性及安全浓度评价[J].水产科学，2006，25（3）：117-120.

[5] 隋国斌，杨凤，孙丕海，等. 铅、镉、汞对皱纹盘鲍幼鲍的急性毒性试验[J]. 大连水产学院学报，1999，14（1）：22-26.

[6] 董德明，刘亮，高明，等. 自然水体生物膜、悬浮颗粒物和沉积物吸附铅、镉的热力学参数比较[J]. 吉林大学学报（地球科学版），2006，36（5）：847-850.

[7] 邹淑美，秦学祥. 海洋生物对无机污染物的吸收、富集和转移[J]. 海洋环境科学，1990，9（3）：55-61.

[8] 周辉明，吴志强，袁乐洋，等. 三种重金属对鲤鱼幼鱼的毒性和积累[J]. 南昌大学学报（理科版），2005，29（3）：292-295.

[9] Hunt J W，Anderson B S.Sublethal effects of zinc and municipal effluents on larvae of the red abalone Haliotis rufescens[J]. Marine Biology，1989，101（4）：545-552.

[10] 刘亚杰，王笑月. 锌、铜、铅、镉金属离子对海湾扇贝稚贝的急性毒性试验[J].水产科学，1995，14（1）：10-12.

[11] 谭树华，邓先余，蒋文明，等. Cr^{6+}和 Hg^{2+}对克氏原螯虾的急性毒性试验[J]. 水利渔业，2007，27（5）：93-95.

[12] Kow Lim Lam，Po Wai Ko，Judy Ka-Yee Wong，et al.Metal toxicity and metallothionein gene expression studies in common Carp and Tilapia[J].Marine Environmental Research，1998，46（1-5）：563-566.

[13] 王志铮，吕敢堂，许俊，等.Cr^{6+}、Zn^{2+}、Hg^{2+}对凡纳滨对虾幼虾急性毒性和联合毒性研究[J]. 海洋水

产研究，2005，26（2）：6-12.

[14] 高淑英，邹栋梁，厉红梅. 汞、镉、锌和锰对日本对虾虾仔的急性毒性[J]. 海洋通报，1999，18（2）：93-96.

[15] 江敏，臧维玲，姚庆祯，等. 四种重金属对罗氏沼虾仔虾的毒性作用[J]. 上海水产大学学报，2002，11（3）：203-207.

[16] 张华，郑淑梅，郭绒霞，等. 砷[J]. 国外医学：医学地理分册，1998，19（3）：118-119.

[17] 谢正苗，廖敏，黄昌勇. 砷污染对植物和人体健康的影响及防治政策[J]. 广东微量元素科学，1997，4（7）：17-21.

[18] 石元值，等. 茶树中镉、砷元素的吸收累积特性[J]. 生态与农村环境学报，2006，22（3）：70-75.

[19] 孔涛，李小兵，刘国文，等.重金属离子单克隆抗体及免疫检测研究进展[J].中国畜牧兽医，2009，36（9）.

[20] 许嘉琳，杨居荣. 陆地生态系统中的重金属[M]. 北京：中国环境科学出版社，1996.

[21] Inza B，Ribeyre F，Boudou A. Dynamics of cadmium and mercury compounds（inorganic mercury or methy mercury）：uptake and depuration in Corbicula fluminea. Effect of temperture and pH[J].Aquatic Toxicology，1998，43：273-285

[22] 马藏允，刘海.几种大型底栖生物对 Cd、Cn 和 Cu 的积累实验研究[J].中国环境科学，1997，17（2）：151-155

[23] 吕海燕，曾江宁. 浙江沿岸贝类生物体中 Hg、Cd、Pb 和 As 含量的分析[J]. 东海海洋，2001，19（3）：25-31.

[24] Rainbow P S，Wolowiczm，Flalkowski W，et al. Biononi toring of trace metals in the gulf of Gdansk，using Mussels（Mytilus Trossulus） and Bamacles（Balanus Improvisus）[J]. Water Research，2000，34（6）：1823-1829.

[25] Soucek D J，Schmidt T S，Cherry D S. In situ stuides witn Asian clams（Corbicula fluminea）detect acid mine draingage and nutrient inputs in low-order treams[J].Canadian Journal of Fisheries and Aquatic Sciences，2001，58（3）：602-608.

[26] Fraysse B，Baudin P，Laplace J G，et al. Effects of Cd and Zn waterbome exposure on the uptake and depuration of ^{57}Co，^{110}Ag and Cs by the Asian clam（Corbicula fluminea）and the zebra mussel（Dreissena polymorpha） whole organism study[J].Environmental Pollution，2002，118：297-306.

[27] Roditi H A，Fisher N S，Wilhelmy S A S. Field testing a metal bioaccumulation model for Zebra Mussels[J]. Environmental Scinece and Technology，2000，34（13），2817-2825.

[28] Wang D，Couillard Y，Campebll P G，et al. Changes in sbucelluar metal part it ionining in the gills of freshwater bivalves（Pygan odon grandis） living along an environmental cadmium gradient[J].Canadian Journal of Freshseries and Aquatic Scineces，1999，56，（5）：774-784.

[29] 黄玉琴，龙文博. 镉对江蚬 Corbicula flumininalis（Mller）碱性磷酸酶的影响[J].福建师范大学学报，1995，11（2）：74-78.

[30] 赖德荣. 镉污染对翡翠扇贝碱性磷酸酶的影响[J]. 海洋学报，1983，5（2）：230-235.

[31] Swee T，Clark J，Stephen L. Enzymatic and histopathologic biomarkers as indicators of contaminant exposure and effect in Asian clam（Potamocorbulaamurensis）[J]. Biomarkers，1999，4（6）：256-264.

[32] 浩云涛，李建宏. 椭圆小球藻（*Chlorella ellipsoidea*）对四种重金属的耐受性及富集[J].湖泊科学，2001，13（2）：158-162.

[33] Herbert E A，Carol B，Thomas D B. An algal assay method for determination of copper complexation capacities of natural waters [J].Bull Environ Contam Toxicol，1983，30（3）：448-455.

[34] Kaladharan P，Keller A E. Inhibition of primary production as induced by heavy metal ions on phytoplankton population of Cochin[J].Indian J Fish，1990，37（1）：51-54.

[35] 况琪军，夏宜诤，惠阳. 重金属对藻类的致毒效应[J].水生生物学报，1996，20（3）：277-283.

[36] Wang W. Factors affecting metal toxicity（and accumulation by） aquatic organism overview[J].Environ Int，1987，30（3）：437-457.

[37] Fisher N S，Reinfel J R. Metal speciation and biovailability in aquatic systems[M].New York：Wiley，1995：363-406.

[38] Perceval O，Alloul B P. Cadmium accumulation and metalbthionein synthesis in freshwater bibalves（Pyganodon grandis）：relative infulence of the metal exposure gradient versus limnological varibility[J].Environmental Pollution，2002，118：5-17.

第五章 环境中铅和汞化学形态分析研究进展

第一节 环境中汞化学形态分析研究进展

一、引言

汞是对人类和高等生物最具危害的元素之一，我国《重金属污染综合防治规划（2010—2015年）》将汞列入五种第一类重点防控重金属中。汞在环境中主要以元素汞、无机汞和有机汞的方式存在，无机汞有一价和二价两种形态，一价汞几乎不溶于水，在环境中不稳定，容易转化为元素汞和二价汞，有机汞主要有甲基汞、乙基汞和苯基汞等。汞的生物毒性与其在环境中的化学形态密切相关，有机汞的毒性远大于元素汞和无机汞，甲基汞是毒性最大的有机汞，易于穿透生物膜且通过食物链聚集。人体血液中甲基汞的含量超过0.2 μg/g 时就会出现中毒症状。甲基汞曾给人类环境健康带来重大危害，著名的“八大公害事件”中，发生在日本的水俣病事件就是由于人们食用了被甲基汞污染的海产品而引起的。20世纪70年代，全球就已经禁止有机汞应用于农业生产。世界卫生组织（WHO）和美国国家环境保护局（USEPA）均规定普通居民每日甲基汞的摄入量应不超过0.1μg/kg。我国也对鱼及其他水产食品中的甲基汞含量进行了限定。

目前，就有机汞形态的分析方法而言，我国仅有两个相关国家标准方法，一个是《环境 甲基汞的测定 气相色谱法》（GB/T 17132—1997）只涉及甲基汞的测定，是基于带有电子捕获检测器的气相色谱法，另一个是《水质 烷基汞的测定 气相色谱法》（GB/T 14204—1993），适于测定水中的甲基汞和乙基汞，这两个方法都缺乏选择性且灵敏度低，因此实用性比较差。随着环境监测技术的发展，一些新型原理的方法也逐步得到了应用，如2009年福建省出台了地方标准方法《环境样品中甲基汞、乙基汞及无机汞高效液相色谱-电感耦合等离子体质谱法（HPLC-ICP-MS）测定》（DB35/T 895—2009），但应用并不广泛。国际上，美国 EPA 关于水样中甲基汞的分析方法 method 1630 是目前受到广泛认可和应用的汞形态分析方法，其原理为含有甲基汞的水样经蒸馏、乙基衍生化和吹扫捕集等处理后，转化为元素汞后通过冷原子荧光光谱测定。

在汞化学形态的标准物质方面，目前关于环境中介质汞形态的标准参考物质已基本完善，如 IAEA-433 海洋沉积物（国际原子能机构）、ERM-CC580 河口沉积物（欧盟标准参考物质）、NRC DORM-4 鱼蛋白、DOLT-3 鱼肝、TORT-2 龙虾肝脏（加拿大国家研究中心）、NIST SRM 2976 肌肉组织、2977 肌肉组织（美国国家标准和技术研究所），为汞化学形态分析方法的深入研究奠定了坚实基础。

本节综合国内外相关文献，系统介绍了目前用于汞化学形态分析的环境样品的采集、保存、前处理、分离和检测等各个环节的技术现状，并展望了高灵敏度和高选择性联用技术在汞化学形态监测分析中的应用前景。

二、用于汞形态分析的环境样品的采集和保存

在汞化学形态的研究中，稳定性是值得考虑的关键问题。在样品的保存过程中，某些化学形态的汞可能发生转化或降解，因此，测定结果很容易偏离实际。只有采用合理的保存方法，并在有效的保存时间内对汞形态样品进行及时分析，才能获得准确可靠的分析数据。

（一）水样的采集和保存

我国国标方法《环境 甲基汞的测定 气相色谱法》（GB/T 17132—1997）规定，地面水、生活饮用水、生活污水、工业废水样品均使用聚乙烯塑料桶采集，加硫酸铜稳定，并用盐酸或氢氧化钠调节水样 pH 为 3。

美国国家环保局 EPA-245.7 草案法规定了测定总汞的天然水样品的保存方法，采集好的样品经 0.45μm 乙酸纤维膜过滤后按每升水样加入 5 mL 浓 HCl 的比例对水样进行酸化处理，样品保存之前，需用洁净的去离子水冲洗样品瓶的外壁，并用洁净的棉布擦干，然后放入洁净的聚乙烯塑料袋中，0～4℃条件下可稳定保存 30 天。

值得注意的是，加酸保存的水样，Hg 仍可能附着在水中有机物质中以及容器壁上而损失，适宜的办法是在测定样品 24 h 前，于样品中加入少量的 $KBrO_3/KBr$ 溶液，或在测定样品前多次摇动样品容器瓶以使附着的 Hg 重新溶解于水样中。

蒋红梅等给出了用于分析甲基汞的水样的采集和保存方式：采样瓶为聚四氟乙烯或硼硅玻璃材料，采样瓶在 65～75℃的浓 HNO_3 中浸泡 48h 以上，冷却后用超纯水清洗 3 遍，然后装满 1%的 HCl 溶液。盖紧瓶盖置于干净的烘箱中，于 70℃过夜。冷却后再用超纯水清洗 3 遍，然后装满 0.4%的 HCl 溶液，置于超净工作台中使其外壁干燥，然后包上双层

塑料袋置于木箱中备用，采样后48h内，淡水样品按照1L水样中加入4 mL的11.6 mol/L HCl溶液比例进行保存，海水样品（Cl^-＞500×10^{-6}）以1L水样中加入2 mL的9 mol/L H_2SO_4溶液比例进行保存，且需将处理好的样品瓶放在密封塑料袋里，阴凉黑暗处保存。

（二）土壤样品的采集和保存

有机汞土壤样品的采集和一般土壤样品采集手段类似，使用采样铲采集土壤，装入塑料袋中密封，阴凉干燥处保存，自然风干。黄志勇等将样品采回实验室后经50℃干燥24h，再用玻璃研钵磨细，过80目筛后备用。

（三）沉积物样品的采集和保存

采集湖水、水库等深水中的沉积物，一般采用冲击式采样器采集，采样管选用有机玻璃或聚四氟乙烯，样品在惰性氛围进行分割，同时置于离心管或塑料袋内密封。较浅水体河床沉积物，可采用抓斗式采泥器采集，塑料采样瓶收集。样品在实验室内离心脱水后，置于−20～−40℃冰箱内保存。样品干燥采用阴凉通风处风干或冷冻干燥。

三、分析汞形态的环境样品的前处理技术

在环境样品中，汞含量很低，分离检测前的样品预富集十分必要，采用的富集手段主要有液-液萃取、固相萃取、固相微萃取、蒸馏法、酸浸提、碱消解、超临界流体萃取、微波辅助萃取等。

（一）水样的前处理技术

1．蒸馏法

蒸馏法用于水样中有机汞的分离富集，与溶剂萃取相比它的回收率较高。蒋红梅等采用蒸馏-乙基化法测定了天然水体中的甲基汞。对水样进行蒸馏的目的是消除基体干扰，通过对蒸馏瓶加热（控制温度为145℃）使气相中的甲基汞随氮气进入接收瓶（冰浴冷却）。乙基化的目的是将水样中不同形态的汞在有$NaBEt_4$存在且pH为4.9的条件下，转化为挥发性更强的烷基汞衍生物，从而更容易从水样中分离，最终将烷基汞富集到Tenax管上，富集完成后进行脱附分解，脱附分解后的烷基汞随后进入加热分解石英管，石英管内温度为700～900℃，在此温度下，烷基汞分解为汞蒸气，随后使用测汞仪测定Hg^0间接得到甲基汞浓度，但这种方法水样中原本存在的无机汞容易引起正干扰。

2．固相萃取法

固相萃取（SPE）是一种可同时对样品中的有机化合物进行萃取、浓缩及纯化的前处

理技术，具有有机溶剂用量少、对环境污染小、自动化程度高、节省人工、萃取效率高等优点。固相萃取汞化合物最常用的方法是巯基棉富集技术。巯基棉具有极大的表面积，可与汞化合物充分结合。巯基棉通常被固定在小柱中，水样通过巯基棉后，汞化合物富集在巯基棉上，Lee 等用 2 mol/L HCl 淋洗，苯萃取后采用气相色谱（带有 ECD 检测器）检测。Cai 等用酸性 $KBr/CuSO_4$ 淋洗，二氯甲烷反萃取后通过 GC/AFS 测定。研究还发现，样品酸度、离子强度、溶解有机碳等均对萃取效率有影响。用溴离子比氯离子性能更佳，因为生成的溴化烷基汞比氯化烷基汞在有机相和水相中有更强的分配系数。刘保献等利用多通道并联方式的固相萃取，以及巯基棉在一定酸性（pH 为 3～5）条件下能定量吸附甲基汞的原理，经两步浓缩，采用气相色谱（带有 ECD 检测器）方法测定饮用水中痕量甲基汞。方法精密度较高，重现性较好，当水样采样体积为 1.0 L 时，方法检出限达 0.03 ng/L，能很好地满足饮用水中甲基汞监测的要求。

3．固相微萃取法

固相微萃取（solid phase microextraction，SPME）是在固相萃取基础上发展起来的新型萃取分离技术，分为直接萃取、顶空萃取和衍生化萃取几种操作模式，适用于气、液及固态样品的预处理。由于该法既不使用溶剂，也不需要复杂的仪器设备，并且具有简便快速、无污染等特点，一经出现，就得到迅速发展。近年来，SPME 在金属及有机金属的形态分析领域应用广泛，SPME 的使用，降低了形态分析的检测限，扩大了样品的检测范围，表现出很强的发展潜力。Cai 等建立了乙基衍生化-固相微萃取法结合气相色谱质谱法测定水中甲基汞的方法。该研究采用四乙基硼酸将水相中的甲基汞和 Hg^{2+} 衍生为甲基乙基汞和二乙基汞后，使用聚二甲基硅氧烷（PDMS）萃取纤维头，在顶空固相微萃取和直接固相微萃取两种方式下对甲基乙基汞和二乙基汞，取 20 mL 样品测定时，检测限为 7.5 ng/L，采用直接固相微萃取法取 1.5 mL 样品测定时，检测限为 6.7ng/L。

（二）土壤和沉积物样品的前处理技术

1．　酸浸提

土壤和沉积物中富含矿物质、硫化物、氨基酸和蛋白质等，这些物质中所含的巯基与汞化合物的结合非常牢固，必须加入氢卤酸（盐酸和氢溴酸）或有机酸（柠檬酸、抗坏血酸、草酸和半胱氨酸）和络合剂将汞化合物从土壤和底泥中释放出来，形成烷基汞卤化物，从而能溶解在甲苯或氯仿等有机溶剂中。史建波等处理沉积物的方法是向 2g 沉积物内加入 5 mL 水和 4 mL $KBr/CuSO_4$（3∶1）振荡过夜后用二氯甲烷萃取后进 GC-AFS 进行测定。刘现明将沉积物置于稀盐酸溶液中离心获得甲基汞浸出液，利用苯萃取和半胱氨酸反萃取，使甲基汞得以浓缩和净化。取 10g 沉积物样品利用气相色谱-电子捕获器检测，最小检出量为 0.81×10^{-6}。

Hempel 等比较了各种酸从土壤中萃取不同汞化合物的效率，具体数据详见表 5-1。由表 5-1 可以看出，只有盐酸和乙酸可以同时将甲基汞和乙基汞从土壤中定量地萃取出来，碘化钾-抗坏血酸虽可有效浸提土壤中的甲基汞，但萃取乙基汞的效率相对较低，只有 32%。

表 5-1 各种酸对土壤中不同有机汞化合物的浸提效率

有机汞化合物	甲基汞/%	甲氧基乙基汞/%	苯基汞/%	乙基汞/%	乙氧基乙基汞/%
盐酸	80	7	0	86	0
碘化钾-抗坏血酸	78	0	33	32	0
草酸	0	0	4	0	0
乙酸	83	0	50	60	0
半胱氨酸	36	0	0	0	0

2．碱消解

碱消解主要针对生物样品或（富含有机物的）沉积物样品。由于底泥中含有大量有机物质，用酸-有机溶剂萃取会发生严重的乳化现象，产生大量的泡沫，增加了萃取时间和萃取难度。而且，酸浓度过高时会导致甲基汞的分解。碱消解法可以有效地把甲基汞从沉积物中萃取出来。

常用的碱消解试剂有氢氧化钾、氢氧化钾-甲醇、四甲基氢氧化铵、四甲基氢氧化铵-甲醇，可对土壤和沉积物样品的甲基汞进行萃取，并不破坏原有的 C—Hg 键。Hovert 等用 25%氢氧化钾/甲醇（KOH/CH_3OH）溶液消解底泥，不仅减少了萃取时间，而且减少了萃取过程中产生的泡沫，使得萃取溶液比较均匀。

3．微波辅助萃取

微波辅助萃取可以借助有机溶剂将甲基汞从总汞中分离出来，和传统萃取技术相比，微波辅助萃取具有速度快、使用溶剂少的优点。孙谨等选择 6 mol/L HCl 作为溶剂，超声 2h，以二氯甲烷萃取，再以水反萃，稀释后直接测量甲基汞的含量。此方法可以同时测定总汞和甲基汞，检出限为 0.01ng/mL，所得回收率为 80%～97%。

4．超临界流体萃取

超临界流体萃取是利用兼有气体渗透能力和液体分配作用的超临界流体作为萃取剂，将目标组分从液体或固体等复杂的样品中萃取出来，流出液中的溶剂在常压下挥发，待测物通过溶剂溶解后进行分析。目前萃取有机汞常用的超临界流体为二氧化碳。Lorenzo 等应用超临界二氧化碳流体对沉积物中的甲基汞进行了萃取和净化，具体实验步骤如图 5-1 所示。这种方法的优点是高度自动化，化学试剂使用少，萃取时间短，但对于高含量碳酸盐的沉积物样品，该方法不能适用。

同时，该研究对酸浸提、微波辅助萃取和超临界流体萃取这三种前处理方法进行了比较分析，详见表 5-2。

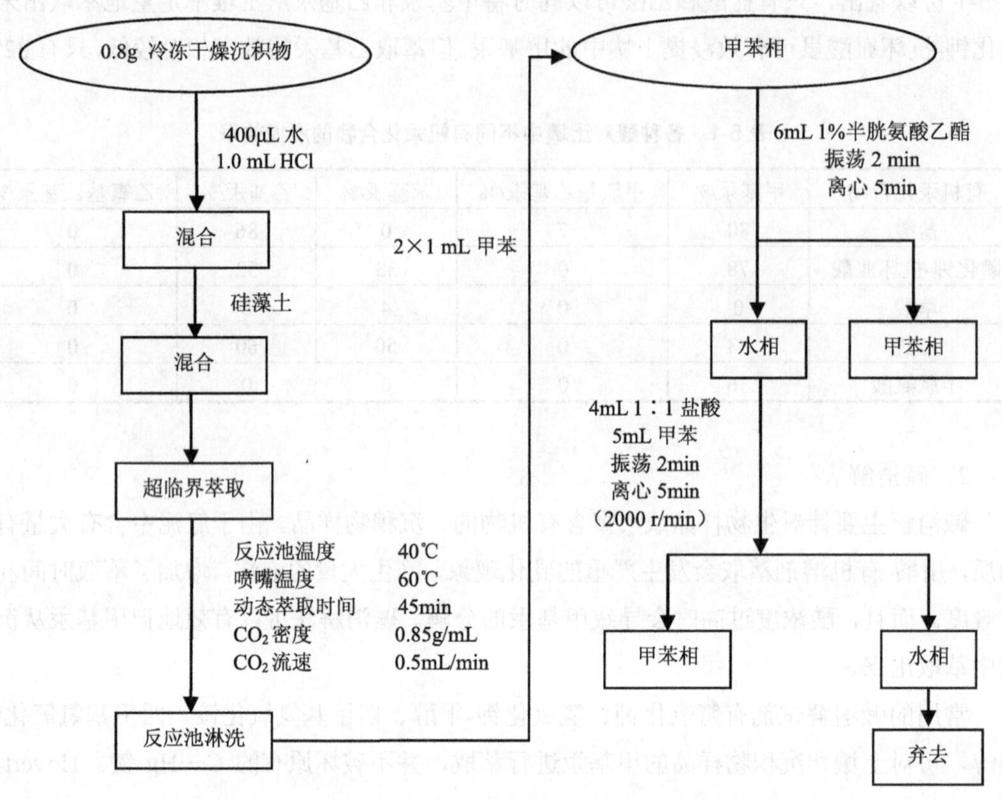

图 5-1 沉积物中甲基汞的超临界流体萃取和净化程序

表 5-2 几种前处理方法的比较

前处理方式	萃取效果	耗时	有机溶剂用量	受基质影响	GC-ECD 分析难易程度
酸浸提	一般	2～3 h	多	明显	易
微波辅助萃取	较好	10 min	少	不明显	易
超临界流体萃取	一般	50 min	极少	明显	难（有杂质峰）

5．固相微萃取法

何滨等用氢化物发生顶空固相微萃取法富集了农田土壤中的甲基汞和乙基汞，并以毛细管气相色谱-原子吸收法进行了测定。使用 SPB-1 毛细管柱在 4 min 内实现了氢化甲基汞和氢化乙基汞的分离。分离后的组分经原子吸收测定，甲基汞和乙基汞的检测限分别为 23ng 和 17ng，线性范围分别为 0～20 μg 和 0～16 μg，RSD（n=6）为 2.9%和 3.8%，回收率分别为 93.8%和 94.7%。方法操作简便，无有机溶剂污染，可用于复杂基体中有机汞的分离测定。

四、汞形态的分析测定技术

分离方法与元素选择性检测器在线联用是目前汞化学形态分析的发展趋势，气相色谱法、高效液相色谱法、离子色谱法和毛细管电泳法联用原子光谱法或是电感耦合-等离子体质谱法日益受到重视。

（一）气相色谱法

气相色谱用于汞的形态分析是较为广泛的一种分离方法。气相色谱法具有明显的优点，如高灵敏度、高选择性、高效能、速度快、应用范围广、所需试样量少，但在进行分离前必须首先把液态汞形态转化成气态汞形态才能进行检测分析。汞的各种形态中元素汞和甲基汞易于挥发，而其他的几种形态包括二价汞、乙基汞和苯基汞等均不易挥发，因此必须将汞的这些形态转化为挥发性强的组分，常用的方法是柱前衍生。Fernadez 等采用 GC-ICP-MS 检测分析了生物样品中的甲基汞和无机汞，同时还对格林试剂丁基化衍生、$NaBEt_4$ 水相中乙基化衍生和 $NaBPr_4$ 丙基化衍生三种衍生方法进行了比较。三种衍生方法处理后，甲基汞和无机汞的 GC-ICP-MS 绝对检出限分别在 220～600 fg 和 90～190 fg，其中乙基化衍生效果最好。

在我国，应用气相色谱法对汞形态进行分析，其中 GC-ECD 应用较多。在环境监测领域，主要依据国家标准《环境 甲基汞的测定 气相色谱法》（GB/T 17132—1997）对该项目进行测定。但国标方法中需要自制巯基棉且使用填充气相色谱柱，操作步骤复杂，效率较低，费时费力，且易带来误差。朱霞萍等应用毛细管气相色谱法测定了生物样品中的痕量甲基汞，用 5g/L 的 L-半胱氨酸为萃取溶剂，微波辅助萃取后将萃取液用盐酸酸化，再用苯反萃取后用毛细管气相色谱（电子捕获器）进行测定，所得线性范围是 0.1～1.0ng，检出限为 0.064ng，实际样品的加标回收率在 95.5%～102%。

电子捕获器的灵敏度较高、操作简便，但是其选择性较差，并受多种因素的干扰，任何带电负性的组分都有可能对测定结果产生干扰，因此对所用化学试剂和进入电子捕获器的被测组分纯净度的要求相当高，检测时需要较复杂的提纯和萃取过程。

作为常规实验室广泛使用的质谱（MS）检测器，通过选择离子模式（SIM）具有定性准确、灵敏度高、选择性好等优点，在汞形态化合物的分析研究工作中也逐渐引起人们的重视。Maria 等采用同位素稀释 GC/MS 法（电子碰撞电离方式）检测甲基汞的同时，还一并分析了丁基锡、二丁基锡和三丁基锡，而且，该方法与外标法和标准加入法相比具有更好的准确度和精密度。

（二）液相色谱法

液相色谱适用于不易挥发的形态分离分析，对于有机金属形态分析，液相色谱比气相色谱更具有优势。高沸点化合物不需要经过衍生就可以直接分离，分离可以在较低的温度下进行，更适用于分离热稳定性差的组分。

高效液相色谱的特点在于样品的预处理比较简单，无须进行衍生化反应便可直接进行汞形态分离，避免了在预处理衍生化过程中可能产生的甲基汞形态转化问题。到目前为止，用液相分离汞化合物主要采用 RP-HPLC 模式，以硅胶键合做固定相，流动相通常需要优化 pH 条件，并且加入修饰剂，或者螯合剂或者离子对试剂（如 2-巯基乙醇、吡咯二硫代氨基甲酸盐和 L-半膀氨酸）。但是高效液相色谱方法的灵敏度不高，且由于液体的扩散性比气体小 10^5 倍，溶质的传质速率慢，通常要考虑其柱外区域的扩张，因此在痕量汞形态分离检测中具有一定的局限性。

颜雪等应用碱消解结合 HPLC 同时测定了土壤中的无机汞和甲基汞，由于该种方法选用的是紫外检测器，需经衍生才能达到测定目的，在优化的检测条件下，土壤样品中无机汞和甲基汞的检出限分别为 1 ng/g 和 10 ng/g。其实，目前关于液相色谱分析汞化学形态的报道更多的是其和一些高灵敏检测技术联用的方法，如原子荧光光谱、原子吸收光谱、电感耦合等离子体质谱以及电感耦合等离子体-原子发射光谱等。

（三）毛细管电泳色谱法

毛细管电泳是一种新型分离技术，与色谱分离相比，毛细管电泳的样品与固定相之间没有干扰，可用于分离不同化学形态的金属离子和各种无机阴离子，而且样品需样量少，试剂耗费少，分离模式多，运行成本低廉。因为水相中有机汞化合物的离子化程度低，几乎不带电荷，为了达到不同形态汞化合物的毛细管电泳分离，一般在进样前需选择合适的衍生试剂对汞化合物进行衍生处理。对于用紫外-可见检测器的毛细管电泳分离来说，衍生处理不仅可以提高汞化合物的紫外光吸收能力，还可以使带电荷少或者不带电荷的汞化合物转化为带负电的衍生物，增强其水溶性。常用的衍生试剂主要有两种：含巯基的化合物和金属离子络合剂。

Medina 等以半胱氨酸作为衍生试剂，以碱性硼砂为缓冲溶液，采用毛细管电泳技术成功分离了甲基汞、乙基汞和苯基汞。Liu 等分别用金属离子络合剂氨三乙酸（NTA）、三乙烯四胺六乙酸（TTHA）、乙二胺四乙酸（EDTA）作为衍生试剂，对 Hg（Ⅰ）和 Hg（Ⅱ）进行络合，成功实现了二者的毛细管电泳分离。卢瑞宏应用毛细管电泳法对汞化学形态进行了分离，使用 50 cm 长，75 μm 内径的毛细管，选择 60 mmol/L 硼酸-10%甲醇缓冲溶液（pH=8.8），20 kV 电压下实现了无机汞和甲基汞 L-半胱氮酸络合物的基线分离。

毛细管电泳典型的检测器是紫外-可见检测器，其灵敏度低，抗干扰能力差。CE 与其他检测器如原子吸收光谱仪、原子荧光光谱仪和电感耦合等离子体质谱仪的联用，可以有效地提高汞形态分析的灵敏度和选择性。

（四）元素选择性检测器在线联用技术

1．原子光谱法

原子光谱法被广泛应用于汞的总量分析和汞的化学形态分析，原子发射光谱法（AES）、原子吸收光谱法（AAS）和原子荧光光谱法（AFS）是目前比较常用的与气相色谱或液相色谱联用的终端检测器，具有元素针对性强的优势。原子发射光谱仪，具有消耗试样量少、灵敏度高、受谱线和基体的干扰小且易消除、选择性好等诸多优点。原子荧光光谱仪具有很低的检测限，因此灵敏度很高，且原子荧光分析校准曲线线性范围广，通常可达 3～5 个数量级。由于原子荧光的辐射强度与激发光源成正比例关系，所以采用新的高强度光源可进一步降低其检测限。梁立娜等用 KBH_4 做还原剂，冷蒸气发生-原子荧光光谱法测定化工废水中的无机汞和总有机汞，汞的检测限为 8.2ng/L，此法具有简便、准确、灵敏、快速的特点。

史建波等设计了在线气相色谱和原子荧光联用的测定设备，且优化了进样口温度、载气流速、尾吹气流量及氩气流量等实验条件。研究得出甲基汞（MMC）和乙基汞（EMC）的绝对检出限可达 0.005 ng。对于 10 ng/mL MMC 和 EMC 标准溶液，连续 5 次进样测得精密度（RSD）分别为 2.5%和 1.3%。对标准参考物（DORM-2）的分析结果与标准值一致。对两沉积物样品进行甲基汞的加标回收实验，回收率分别为 70%和 77%。

尚晓虹等应用液相色谱与原子荧光联用技术测定水产品中的甲基汞，采用无毒的半胱氨酸代替有毒试剂巯基乙醇作为流动相中的配位剂，流动相组成为 5%（体积分数）乙腈-1 g/L 半胱氨酸-50 mmol/L 乙酸铵水溶液，使汞化合物分离时间缩短至 8 min。甲基汞标准曲线的线性范围为 1～50 μg/L，检出限（$S/N=3$）为 0.3 μg/L。

殷学锋等应用液相色谱与冷原子吸收联机技术对不同形态的汞进行测定，同时应用了在线固相萃取预富集，结合硼氢化钠在线还原和加热热解，最终得到四种形态汞（甲基汞、乙基汞、苯基汞和二价汞）的检出限分别为 0.86 ng/L、1.94 ng/L、1.06 ng/L 和 1.92ng/L，此外，还对样品进行了加标回收实验，回收率为 92%～106%。

原子光谱仪的缺点是对所用化学试剂和被测组分的浓度有一定要求，当待测元素的浓度过低时，会由于发射谱线深浅程度与背景相差不大而难以得到辨析；当待测元素的浓度过高时，则会发生自吸甚至自蚀现象，导致测定结果的误差加大。

2．电感耦合等离子体质谱法

目前形态分析检出限最佳的是色谱与电感耦合等离子体质谱（ICP-MS）联用方法。电感耦合等离子体质谱仪（ICP-MS）是 20 世纪 80 年代发展起来的分析测试技术，它以独特的接口技术，将 ICP 的高温电离特性与质谱计灵敏、快速扫描的优点结合起来，形成一种新型的元素和同位素分析技术。色谱柱通过灵活的传输管线延伸到 ICP 炬管，被分离的样品直接由热的气流带入等离子体中，完成 ICP-MS 与气相色谱的联用。GC-ICP-MS 联用技术应用于分析检测甲基汞时，具有较低的检测限、较高的灵敏度、准确性以及多元素、多同位素同时测定的优点，如果采用同位素稀释法，还可以同时追踪检测过程中甲基汞的形态转化。虽然该仪器的价格比较昂贵，但是在汞化学形态检测领域仍具有广阔的发展和应用前景。

张兰等将高效液相色谱法与电感耦合等离子体质谱法串联，对四种不同形态的有机汞（二价汞、甲基汞、乙基汞和苯基汞）进行了分离，四种不同化学形态汞的检出限分别是 0.022 ng/mL、0.022 ng/mL、0.028 ng/mL 和 0.041ng/mL。何艺青等应用该方法对防城港市海类产品中的二价汞、甲基汞、乙基汞和苯基汞进行了实际测定，获得了可靠结果。相对其他方法，高效液相色谱与电感耦合等离子体质谱联用法具有更低的检出限、更宽的线性范围、相对少的干扰，并且，HPLC-ICP-MS 接口简单、应用范围广泛、前处理过程简便，利于待测样品原始形态保持不变。

近年来，随着技术的发展产生了毛细管电泳-电感耦合等离子体质谱（CE-ICP-MS）联用技术，同时这种方法也因其高分离效率、低样品消耗和低检出限等优点在汞的化学形态分析中备受关注。李保会等基于低流速雾化器（micro mist）和随意拆卸接口的毛细管电泳（CE）-电感耦合等离子体质谱联用技术，成功分析了不同形态的汞。其中，CE分离毛细管为45 cm ×75 μm 石英熔融毛细管，电解质溶液为30 mmol/L H_3BO_3-10% CH_3OH（pH=8.7），分离电压为22. 5 kV。甲基汞和无机汞的检出限（3σ）分别是47 μg/L和48 μg/L。

（五）汞形态化合物各联用分析技术的对比

综合相关文献和报道，对汞形态化合物各联用分析技术的优缺点进行了总结和比较，详见表5-3。

表 5-3 汞形态联用分析技术的优缺点比较

联用技术	优势	不足
GC-ICP-MS	气体黏度小，渗透性强，传质快，柱效高	需要衍生，繁琐费时，接口复杂
HPLC-AFS	不受挥发性和稳定性影响，接口相对简单	元素需转化为氢化物，不能做多元素同时分析
HPLC-ICP-MS		流动相中盐和有机溶剂的引入易造成 ICP-MS 盐沉积和记忆效应
CE- ICP-MS	使用水相，对环境污染小，样品需求量少，分析时间短，适用范围广，可在线富集	稳定性和重现性差

五、展望

目前，基于相关环境质量标准和控制标准的需求，我国对于环境中汞形态的监测仅限于甲基汞和无机汞，对于其他汞形态化合物的检测和分析几乎是空白，只有为数不多的环境监测站涉足汞化学形态分析的研究工作，而且也只是起步阶段。

总体而言，关于有机汞分析的环境样品的采集与保存的标准和方法还很缺乏；关于有机汞分析的环境样品的前处理和分离检测手段虽然较多，但尚无文献对各种体系和方法进行全面系统的比较研究；并且，针对有机汞形态分析各环节的质量保证和质量控制措施与技术研究也还比较匮乏。

目前，我国环境监测系统在研的烷基汞相关方法标准，主要以全自动烷基汞分析系统为分析手段，其基本原理为：采用吹扫和Tenax捕集技术，将液体中的烷基汞衍生物进行吹扫并通过捕集阱富集，然后对捕集阱进行快速加热，烷基汞衍生物被解析后随载气进入气相色谱，经色谱柱分离后高温裂解还原，最后通过冷原子荧光检测器检测烷基汞的含量。2007年，美国Brooks Rand 公司基于美国EPA 1630，推出了商品化的全自动烷基汞分析系统。随后，美国安普科技中心也推出了相似的烷基汞分析仪器。目前，我国环境监测站主要配置的也是这两款仪器。

今后，在汞形态分离方面，研究分离机理、发展色谱柱技术并探索不同的分离方式十分必要。在汞形态测定方面，各种联用技术对于提高测定的灵敏度和选择性具有重要意义。随着环境监测技术水平的不断发展和环境监测需求的不断提高，高灵敏度和高选择性的方法，如高效液相色谱或是毛细管电泳与电感耦合等离子体质谱仪的联用技术，只要解决好仪器的接口设计，在我国环境监测领域将会有广阔的应用前景。

第二节 环境中铅化学形态分析研究进展

一、引言

由于人类活动及现代工业、交通业的发展，几乎在地球上的每个角落都能检测出铅。矿山开采、金属冶炼、汽车废气、燃煤、油漆、涂料、化妆品以及电子废品等都是环境中铅的主要来源。

自然界中的铅会不断迁移、转化，因而有多种存在形态。不同形态、价态的铅，其毒性差异很大。Cremer 通过研究，给出了不用形态铅化合物对老鼠的毒性作用，见表 5-4。

表 5-4 不同形态铅化合物对老鼠的毒性比较

化合物名称	剂量/（mg/kg 体重）	中毒方式	老鼠数量/个	死亡数/个
四乙基铅	20	静脉注射	4	4
	15			0
三乙基铅	15	喂食	4	4
	11			2
二乙基铅	40	喂食	2	0
醋酸铅	100	静脉注射	4	0

作为广泛使用的汽油抗爆剂四烷基铅中的四甲基铅、四乙基铅是最主要的铅污染源。汽油在燃烧过程中，铅会随着汽车尾气直接排放入大气污染环境。有机铅进入人体后，最突出的特点是在人体软组织停留时间较长，通过各器官的吸收，可触发癌变。人体内过量沉积铅的后果是神经系统的破坏和智力的明显下降。Bouton 等采用基因芯片技术，通过铅暴露情况下星形胶质细胞的基因表达深入研究了铅的毒害作用。日本、美国分别于 1987 年和 1996 年实现了汽油无铅化。我国也在 2000 年开始分阶段、分地区逐步实施汽油无铅化，规定汽油中铅含量小于 0.005g/L。有机铅化合物具有热不稳定性，其转化规律一般是：由四甲基铅转化为三甲基铅，继而转化为二甲基铅和一甲基铅，最终转化为无机铅。四乙基铅是剧毒物质，毒性比无机铅的毒性大 100 倍。四乙基铅的中毒机理尚不十分清楚，目前认为主要是分解产物三乙基铅起作用，而且三乙基铅的毒性比四乙基铅大 100 倍，相比较而言，四甲基铅急性毒性较四乙基铅低。

为了全面评估铅对环境和健康的影响，对各种铅形态进行分析测定对于预测铅的环境污染的可能性和程度，以及采取何种措施避免污染，具有重要的现实意义。目前，我国对于环境中有机铅形态的监测也仅限于四乙基铅，《地表水环境质量标准》（GB 3838—2002）将四乙基铅列为特定项目之一，其标准限值为 0.1μg/L。同时，该标准推荐采用《生活饮用水标准检验方法》（GB/T 5750.6—2006）中的双硫腙目视比色法测定四乙基铅，该方法需使用高挥发性的纯溴和剧毒试剂氰化钾，而且操作繁琐，易受干扰，检测灵敏度低，不能满足实际监测需要。如何准确、便捷地检测水体中的低浓度四乙基铅以满足实际监测需要，依然是环境监测领域的一个重要研究方向。

铅的化学形态分析主要是分析和测定样品中铅的无机态离子和有机态络合物的浓度，所以要求测试方法灵敏度高、专一性强，而且在分析过程中还要尽量避免原有的形态平衡被破坏。目前主要是结合萃取分离和富集技术，再联用高灵敏度检测仪器进行铅形态的测定。

本节综合国内外相关文献，系统介绍了环境介质中铅化学形态分析样品的采集、保存、前处理和测试技术，阐述我国开展铅化学形态监测存在的问题及其意义。

二、用于铅形态分析的环境样品的采集和保存

在铅化学形态的研究中，稳定性是值得考虑的关键问题。在样品的保存过程中，因吸附或挥发等原因造成损失或是发生形态转变，很可能影响分析结果的准确性，甚至得出错误的结论。因此，样品的采集和储存方法对于铅的形态分析极为重要，如何使不同形态的铅化合物在分析测定前保持原有的存在形式和形态是铅形态监测分析需首要解决的问题。

（一）水样的采集和保存

水中四乙基铅的溶解度不高，在强光照射下会逐步分解成无机铅，故应用棕色玻璃瓶采集样品，采样时不得留有顶上空间和气泡，水样采集后应尽快萃取分析，若不能及时分析，应在4℃冰箱中避光保存，但保存时间不能超过7天。

（二）土壤样品的采集和保存

采样铲采集土壤，装入塑料袋中密封，阴凉干燥处保存，自然风干。也可参照Quevauviller等采集保存城市灰尘的方法，将样品采回实验室后，过500μm筛去除大块的杂物，然后自然风干4～5天。经球磨机球磨3 min后，进一步过80μm筛。取约600g过筛后的样品置于1kg的玻璃罐中冷冻干燥20h以确保样品的均匀稳定。

（三）沉积物样品的采集和保存

采集湖水、水库等深水中沉积物，一般采用冲击式采样器采集，样品在实验室内离心脱水后，置于冰箱内冷冻保存。样品干燥采用阴凉通风处风干或冷冻干燥。

纵览铅化学形态分析的相关文献，以分析测定技术的文献居多，而涉及样品采集和保存环节的文献寥寥可数，还很不全面。样品采集和保存方法的完善是实现铅化学形态监测分析的一个重要环节，因此，对于铅化学形态稳定性的各类影响因素还有待加强研究，如样品保存器皿的材质、保存温度、保存时间以及样品的pH等。

三、分析铅形态的环境样品的前处理技术

环境样品一般基体复杂，干扰严重，而且铅的含量很低，一般在mg/L至μg/L水平，甚至达到ng/L，无法直接分析测定，需要采用物理或化学的方法对环境样品进行分离和富集。从某种意义上来讲，提取与富集的方法是否有效，决定了测定结果的可靠性。传统方法有液液萃取、吸附和蒸馏等。近些年来，新的方法不断涌出，如固相萃取、固相微萃取

和微波萃取等，并且获得越来越多的应用。

（一）液液萃取

液液萃取方法经典，四乙基铅的有机物特性使得可以采用经典的液液萃取方法进行分离和富集。文献中多使用三氯甲烷和二氯甲烷对水中四乙基铅进行多次萃取，杨丽莉等根据四乙基铅脂溶性强的特点，以二氯甲烷、乙酸乙酯、正己烷、环己烷等不同极性的溶剂进行萃取试验，结果表明，正己烷的萃取效果最好，而且毒性较小。

而对于离子烷基铅，如采用液液萃取的方式，需经衍生化过程转化成为四烷基铅化物后再选用合适的溶剂进行萃取。例如，Bergmann 等选择四丁基硼酸四丁基铵作为衍生试剂，对水样中的三甲基铅、二甲基铅、三乙基铅、二乙基铅和 Pb^{2+}丁基化衍生后，再采用正己烷萃取 2 次。其中，水样的 pH 和衍生化试剂的质量浓度是衍生效率的主要影响因素。当 pH＜3 时，由于四丁基硼酸的快速分解导致铅化合物的衍生化不完全；当 pH＞7 时，有机铅的衍生效率随着 pH 的升高而降低甚至降为 0，因此，衍生化的最佳条件为弱酸性。

（二）固相萃取

固相萃取（solid phase extraction，SPE）是目前萃取水中有机化合物应用较多的一种分离富集技术，因此该方法也可用于分离环境样品中的有机铅化合物。填料是固相萃取技术的核心，选择对有机铅化合物具有适中吸附性的 SPE 柱填料是确保检测准确的前提，当然针对同一种目标物，也可以选择不同的填料，但是要注意方法的调整。目前用于分析有机态铅常用的吸附剂有 C18、硅胶和活性炭，C60 富勒烯柱也陆续被研究使用。Baena 等给出了一种简单的采用 C60 富勒烯柱固相萃取水环境样品中铅化合物的筛选方法。有机铅和无机铅化合物与二乙基二硫代氨基甲酸形成络合物后吸附于 C60 富勒烯柱上。对于无机铅络合物，因具有较好的溶解性，采用异丁基甲基酮作为淋洗液可获得较高的洗脱效率。而对于烷基铅络合物，采用正己烷作为淋洗液洗脱效率更高。如果 C60 富勒烯柱预先采用正己烷活化，采用异丁基甲基酮作为淋洗液也可以达到较好的洗脱效果。

（三）固相微萃取

固相微萃取（solid phase microextraction，SPME）是在固相萃取基础上发展起来的新型萃取分离技术，因具有简便快速、无污染等特点，一经出现，就得到迅速发展。近年来，SPME 在金属及有机金属的形态分析领域应用广泛，SPME 的使用，降低了形态分析的检测限，扩大了样品的检测范围，表现出很强的发展潜力。帅琴等建立了顶空固相微萃取与气相色谱/质谱（GCMS）联用测定水样中四甲基铅和四乙基铅的方法，研究发现采用聚二甲基硅氧烷（PDMS）萃取纤维头测得的峰面积信号比采用聚丙烯酸酯（PA）萃取纤维头测得的峰面积信号可提高约 5 倍，并且当水样中添加 50%的甲醇时萃取效率最高，四甲基铅与四乙基铅的检出限分别为 5.19 μg/L 和 1.05 μg/L。Maria 等采用固相微萃取与原子吸收联用技术测定了汽油和水中的四乙基铅，方法简单，重复性较好，5 次平行测定浓度为 10 ng/mL 四乙基铅的加标样品，RSD 达到 6%。

（四）微波萃取

微波萃取（microwave assisted extraction，MAE）是指在微波能的作用下，用有机溶剂将样品基体中的待测组分溶出的过程。早期用于无机样品的分离，现在应用范围扩展到有机化合物。因此，可用于土壤、沉积物和生物等样品中有机铅化合物的分离。Chen 等开发了含有不同形态铅化合物的贝类样品的微波提取方法，把准确称量的 0.5000 g 贝类干组织样品置于 30 mL 的聚四氟乙烯管中，加入 10 mL 50%（体积分数）的甲醇缓冲溶液（70 mmol/L H_3BO_3 和 17.5 mmol/L $Na_2B_4O_7$），盖上盖子旋紧放入微波萃取仪里，在 70℃，400 W 的条件下提取 5 min，提取溶液降到室温后通过 0.22 μm 微孔滤膜过滤分离，残留物重复上述过程两次，得到有机铅提取溶液。剩余的残留物使用 10 mL 0.5 mol/L 的乙酸在相同的实验条件下微波辅助提取无机铅化合物。合并有机铅和无机铅萃取液后氮吹至近干，使用少量运行缓冲液（pH=8.85，70 mmol/L H_3BO_3，17.5 mmol/L $Na_2B_4O_7$，0.4 mmol/L CTAB 和 2%甲醇）稀释定容。该微波提取方法有效，在不改变铅形态的前提下，能够高效地提取贝类中的痕量铅化合物、Pb^{2+}、三甲基铅和三乙基铅的回收率为 91%～104%，平行 6 次样品测定，其 RSD 在 5%以内。

总体而言，传统的铅总量测定往往采用破坏性的样品前处理方法，使用强酸或者强碱在高温、高压等苛刻的条件下使样品全部消解，然后进行测定。但是铅的形态分析既要将各种铅形态化合物从复杂的基体中定量转移出来，又不能引起形态上的转化，因此相对铅的总量分析处理，铅形态分析的提取方法一般都较为温和。

四、铅形态分析的联用分析技术

分光光度法易受干扰，选择性差，检出限在 10^{-6} 以上；电化学法的灵敏度和选择性不够高，无法定量萃取出所有的烷基铅离子；气相色谱法无法直接分析不易挥发且热稳定性差的二烷基铅，对于热稳定性差且会与气相色谱柱发生反应的三烷基铅以及强极性的无机铅离子的分析更是无能为力。

到目前为止，用来分析铅形态的主要分析技术都是基于分离技术和元素选择性检测器的联用。其中，色谱分离与光谱检测联用技术既发挥了色谱法分离效果好、光谱检测灵敏度高的优点，又可以进行元素形态分析，是形态分析技术领域的主流。主要包括色谱法与紫外-可见分光光度法（UV）、原子吸收光谱法（AAS）、质谱法（MS）、等离子体原子发射光谱法（ICP-AES）、电感耦合等离子体质谱法（ICP-MS）的联用等。另外，毛细管电泳用于形态分析也是一个重要的研究方向。

（一）气相色谱联用技术

挥发性和热稳定好的化合物适合用气相色谱分离，离子烷基铅和 Pb^{2+} 必须经衍生转化成为易挥发的四烷基铅化物，才能通过气相色谱技术分离检测。目前，采用格林试剂衍生铅化合物非常有效，丙基化、丁基化和苯基化衍生都已成功用于气相色谱分离铅形态化合物。基于格林试剂的衍生，分析环境样品中铅化合物的研究已有许多报道。Bergmann 等对水样中的三甲基铅、二甲基铅、三乙基铅、二乙基铅和 Pb^{2+} 丁基化衍生后经正已烷萃取，以三甲基戊基铅作为内标，采用 GC-AAS 对各铅化物进行了成功分析。Baena 等用格林试剂衍生无机铅、二烷基铅和三烷基铅，采用正已烷萃取后，通过 GC-MS 联用分析检测无机铅、二烷基铅和三烷基铅，检出限达到 1～4ng/L，并成功用于雨水样品的分析。Heisterkamp 等建立了 GC-AES 联用技术分析检测水样和泥炭样品中有基铅化合物的分析方法，该方法以四丁基硼酸四丁基铵作为衍生试剂，在 pH 为 4 的乙酸/乙酸钠缓冲液中，三甲基铅、二甲基铅、三乙基铅和二乙基铅生成丁基化衍生物后被正已烷萃取，与格林试剂的烷基化衍生效果相当，检出限达到亚 ng/L 水平。研究发现，在 pH 为 4 的条件下，有机铅形态化合物通过酸浸提从样品基质中脱附出来，然后经丁基化衍生被正已烷萃取，所有反应过程可同步发生，只需 15 min。在该反应体系中，缓冲体系的 pH 条件至关重要。当 pH 低于 4 时，各有机铅形态化合物虽然可以获得更好的浸出效率，却降低了丁基化衍生效率，尤其是二甲基铅。并且，浸出和衍生过程不再同步进行，反应时间明显延长。Yan 等以丁基溴化镁作为衍生试剂，以三丙基氯化铅作为内标，建立了同时分析检测多种汞和铅化合物的 GC-ICP-MS 联用技术，四甲基铅、四乙基铅、三甲基铅和 Pb^{2+} 的方法检出限（3σ）分别为 0.07 pg/g、0.06 pg/g、0.04 pg/g 和 7.0 pg/g。Giuseppe 等采用四乙基硼酸钠对三乙基铅和三甲基铅进行衍生，顶空-固相微萃取有机铅的乙基化衍生物后，GC-MS 联用检测其含量，检测限可达到 ng/L 水平。Leal-Rranadillo 等用 GC-ICP-MS 方法测定大气降尘中的烷基铅时，各种形态的检测结果分别为每微升样品含 3.2fg 三甲基铅、2.4fg 二甲基铅、1.8fg 三乙基铅、9fg 二乙基铅，检测限可达到 pg/m^3 水平。

（二）高效液相色谱联用技术

和气相色谱相比，高效液相色谱分离技术表现出诸多优势，如在室温下即可实现样品分离，对非挥发性物质无需衍生化即可直接分析等，大大减少了样品预处理时间，因此更适合于形态分析。早期较成熟的联用技术是HPLC与紫外吸收光谱联用，李世荣等研究了地表水中四乙基铅的液相色谱分析方法，水中四乙基铅经二氯甲烷萃取浓缩后，用高压液相色谱柱分离，在280nm 波长处检测，方法检出限为0.02 μg/L。Bushee等建立了柱后在线连续液液萃取——HPLC（UV）分析检测有机铅化合物的方法，三甲基铅、三乙基铅和二苯基铅的检出限分别为0.08 mg/L、0.14 mg/L和0.3 mg/L。随着接口技术的发展，HPLC能够与各种检测器联用，铅形态分析技术也得到了快速发展。Blais等建立了离子烷基铅化合物的柱后乙基化衍生 HPLC-AAS 联用分析方法，三甲基铅、二甲基铅、三乙基铅和二乙基铅等通过形成四亚甲基二硫代氨基甲酸铵配合物的方式被分离并乙基化后，经吹扫、气化进入AAS的石英管进行测定。整体而言，UV和AAS的灵敏度相对较低，不能满足铅含量较低的环境样品的检测要求，近年来，HPLC-ICP-MS 联用技术成为人们关注的焦点，它结合了HPLC的高分离能力和ICP-MS的高灵敏度，更加适合铅元素的形态分析。1992年Al-Rashdan等建立了梯度洗脱HPLC与ICP-MS联用检测无机铅、三甲基铅、三苯基铅和四乙基铅的分析方法，四种铅化合物的检出限分别为 0.37 ng、0.14 ng、0.17 ng和3.9ng。Ebdon等用IDA（同位素稀释）-HPLC-ICP -MS 测定雨水中的铅形态，三甲基铅的检测限为3ngPb/g，三乙机铅的检测限为14ngPb/g。Chang等以C18色谱柱为固定相，含0.2%（体积分数）2-巯基乙醇、1 mg/L EDTA 和174.2 mg/L1-戊烷磺酸钠和12%（体积分数）甲醇的混合溶液（pH=2.8）作为流动相，采用HPLC-ICP-MS联用技术，建立了同时分离检测无机铅、三甲基铅、三乙基铅和三种汞化合物的方法，铅化合物的检出限在0.1～0.3 μgPb/L之间。研究发现，流动相中加入1 mg/L EDTA后由于$[Pb\text{-}EDTA]^{2-}$络合离子的形成，无机铅与三甲基铅的分辨率得到明显提高；1-戊烷磺酸钠的加入仅对铅化合物的分离起作用，并不影响汞化合物的分离，三甲基铅和三乙基铅的保留时间随着1-戊烷磺酸钠浓度的增加而增加；而2-巯基乙醇的加入则恰恰相反，仅改善汞化合物的分离，对铅化合物的分离改善不明显；铅化合物和汞化物的保留时间随甲醇含量的增加而增加，但是当甲醇含量超过12%时，汞和甲基汞的分辨率就会降低。同时，还研究了流动相pH对各化合物分离的影响情况，实验发现，三甲基铅与三乙基铅的保留时间随流动相pH的升高而延长，综合考虑汞化合物更好的分离效果和铅化合物更短的分离时间，确定流动相pH为2.8。

（三）毛细管电泳联用技术

毛细管电泳分离铅化合物的研究相对比较少。胶束电动毛细管电泳（MEKC）具有分离中性和带电物质的能力，已被用于有机铅化合物的分离检测。Ng 等用β-环糊精修饰的SDS胶束溶液成功分离了三甲基铅和三乙基铅化合物，在210 nm处通过紫外吸收检测器进行检测，三甲基铅和三乙基铅的检出限分别为 20pg 和 8pg。研究同时发现，加入β-环糊精可明显改善峰形，SDS胶束与烷基铅的相互作用使得疏水性相对强的三乙基铅化合物在三甲基铅化合物之后迁移流出。Liu 等采用氨基三乙酸作为离线衍生试剂，通过生成有紫外吸收（200nm）能力的衍生物，采用 SDS 胶束电动毛细管色谱分离了无机铅、三甲基铅、三乙基铅和三苯基铅。同时，在综合考虑缓冲溶液的 pH、SDS 与氨基三乙酸浓度等影响因子的基础上建立了理论模型以阐述分析物的迁移性。Li 等采用氯二氟甲烷作为溶剂对烷基铅固体样品进行了超临界流体萃取后，在 pH 为 7.0～8.5 的条件下利用胶束毛细管电泳对三甲基铅和三乙基机铅化合物进行了分离和检测。上述关于铅形态化合物的胶束毛细管电泳研究都是采用紫外检测器，灵敏度低，因此高灵敏度的 CE-ICP-MS 联用技术得到了更好的应用。Lee 成功建立了无机铅、三甲基铅和三乙基铅的 CE-ICP-MS 联用方法，铅化合物的检出限在 0.2～0.6 ngPb/mL。其中，CE 分离毛细管为 70cm ×75μm 石英熔融毛细管，施加分离电压+26kV，电泳缓冲溶液为含有 10 mmol/L 十二烷基硫酸钠（SDS）、0.2 mmol/LEDTA 和 2%（体积分数）甲醇的三相溶液（pH=8.25）。采用该方法 10 min 内即可实现三种铅化合物的分离检测，简单可行。在有机铅形态化合物的毛细管电泳分析中，缓冲溶液的 pH 是非常重要的影响参数，它通过影响电渗流从而影响各有机铅形态化合物的迁移时间和分辨率。同时，缓冲体系、分离电压、进样时间、毛细管柱等也都是影响有机铅形态化合物分离效果的关键因素。

五、展望

目前，基于相关环境质量标准和控制标准的需求，我国对于环境中铅形态的监测仅限于四乙基铅和无机铅，对于其他铅形态化合物的检测和分析几乎是空白，只有为数不多的环境监测站涉足铅化学形态分析的研究工作，而且也只是刚刚起步处于摸索阶段。

为了正确评估我国不同铅化学形态的污染状况与环境健康风险，亟须建立和研究铅化学形态的监测分析方法。同时，铅化学形态监测工作的开展对于相关标准的制定和修订，铅污染的控制与调查工作也具有深远的意义。

参考文献

[1] Li Y，Yan X P，Dong L M，et al. Development of an ambient temperature post-column oxidation system for high-performance liquid chromatography on-line coupled with cold vapor atomic fluorescence spectrometry for mercury speciation in seafood [J]. J Anal At Spectrom，2005：467 - 472.

[2] Capelo J L，Maduro C，Mota A M. Advanced oxidation processes for degradation of organomercurials：determination of inorganic and total mercury in urine by FI-CV-AAS [J]. J Anal At Spectrom，2004，19：414 - 416.

[3] Tu Q，Johnson W，Buckley B. Mercury speciation analysis in soil samples by ion chromatography，post-column cold vapor generation and inductively coupled plasma mass spectrometry [J]. J Anal At Spectrom，2003，18：696-701.

[4] Clarkson T W. The three modern faces of mercury[J]. Environmental Health Perspectives，2002，110（Suppl 1）：11-23.

[5] Mergler D，Anderson H A，Chan L H M，et al. Methymercury exposure and health effects in humans：a worldwide concern[J]. A Journal of the human Environment，2007，36（1）：3-11.

[6] Clarkson T W. The toxicology of mercury[J].Critical Reviews in Clinical Laboratory Science，1997，34（4）：369-403.

[7] Jitaru P，Adams F. Toxicity，sources and biogeochemical cycle of mercury[J]. Phys IV France，2004，121：185-193.

[8] EPA 1630. Methyl Mercury in Water by Distillation，Aqueous Ethylation，Purge and Trap，and CVAFS，EPA-821-R-01-020，January 2001[S].

[9] Havezov I. Atomic absorption spectrometry（AAS）-a versatile and selective detector for trace element speciation [J]. Fresenius J Anal Chem, 1996，355：452-456.

[10] Yu LP，Yan XP. Factors affecting the stability of inorganic and methylmercury during sample storage[J]. Trends in Analytical Chemistry，2003，22（4）：245-253.

[11] AhmedR，Stoeppler M. Storage and stability of mercury and methylmercury in sea water[J]. Analytica Chzmica Acta，1987，192：109-113.

[12] Brito E M S，Guimaraes J R D. Comparative tests on the efficiency of three methods of methylmercury extraction in environmental samples[J]. Appl Organometal Chem, 1999，13：487-493.

[13] Lee Y H，Mowrer J. Determination of methylmercury in natural waters at the sub-nanograms per litre level by capillary gas chromatography after adsorbent preconcentration[J]. Analytica Chimica Acta，1989，221：259-268.

[14] Cai Y，Jaffe R A l，li A，et al. Determination of organomercury compounds in aqueous samples by capillary gas chromatography-atomic fluorescence spectrometryfollowing solid-phase extraction[J]. Analytica Chimica Acta，1996，334：251-259.

[15] Arthur C L，Pawliszyn. Solid phase-with thermal desorption using fused silica optical fibers[J]. J Anal Chem，1990，62（19）：2145-2148.

[16] Cai Y，Bayona J M. Determination of methylmercury in fish and river water samples using in situ sodium tctraethyl borate derivatization following by solid phase microwave extraction and gas chromatography-mass spectrometry [J] . Journal of Chromatography A，1995，696：113-122.

[17] 刘现明，谢立国. 苯萃取-气相色谱法测定沉积物中的甲基汞[J] . 海洋环境科学，1996，15（2）：

32-34.

[18] Hempel M，Hintelmann H. Wilken R D．determination of organic mercury species in soils by high-performance liquid chromatography with ultraviolet detection[J]. Analyst，1992，117（3）：669-672.

[19] Lorenzo R A，Vazquez M J，Carro A M，et al. Methylmercury extraction from aquatic sediments[J].Trends in analytical chemistry，1999，18（6）：410-416.

[20] Armstrong H E L，Corns W T，Stockwell P B，et al. Comparison of AFS and ICP-MS detection coupled with gas chromatography for the determination of methylmercury in marine samples[J]. Analytica Chimica Acta，1999，390：245-253.

[21] Harrington C F. The speciation of mercury and organomercury compounds by using high-performance liquid chromatography[J]. Trends in analytical chemistry，2000，19（2-3）：167-179.

[22] Jitaru P，Adama F C. Speciation analysis of mercury by solid-phase microextraction and multicapillary gas chromatography hyphenated to inductively coupled plasma-time-of-flight-mass spectrometry [J]. J ChromatogrA，2004，1055：197-207.

[23] Fernandez R G，Bayon M M，Garcia J I，et al. Comparison of different derivatization approaches for mercury speciation in biological tissues by gas chromatography/inductively coupled plasma mass spectrometry[J]. Journal of Mass Spectrometry，2000，35：639-646.

[24] Giuseppe C，Elisa BG，Ignacio GA，et al. Isotope dilution SPME GC/MS for the determination of methymercury in tuna fish samples [J]. Journal of Mass Spectrometry，2006，41：77-83.

[25] Maria J M，Jaime P A，Pabio R G，et al.Simultaneous determination of monomethylmercury，monobutyltin，dibutyltin and tributyltin in environmental samples by multi-elemental-species-specific isotope dilution analysis using electron ionisation[J].Journal of Mass Spectrometry，2006，41：1491-1497.

[26] 梁立娜，江桂斌. 高效液相色谱及其联用技术在汞形态分析中的应用[J]．分析科学学报，2002，18（4）：338-343.

[27] Liu W，Lee H K. Use of triethylenetetraminehexaacetic acid combined with field-amplified sample injection in speciation analysis by capillary electrophoresis[J]. Analytical chemistry，1998，70：2666-2675.

[28] Liu W，Lee H K. Simultaneous analysis of lead，mercury and selenium species by electrophoresis with combined ethylenediaminetetraacetic acid complexation and field-amplified stacking injection[J]. Electrophoresis，1999，20：2475-2483.

[29] Quevauviller P，Wang Y，Harrison R M. Interlaboratory study for the quality control of trimethyl-lead determination in simulated rainwater and urban dust[J]. Applied Organometallic Chemistry，1994，8：703-708.

[30] Bergmann K，Neidhart B. Speciation of organolead compounds in water samples by GC-AAS after in situ butylation with tetrabutylammonium tetrabutylborate[J]. Fresenius' journal of analytical chemistry，1996，

356：57-61.

[31] Baena J R，Cardenas S，Gallego M，et al. Speciation of inorganic lead and ionic alkyllead compounds by GC/MS in prescreened rainwaters[J]. Anal Chem, 2000，72（7）：1510-1517.

[32] Arthur C L，Pawliszyn J. Solid phase-with thermal desorption using fused silica optical fibers[J]. J Anal Chem，1990，62（19）：2145-2148.

[33] Maria S F，Fausto A M，Isela L，at al. Determination of tetraethyllead by solid phase microextration-thermal desorption-quatz furnace atomic absorption spectrometry[J].J Anal At Spectrom，2000，15：705-709 .

[34] Chen Y Q，Huang L M，Wu W H，et al. Speciation analysis of lead in marine animals by using capillary electrophoresis couple online with inductively coupled plasma mass spectrometry[J].Electrophoresis，2014，35（9）：1346-1352.

[35] Heisterkamp M，Adams F C. Simplified derivatization method for the speciation analysis of orgnolead compounds in water and peat samples using in-situ butylation with tetrabutylammonium tetrabutylborate and GC-MIP AES[J]. Fresenius J Anal Chem，1998，362：489-493.

[36] Yan D，Yang L，Wang Q. Alternative thermodiffusion interface for simultaneous speciation of organic and inorganic lead and mercury species by capillary GC-ICPMS using tri-*n*-propyl-lead chloride as an internal standard[J]. Analytical Chemistry，2008，80：6104-6109.

[37] Gentineo G，Gonzalez E B，Sanz-Medel A. Mulitielemental speciation analysis of organometallic compounds of mercury，lead and tin in natural water samples by headspace-solid phase microextraction followed by gas chromatography-mass spectrometry[J].Journal of Chromatography A，2004，1034：191-197.

[38] Leal-Granadillo I A，Alonso J I G，Sanz-Medel A. Determination of the speciation of organolead compounds in airborne particulate matter by gas chromatography–inductively coupled plasma mass spectrometry[J]. Analytica Chimica Acta，2000，423：21-29.

[39] Bushee D S，Krull I S，Smith S B，et al. Determination of orgnolead compounds by liquid chromatography with on-line extraction and ultraviolet detection[J]. Analytica Chimica Acta，1987，194：235-245.

[40] Blais J S，Marshall WD. Post-column ethylation for the determination of ionic alkyllead compounds by high-performance liquid chromatography atomic absorption spectrometry[J]. J Anal At Spectrom，1989，4：641-645.

[41] Al-Rashdan A，Vela N P，Caruso J A，et al. Lead speciation by gradient high-performance liquid chromatography with inductively coupled plasma mass spectrometric detection[J]. Journal of Analytical atomic Spectrometry，1992，7：551-555.

[42] Ebdon L，Hill S J，Rivas C. Lead speciation in rainwater by isotope diution –high performance liquid

chromatography-inductively coupled plasma-mass spectrometry[J]. Spectrochimica Acta Part B，1998，53：289-297.

[43] Chang L F，Jiang S J，Sahayam A C. Speciation analysis of mercury and lead in fish samples using liquid chromatography-inductively coupled plasma mass spectrometry [J].Journal of Chromatography A，2007，1176：143-148.

[44] Ng C L，Lee H K，Li S F Y. Determination of organolead and organoselenium compounds by micellar electrokinetic chromatography[J]. Journal of Chromatography A，1993，652（2）：547-553.

[45] Liu W，Lee H K. Simultaneous analysis of inorganic and organic lead，mercury and selenium by capillary electrophoresis with nitrilotriacetic acid as derivatization agent [J]. Journal of Chromatography A，1998，796：385-395.

[46] Li K，Li S F Y. Determination of alkyllead and alkyltin compounds in solid samples by supercritical and subcritical fluid extraction and MEKC[J]. Journal of chromatographic science，1995，33：309-315.

[47] Lee T H，Jiang S J. Speciation of lead compounds in fish by capillary electrophoresis-inductively coupled plasma mass spectrometry[J]. Journal of Analytical Atomic Spectrometry，2005，20：1270-1274.